Xinli Yisheng
Jiaoni Poyi
Xingfu De Mima

心理医生教你破译幸福的密码

著名国学大师林语堂曾经谈到过什么是幸福，他说：“不管在什么情况下，幸福都是一种秘密。”对于幸福，不同的人有着不同的理解。在许多人眼里，幸福是家财万贯，幸福是位高权重，幸福是金屋藏娇，幸福是锦衣玉食。幸福真是这个样子吗？其实，鞋子的大小，只有自己的脚最清楚。

翟永兴◎编著

当代世界出版社

图书在版编目(CIP)数据

心理医生教你破译幸福的密码 / 翟永兴编著.—北京：当代世界出版社,2012.1

ISBN 978-7-5090-0792-1

Ⅰ.①心… Ⅱ.①翟… Ⅲ.①幸福—通俗读物
Ⅳ.①B82-49

中国版本图书馆 CIP 数据核字(2011)第 274234 号

出版发行：当代世界出版社
地　　址：北京市复兴路 4 号（100860）
网　　址：http://www.worldpress.com.cn
编务电话：(010) 83908400
发行电话：(010) 83908410（传真）
　　　　　(010) 83908408
　　　　　(010) 83908409
经　　销：全国新华书店
印　　刷：北京绿谷春印刷有限公司印刷
开　　本：710×1000 毫米 1/16
印　　张：18
字　　数：240 千字
版　　次：2012 年 4 月第 1 版
印　　次：2012 年 4 月第 1 次
印　　数：1-8000 册
书　　号：ISBN 978-7-5090-0792-1
定　　价：29.80 元

前 言

著名国学大师林语堂曾经谈到过什么是幸福，他说：“不管在什么情况下，幸福都是一种秘密。”对于幸福，不同的人有着不同的理解。在许多人眼里，幸福是家财万贯，幸福是位高权重，幸福是金屋藏娇，幸福是锦衣玉食。幸福真是这个样子吗？其实，鞋子的大小，只有自己的脚最清楚。

人的一生，是追求幸福的一生，没有人会拒绝幸福，也没有人会放弃幸福，每个人都喜欢幸福，追求幸福因人而异，不同的人有不同的幸福，不同的人追求不同的幸福。

那么什么是幸福？每个人对幸福的理解、要求和看法都有所不同。一个富翁可能会空虚得只感叹“穷得只剩下钱了”；一个浑身臭汗的挑夫，在山间松林里歇口气，喝一口清泉，就会优哉游哉，幸福得不得了。

著名女歌手蔡琴曾经因为一段失败的婚姻而痛苦不堪。屋漏偏遇连阴雨，在一次医疗检查中，医生发现蔡琴的身体里有一个肿瘤，并怀疑是恶性的。蔡琴听后如同五雷轰顶。

在等待最后确诊的那个晚上，蔡琴辗转难眠，她来到客厅里，看着客厅里那些家具和音响，面对这些陪伴多年的东西，她心里突然平静下来，她想，如果自己不在了，这些东西应该赠送给家人和朋友。她在心里为这些东西选定了新主人。当做完这一切之后，蔡琴竟然觉得自己轻松了许多。医院确诊结果终于出来了，医生告诉蔡琴，这是一个良性肿瘤，只要切除就不会对身体有什么大的影响。

前 言

这次经历对蔡琴影响很大。她明白了，一个人为什么来到这个世界上，一个人又该怎样活在这个世界上，身外的一切都是不重要的，重要的是自己的内心，是自己平静而充实的生活。

一位大学教授问自己的学生：“什么是幸福?”学生回答：“健康、爱情、名誉、财富……”谁料教授不以为然地说：“你们忽略了最重要的一项，那就是心灵的宁静，没有它，你们说的那些都会给你们带来可怕的痛苦!”

生活在现代社会，我们的内心很容易被外物所控制，浮躁的情绪占领了整颗心，因而在人生中留下许多烦恼和遗憾。

要想幸福，我们不仅要有一颗平静的心，还得有一颗知足的心。

一个无所事事的穷人说，有钱就是幸福；一个匆匆忙忙的富人说，有闲就是幸福；一个满头大汗的农民说，丰收就是幸福；一个漂泊他乡的游子说，回家就是幸福；一个失去双脚的残者说，能走路就是幸福；一个失去光明的盲人说，能看见就是幸福；一个日夜加班的工人说，不上班就是幸福；一个德高望重的医生说，治好病就是幸福；一个四十有几的光棍说，有女人就是幸福；一个衣不遮体的乞丐说，有饭吃就是幸福；一个参加高考的学生说，考上大学就是幸福；一个奥运选手说，拿到金牌就是幸福；一个丢失孩子的母亲说，找到孩子就是幸福；一个生命垂危的病人说，能够活着就是幸福……

在人生的道路上，人要有所追求，又要有所满足，所以说知足常乐。幸福是人生的一种知足，只要自己感到满足，感到快乐，你就是一个幸福的人。幸福不需要苦苦寻觅，只需要我们用心体会。人生最大的不幸，就是不知道自己是幸福的。

目录

第一章 提升你的幸福指数

第二章 快乐就是最大的幸福

第五章 要幸福，先排除病态思维

第六章 解读幸福的实质，拓展心理的宽度

第九章　坏情绪致病，好情绪治病

第一章

提升你的幸福指数

1. 谁在左右我们的幸福感

每个人都想得到幸福的生活，但是又有几个人真正懂得幸福的含义呢？那么，幸福到底是什么呢？对幸福一词，《现代汉语词典》是这样解释的："使人心情舒畅的境遇和生活。"

有人说，当一个人拥有金钱、地位、爱情和名誉的时候，这个人就是最幸福的。但有人却不这样认为。那么，到底人处于哪种状态才是幸福的呢？

心理学家认为：幸福是一种美好的生活，是人们对生活满意度的主观感受和体验。所以在心理学中，幸福感也叫做主观幸福感。

最近几年，心理学家开始致力于对人类的主观幸福感的研究，并将主观幸福感的三个主要衡量指标确定为：体验到快乐的情绪、较低水平的消极体验、较高水平的生活满意度。心理学界将其称为积极心理学。

具体而言，积极心理学在幸福感研究中的一项重要取向，就是对心理健康意义上的幸福感研究。积极心理学认为，一个人是否幸福，首先在于其心理是否健康，而心理健康的重要标志之一就是能否获得情感上的平衡。

假如一个人在特定的时期内，所体验到的正向 (快乐) 情绪比负向 (痛苦) 情绪多，他就会感到幸福。幸福遵从的是快乐原则。也许有人会说："生活幸福不幸福，不是什么经济学家说了算，也不是你们心理学家说了算，而是我自己说了才算。"的确，个人的感受是生活幸福与否的关键。

有一个印第安部落长者，边晒着太阳边快乐地编着草帽，一位美国

商人想购买他手中的草帽，就问多少钱一个，长者回答说：“5美元卖给你。”过了一个星期，这个美国商人回来说：“你的草帽很受欢迎，我要订做100个，总共多少钱?”长者迟疑了一下，回答说：“那你每个就给10美元吧。”

美国商人感到奇怪，就问长者：“我买你这么多草帽，应该更便宜才对呀，怎么反而更贵了呢?”

长者笑着说：“我沐浴在阳光下编一个草帽，是一种享乐，而你让我编100个，我就要赶时间，所以身体上得受累，精神上得受苦，所以，你必须付给我更多的报酬，以弥补我失去的精神快乐。”

从故事回到现实，我们都忙着挣钱，但我们挣钱到底是为了什么呢？挣钱是一种手段，其根本目的是自己的生活得更幸福。一个人良好的情绪体验和精神幸福比有形的金钱更具有价值。

有人说，有钱的人更幸福。钱多了，个人感受就会好起来吗？经济学认为增加人们的财富是提高人们幸福水平的最有效的手段。但积极心理学家认为，在人们满足自己的基本物资需求的条件下，财富对于提升人的幸福极限水平的作用是非常有限的。我们是否幸福，很大程度上取决于很多与财富并不相关的因素。

过去人们对幸福的理解是较为简单的，一般人认为，只要有钱过上好的生活就是幸福的。在那个物质相对匮乏的阶段，这种幸福观似乎有一些道理，因为大多数人还没有体验到富裕之后的自由和舒适。可是当我们富裕起来之后，才发现单纯的金钱买不来幸福。

在过去的几十年中，美国的人均GDP（国内生产总值）翻了几番，与20世纪60年代相比，平均家庭收入的购买力增加两倍，1/3的家庭有3部汽车，但美国人的幸福指数并没有相应提高。相反，美国人的压力却增长了好几倍。

金钱并不是幸福的源头。的确，没有钱是万万不能的，但是钱也不是万能的。过去世界各国都是以GDP来决定一国贫富，可是如今衡量一个国家发展的指标是GDP，还是GNH (国家整体幸福)？这已经成为

广受质疑的问题。

不丹是全世界最穷的国家之一，但是它却成了全球各大媒体关注的焦点。因为不丹的施政主轴“国家快乐指数”成了21世纪先进国家眼中的“新”观念，而名不见经传的不丹已经默默推动“国家整体幸福”已有30年了。这个被称为全世界最快乐的穷国，97%的国民都对现在的生活表示满足——国民享受免费医疗体制、解放农奴分田地、全国少儿免费教育。2008年，香港艺人梁朝伟和刘嘉玲的婚礼在不丹举行时，再一次引起媒体对这个国家的关注。现在“国民幸福总值”几乎成了不丹在国际上的一张特色名片。

我们的最终目标不是最大化财富，而是最大化我们的幸福。那么，到底是哪些因素在影响我们的幸福呢？

心理学家的研究已证明，人的幸福受到基因、文化、教育、环保、人权保障、工作和生活方式等多方面的影响。

富人比穷人幸福吗？当然不是！其实，穷人也有穷人的快乐，穷人的快乐也并不低于富人。人的幸福体验不是金钱所能决定的，而是取决于人对满足自身的基本生活需求定的标准，取决于你对快乐的感觉，取决于你对幸福的自我体验。

训诂学中对“福”字的解释：福者，富也，即拥有田地，有房子住，衣食无忧。而甲骨文中对福的解释有两种：一是性，二是手铐，引申为自由。其实古人也是从两个方面来理解幸福的，一是阴阳和谐的快乐和自由，这种阴阳和谐可以引申为各种人际关系的和谐。二是有一定的物质基础，这个经济基础从字义看是一个“口”字和一个“田”字，即是基本的衣食保证，而非大财富。也就是说，幸福就是身体和精神的解放、自由。

2. 什么是“感性幸福观”

感性幸福观大致可以分为两类：一类强调个体短期的快乐，把人的自然欲望的满足、肉体的快乐看作是幸福的最终目标；一类重视个体长远的快乐，为了获得长远的幸福有时可以放弃暂时的快乐，强调精神幸福的价值高于自然欲望满足的价值。

后者既重视感性幸福的合理性，又借鉴了理性幸福的优点，这种感性幸福理论也被称为“合理利己的幸福”，这一理论奠定了人本主义幸福观的理论基础。

1. 幸福就是满足欲望

感性幸福观与理性幸福观相对应，强调幸福的源泉是感性而不是理性，认为人的本质就有感性欲望，而人的基本欲望就是追求幸福，意志只有在追求幸福的意义上才是自由的。感性幸福观甚至认为，追求幸福的欲望是“绝对命令”，是必需的，而且不仅人如此，一切生物都如此，是“基本的和原始的追求”；生命本身就是幸福，最大的幸福是生命的健康的、正常的或安乐的状态。

感性幸福观还认为，追求幸福与道德并不矛盾，幸福是德行的前提，没有幸福就没有德行，如果没有条件获得幸福，就没有条件维持道德。其中的道理很简单：缺乏生活上的必需品，生存如果面临难题，就失去道德上的必要性。同时，人的幸福就在人的感性生活中，在欲望的满足与快乐之中，而满足与快乐本身符合人性基本特点，因而也是符合道德的幸福。

2. 利己与幸福的关系

幸福必然是利己的，不利己、不满足个人物质利益的要求，难以有个人的幸福。但是，利己要合理，不能因利己而以“自我为中心，损害他人利益”。所谓合理，就是要遵循特定的社会规范。否则，一切以“我”为中心的利己，最终都可能是既不利人也不利己。

人感到快乐就会有幸福感，没有快乐谈不上幸福。古希腊哲学家伊壁鸠鲁就认为，人生最初就是要追求快乐，而最终目的也是追求快乐，快乐就是人生最高的目标。因此，快乐既是幸福生活的起点，也是幸福生活的终点。

英国的哲学家边沁把感性的幸福观发展为功利的幸福观，以人的感性欲求作为幸福与道德的基础，强调“苦与乐”是人的主宰，是人们追求功利的基本原则。因此，只要了解了一个人的痛苦与快乐的程度，就可以计算出他的幸福有多大。

边沁提出了计算和评价人的感性幸福的 7 个维度：强度，即感受苦与乐的强度大小；持续性，即感受苦与乐的时间长短；确实程度，即感受到的苦与乐是否确实及确实的程度；远近程度，即感受到苦与乐是在过去、将来还是现在；继生性，即感受苦与乐之后，随之产生同类感受的机会有多大；纯粹性，即苦与乐的感受是否引起相反的感受；范围，受苦与乐影响的人数有多少。

边沁认为，根据上述 7 个维度，人们可以计算出最持久、最广泛、最纯粹和最合算的快乐，从而去追求这种最大的快乐和幸福。

3. 个人幸福与社会幸福的关系

享乐主义幸福观认为，个人幸福与社会幸福之间具有内在联系，不能脱离社会幸福而片面地谈论个人幸福。从人性的角度来看，人一方面是具有感性的肉体的人，因而趋乐避苦、自爱自保是人的本性之一；另一方面人又是社会的人，每个人不能不顾及别人去追求自己的幸福，别

人是自我存在和幸福最重要的条件，爱他人是人本性中不可缺少的东西。

因此，人既要自爱，也要爱他人。追求个人快乐和自身利益就可以构建一个良好的社会。社会幸福是“所有个人”幸福的总和。在此基础上，个人幸福与社会幸福并不矛盾，而应该相辅相成，相互促进。如果一个人为了自己的幸福而损害了他人或大家的幸福，这不是真正的幸福，这种利己不利人的行为最终会给个人带来灾难与痛苦。

根据关注自我幸福与社会幸福的倾向，可以把人分为以下三种类型：

第一类：损人利己者。损人利己者只顾自己幸福而不顾他人幸福，甚至损害他人的幸福。从人数比例来看，损人利己者只占极少数。就社会幸福而言，应当惩罚损人利己者。

第二类：克己奉公者。克己奉公者能够为了他人的幸福而无私奉献甚至牺牲自己的幸福。从人数比例来看，克己奉公者也只占极少数。就社会幸福而言，应当鼓励、奖赏克己奉公者。

第三类：合理利己者。合理利己者能够在遵循社会伦理、法律规范的前提下，满足自己的欲望，实现自己的幸福。合理利己者是人群中的大多数。就社会幸福而言，应当容忍、引导合理利己者，至少应当以开放、多元化的心态，容许合理利己者在遵纪守法的基础上，以自己喜欢的方式追求属于自己的幸福生活。

4. 爱是幸福的途径

感性幸福观主张应协调个人追求幸福的愿望与他人追求幸福的愿望，主要的协调途径就是“爱”。

一方面，自我追求幸福要与他人的幸福协调一致，才能获得真正的幸福；另一方面，将个体幸福与社会幸福协调一致，不能有所偏废，否则难以真正获得幸福。这一观点，即使是现在，对我们理解幸福、追求幸福都具有积极的启示意义。

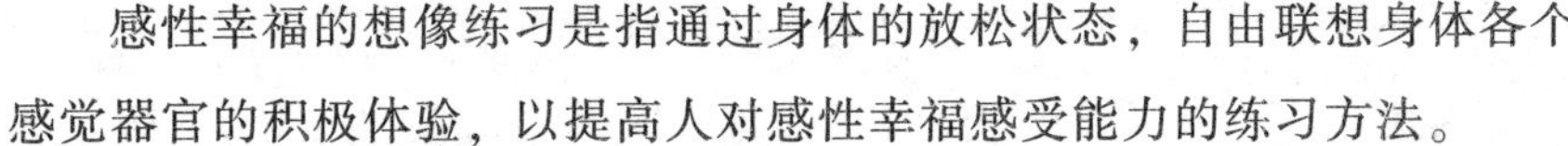

感性幸福的想像练习是指通过身体的放松状态，自由联想身体各个感觉器官的积极体验，以提高人对感性幸福感受能力的练习方法。

第一，找一个清净而不受打扰的地方。

第二，静坐在椅子上，轻轻地闭上双眼，深而缓慢地呼吸，尽量让自己的身体放松而舒适。

第三，进入初级幻想阶段。努力使自己的多种感觉器官共同参与想像，体会周围的清新空气、美好的景色、美妙的声音等，并使你的感受生动而具体。

第四，进入深度想像阶段。请根据下面的描述进入自由联想境界。“想像你此刻正坐在或躺在海边——这是一个你并不熟悉的地方。闭上眼睛仔细“看看”四周的景色，你看到了海水、海浪、海岸线、水鸟、人群等。大海的情况怎么样？你的周围有别人还是你独自一人？用耳朵聆听周围的声音，你听到了什么？大海发出什么样的声音？用鼻子闻一闻大海的气味，闻一闻带咸味的空气。你现在在干什么？是躺着、坐着还是走着？感受一下你的周围，感受一下风从海上吹拂着你的面孔，其冷暖程度怎么样？现在试着感受一下将要发生的事——有人沿着海边向你走来，闭上眼睛想像这个人是谁。这人走过来，他说了些什么？想像自己逐步进入了一个轻松、舒适、愉快且身心愉悦的状态。

第五，慢慢地回到现实状态，睁开你的双眼，看看周围实际的环境，恢复原来自然的呼吸节奏，缓缓地站起来，再活动活动手脚。

3.“三理合一”的人才能幸福

从根本上来说，一个人幸福不幸福，根本原因不在社会，不在他

人，而在于他自己，取决于自己是否能够“合理地做人”。

人生的三大主题是：生理、心理、伦理三个方面，具体而言就是——锻炼好身体，身体健康，就符合生理之理；加强个人修养，保持心理平衡，就符合心理之理；正确处理人际关系，协调好社会交往，就符合伦理之理。只有“三理”合为一体，相辅相成，人生才有幸福可言。

从人生发展历程阶段上看，合理做人则表现在科学地安排自己的一生，把握人生发展的几个重要阶段：

1.重点是自己。人要把握好自己，不要让自己迷失方向，不朝三暮四、飘忽不定，只有这样才能进入随心所欲的境界。到达这个境界，人就必须树立自信心，养成良好的习惯。

2.重点是如何做人。我们要懂得人情世故，要明白什么是善，什么是恶。只有通晓了人情世故，才能适应人情的需要，拥有好人缘，获得好口碑。

3.重点是如何超越别人。学会做领导、有主见，具有下情上达和上情下达的本领，使情感交流畅通无阻，情感运用周转自如。

协调好生理、心理、伦理，处理好对己、对人、超人的关系，做人才能谈得上合理。具备了这些基础，人才会在社会上通行无阻，获得生活的幸福。

人人都在寻求幸福，但幸福不是寻找来的。心理学家告诉我们，不要刻意追求和寻找幸福，最好让幸福来追随你。我们应该尽量做好自己的工作，不要偷懒、不要气馁。情愿多忙些也不要空闲无事。我们对物质生活的需求要量入为出，恰如其分。对你已经得到的东西要感到满足，对没有得到的东西不要存奢望。更不要为物质上的不满足而耿耿于怀。幸福不是去期盼你所没有的东西，而是尽情享受自己现在拥有的东西。也许你并不富有，但你有一个健康的身体，也许你没有显赫的地位，但你有一个幸福美满的家庭，也许你没有太大的名气，但你有宁静而不受干扰的生活。

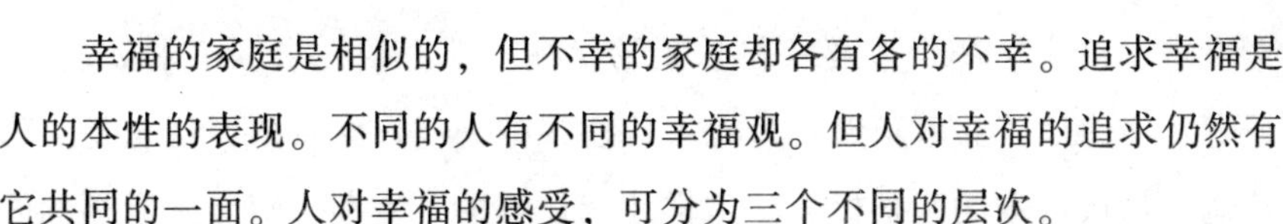

幸福的家庭是相似的，但不幸的家庭却各有各的不幸。追求幸福是人的本性的表现。不同的人有不同的幸福观。但人对幸福的追求仍然有它共同的一面。人对幸福的感受，可分为三个不同的层次。

第一，由于生存条件的满足而感到的幸福。人类追求幸福时，首先是追求生存条件的满足。为生存而斗争，这是作为自然人活动永恒的主题。获取物质生活资料、改善生存条件，这是人性中一种本能的表现形式。自己占有物质生活资料越多越感到幸福，这是多数人的一种感受。

作为自然人，人是利己的，作为社会人，人是利他的。利己而不损人，是社会人类的聚财之道，即古语所说："君子爱财，取之有道。"这是一种美德。

获取物质生存资料的多少，支出脑力与体力劳动的紧张程度和获取休闲时间的长短，是衡量人的生存幸福的重要标志。但人类生存条件的改善又往往和社会生产力的提高、科学技术的发展密切相关。不同时代和不同科技发展水平的社会，人们对生存条件的满足，有不同的欲望和要求。当其达到预期的欲望和要求时，人就会感到幸福。

第二，因为生活质量的提高而感到的幸福。这是指人们在人生过程中感受到的幸福，也就是我们平常所说的"生活舒心不舒心、快乐不快乐"。它一般与物质生存资料的获取成正比，但在许多情况下也成反比，比如有钱人的烦恼就是这样。但这同时又往往与每个人的主观感受、文化素质及社会状况有关。从现在生活实际情况看，生存条件虽然有了很大的提高，贫困的困扰已基本解决，但生活质量并没有随着生活水平的提高而提高，在许多方面甚至还下降了。这主要表现在人们感受到的幸福程度并不高，而产生的痛苦反而更强烈了，有人对 300 多位富翁调查显示：他们中的多数终日生活在恐怖的阴影笼罩下，时时在担心着自己生命的安全。美国石油大王洛克菲勒更是一针见血地指出："我所知道的富人就是除了金钱以外一无所有的人。"

第三，达到了人生终极目的而感到的幸福。这是人生质量的最高升华。这主要是指生存条件和生活质量得到满足后，对人生理念和人生意

义追求的满足。一个人要获得真正的幸福，就必须在求利、求欲之外，还需要努力地去获取正确的理念去构建某种终极人生目的，这也是人与其他动物最根本的区别标志。这样才能在解决了生存，感受到幸福的同时，去达到人生的真正目的，才能促使你成为一个幸福的人，才能获得人生的幸福。

一个人如果有正确的人生目的和积极的人生态度，那么，他的思想，他的感觉必然与他周围的人产生共鸣，这就是最大的人生幸福感受。

一个如果有了正确的人生目的，他就能从较高的人生目的出发，即使在较低的物质生存条件下，也能达到较高的生活质量。因为他对物质的匮乏、生活的艰辛，能从心理上加以转化，做到坦然面对，从而使精神保持幸福的状态。

4. 与幸福有关的那些事

幸福的密码到底是什么，每个人都在用一生的精力寻找答案。为了找到答案，我们必须先弄清影响幸福的因素主要有哪些。

1. 生活条件。幸福感是精神层面的，但是它会受到外在物质条件的影响。生活条件变好，会增加人的幸福感。如果连温饱都解决不了的话，何谈幸福呢？

2. 健康状况。健康状况是影响幸福的一大因素。一个人终生没病就是最大的幸福，身体健康，活得快乐轻松，称心如意，这就是幸福。

健康包括：身体健康、心理健康和良好的社会适应能力。说得通俗一点就是，身体健康，心理平衡，情绪良好，正确对待他人、对待自

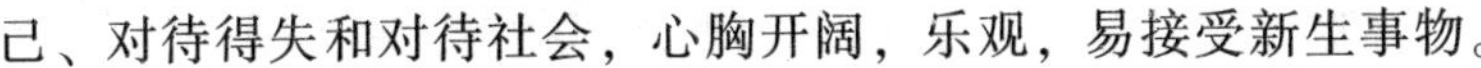

己、对待得失和对待社会，心胸开阔，乐观，易接受新生事物。

一个人如果身体有问题，有再多的财富和成就，也没有意义。假设一位亿万富翁，吃的是山珍海味，住的是高级别墅，坐的是奔驰宝马，可就是身体十分糟糕，整天头昏脑涨、腰酸腿软、烦躁不安、情绪败坏，这样人还会感到幸福吗？

3. 工作和事业。一个有工作的人显然与失业者心境不同，一个人如果有了称心的职业，幸福感就会有更大的筹码。能够从事自己喜欢干的、有意义的工作是一种幸福。无论一个人从事什么工作，职务或高或低，只要工作顺利，能愉快胜任，经常得到上级表扬，事业有成就，也会觉得自己有幸福感。如果享受工作的乐趣，那么人生就是天堂。

相反，一个人如果工作就业缺乏成就感，甚至失业，他还能有幸福感吗？不喜欢自己的工作，整天愁眉苦脸，苦恼焦虑，承受不了工作压力，显然就谈不上幸福了。

4. 受教育程度。一个人如果受到良好的教育，比如能够上大学，甚至研究生、博士后，当然是产生优越感、成就感、幸福感的一个条件，比如华人首富李嘉诚通过自学和事业上的成就，获得了英国剑桥大学博士学位，在他看来，这或许比他赚了一个亿还要开心，还要幸福。

受教育程度就是拥有知识的水平和能力。幸福也与知识有关。知识是人类的精神财富，是美的一种，是幸福的重要元素。古代许多学富五车的学者为什么感到快乐和幸福？因为他们拥有丰富的知识，因而更拥有体会人生之美的心境和智慧。比如在工作中坚持自学一门知识或技能，成为某个方面的行家，你很可能就感到开心、自豪，你就觉得人生真是有意义；相反，不学无术，干什么都不如别人，不受社会和他人尊重，人就会产生自卑、失落感。

5. 家庭。家庭是人生的港湾，家庭是人生的依托。人生的幸福离不开和睦的家庭。任何一个人处在一个夫妻恩爱、尊老爱幼、和谐温馨的家中都会感到开心、满足和幸福。相反，缺少了家的温暖，总会有一种失落感、惆怅感、孤独感，这就谈不上幸福了。

6. 爱情。爱情是人类最美好最甜蜜的心灵体验。爱情的成功往往与幸福相连接。

爱情需要精心的经营，夫妻之间能否做到“互爱、互敬、互勉、互让、互谅、互助、互学往往影响着对人生的感受。如果我们能做到以上“七互”，就会享受到婚姻的幸福。

7. 人际关系。幸福离不开良好的人际关系。人总是不可避免地处在同事、同学、上下级、邻里等各种人际关系之中。良好的人际关系是指与他人有良好的沟通，真诚的相处，愉快的合作，会让人感到快乐、轻松、温馨，从而获得人生的幸福感。因此，我们常把良好的人际关系当做生存、发展和成功的条件，同时也是幸福的基础。一个人如果人际关系不好甚至恶化，他的幸福感必会大大下降。

8. 名誉地位。在事业上有相当的成就，得到社会认同，享有地位和名誉，也是人们获得幸福感的重要来源之一。著名数学家罗素有传世之作 70 多部，涉及哲学、数学、伦理学、社会学、教育、历史、政治、论辩术等。他的文笔十分优美、朴实，获 1950 年度诺贝尔文学奖。事业成功的快乐和潜心其中的良好心理状态，是罗素感到快乐幸福、健康长寿的重要因素之一。他也将其中的智慧带给了更多的人。

上面归纳了 8 种影响幸福的主要因素。实际上，与幸福有关的因素是复杂的，涉及政治、经济、社会、心理学、哲学、宗教信仰、伦理等众多方面，既有许多物质方面的，又有许多非物质方面的。

然而，相对其他的因素，人生观是一项主观的因素。因为归根结底，幸福是一种感受、自觉的体验。

人的需求和欲望是没有止境的，客观条件也不可能都完备，然而只要觉得自己生活开心，有意义，觉得满足，幸福感就油然而生；人生观健康，品德美好，心态阳光，情操高尚，会受到社会的尊敬，心灵自然得到平静和快乐，就能激发出生命的激情和潜能，为开拓幸福生活打下良好的基础。

相反，一个人的人生观有问题，即便前面说过的八种条件都不缺，

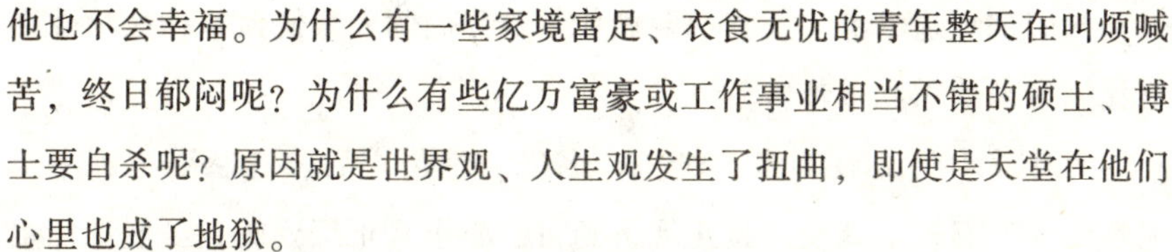

他也不会幸福。为什么有一些家境富足、衣食无忧的青年整天在叫烦喊苦，终日郁闷呢？为什么有些亿万富豪或工作事业相当不错的硕士、博士要自杀呢？原因就是世界观、人生观发生了扭曲，即使是天堂在他们心里也成了地狱。

5. 没有信念的人没有幸福可言

幸福必须有一个前提，那就是人必须要拥有自己的人生信念。

为什么生活越来越好，而自感幸福指数降低的人越来越多呢？答案就是：什么也不信的人不会幸福。

一个人不能失去信念，一旦失去了信念就犹如失去了人生的意义。没有信念，人生会变得暗淡无光。如何在今天这样一个科学技术发达的世界中提升自己的信念度呢？

自尊能够培养，自信也能够培养，而信念能够培养吗？我们能拥有属于自己的信念吗？

人生旅程需要信念的力量。一个人盲目地活着很容易，为了生存去谋生，去干一份工作，挣一些钱，养活自己和家人，那只不过是为了填饱肚子。这样的生活会让人感到压抑、沮丧、空虚。这就是因为没有信念。

我们给生命赋予的意义是什么呢？我们要有目的地活着并不是一件容易的事情，需要认真地去思考人生的目的，要去寻找人生的真正意义。正是我们对人生意义的追寻，我们才能听到一个来自内心的呼唤，去发现人生的使命。为了兑现生命的意义，并依循着内心的召唤和使命，去找寻生命的安身立命之所。

我们来到这个世界上到底要做什么？我们的人生使命是什么？什么给我们带来快乐和乐趣？

为什么有些人在拥有了金钱、名誉、地位之后，却感受不到幸福呢？因为他们根本就没有真正地得到自己心里真正想要的，虽然他们也非常努力，可是，最重要的是，他们并不是在为信念而努力、而奋斗。所以，即使这些人拥有了所谓的成功，他们依然是不快乐的。

那么，什么对我们才是最重要的呢？

一场沙漠风暴使一位旅行者迷失了方向。更可怕的是，旅行者水袋和粮袋也被风暴卷走了。他翻遍身上所有的口袋，只找到了一个青苹果。“啊，我还有一个苹果！”旅行者惊喜地叫着。

他紧握着那个苹果，独自在沙漠中寻找出路。每当干渴、饥饿、疲乏袭来的时候，他都要看看手中的苹果，抿一抿干裂的嘴唇，这给他增添了不少力量。三天之后，旅行者终于走出了荒漠。那个他始终未曾咬过一口的青苹果，早已干瘪了，他却宝贝似的一直紧攥在手里。这就是信念的作用！

信念是人精神的支撑和寄托，对一个跌落谷底、满怀失望的人来说，信念是支撑他继续活下去的原动力和精神支柱。信念就像是人生命中的助跑器，任何苦难都阻止不了它。一位诗人说：“只要心存梦想和信念，再遥远的路途也不会寂寞。”

成功源于信念和勇气。幸福的人都有一个共同的特点，就是他们找到了人生的目标，他们理解了自己人生的意义。每当早上我们醒来，感到自己还活着时，这是一件多么令人高兴的事情。因为我们今天又可以去做我们愿意做的那些事情了。

斯蒂芬·霍金因患有运动神经细胞萎缩症而成为高度残疾的人，常年坐在轮椅上，他的双眼中总流露着幸福，丝毫没有不快乐的痕迹。他的人生意义是什么？霍金说：“我要竭尽所能了解宇宙的秘密，我也发现并找到了很多答案，我还能祈求什么呢？我这一生还能有什么更多的要求呢？”霍金坚信，宇宙是和谐的，是美的，而人脑的思维是可以窥

见这种美丽的。

由此可见，对一个内心充满信念的人来说，信念是立身的法宝。坚强的信念，使许多身残志坚的人在残酷的命运中通过了严峻的考验。

一个伟大的灵魂，会强化思想和生命。没有信念，人生就会失去核心和灵魂。所以说，有信念的人是幸福的，拥有信念的人，他的人生才更有意义。

6. 不要让你的幸福被扼杀

“扼杀”我们幸福感的“杀手”主要有哪些呢？

1. 竞争激烈，压力大。2005 年的一天，企业家赵恩龙跳楼自杀，为他的人生画上了一个令人遗憾的句号。这在当地引起了很大的震动。这位亿万富翁为什么要自杀呢？一个重要的原因是，多年来繁重的企业经营工作使他精神上出现抑郁症状，虽然拥有了 4 亿多资产，但他过得并不快乐，感到生活很无聊，于是才跳楼自杀。

现代社会日益加剧的竞争机制，是人们陷入抑郁的重要原因。竞争激烈，就业压力大，生存压力大，生活工作节奏紧张，是现代文明的副作用。人们为了生存和发展，为了不被淘汰，拼命学习，拼命工作，身心健康也为此付出巨大代价。因为竞争，使人际关系变得复杂，人们缺少知心的交流，相互猜疑而产生焦虑痛苦，甚至扭曲了人格。

2. 社会转型，人与人的关系出现落差。社会的转型加剧了竞争，使收入差距增大，出现贫富悬殊，不少人一时无法接受这样的变化出现人生观和情绪的紊乱。

3. 滚滚红尘，诱惑和欲望太多。很多人把金钱名利作为一切行为

的最高目标，成了金钱名利的奴隶。盲目攀比带来痛苦，首先伤害的是自己。

让一个人最痛苦的是什么？是渴望得到而得不到。因种种诱惑产生的强烈渴望是浮躁心态的成因，浮躁程度的加深则演变为焦虑和抑郁，甚至引发犯罪行为，最终酿成人生悲剧。

4. 人生观、幸福观不够健康。古往今来，人类确也有着不少不正确、不健康或者是腐朽的幸福观。有一种被戏称为“猪栏哲学”的观念认为：吃好、穿好、玩好就是最大的幸福，即像猪那样饱食终日，无所用心，舒舒服服过一辈子就是幸福。

有人认为“人生一世，草木一春”，“对酒当歌，人生几何？”这是胸无大志、游戏人生、逍遥超脱者所谓的幸福，是没有明确的生活目标、缺乏应有的理想的表现。

在价值观多元化的社会背景下，不少人陷入了幸福的误区。有的认为有钱就是幸福，有了钱就有了一切，因此他们拼命追求金钱；有的认为人生苦短，及早享乐，香车美女，灯红酒绿，醉生梦死就是幸福；有人认为拥有名誉地位就是幸福，因此不择手段不顾人格尊严去追求。

一位来自农场的青年干部从少年时就十分优秀，小学、中学是班长，大学是学生会主席，经过二十多年的奋斗，38 岁时成为出色的青年县委书记。38 岁的他应该前途无量。然而，这时的他面对诱惑无限的金钱、权力和美女，人生观已经发生了负面变化：“我多么幸运！多么幸福！金钱、权力、美女多么多，那么美好！”没几年，他就受贿 160 多万元。当他在醉生梦死的极乐中尽情享受时，同样感到无限的恐惧和焦虑，好景不长，这一天终于到来了，他被押上了审判台，上演了从“政坛新星”沦落为“阶下囚”。

看着一个又一个不幸福的样本，无不让人感到惋惜。原因都是人生观、幸福观发生了偏差和扭曲。

因此，我们要得到真正的幸福，要先改变错误的观念；我们要得到真正的幸福，要从认识什么是幸福开始。

7. 了解幸福的三大特性

幸福是以一些并非需要充分的物质和客观条件为基础、最终归于一种精神成果或精神境界的人生体验，它是人们对生活满意程度的一种主观感受，或者说是人们基于一定价值判断基础上自身需求得到满足的主观感受。其实，幸福有三大特征，它们是时空性、相对性和主观性。

1. 幸福的时空性

“幸福的时空性”是指同一个人在不同时间和不同情境下对幸福的感受有所不同。五十年前闹饥荒时，幸福就是每天有白米饭和肉吃。可到了现在，有人整天吃山珍海味还不感到幸福，整天苦恼焦虑，喜怒无常。

春花秋月何时了，往事知多少？小楼昨夜又东风，故国不堪回首明月中。雕栏玉砌应犹在，只是朱颜改。问君能有几多愁？恰似一江春水向东流。这首词也是“幸福的时空性”的见证：当年李煜当皇帝是多么的风光多么幸福，如今李煜是如此的潦倒如此凄凉！强烈的对比，使李煜产生了莫大的忧伤。

幸福的这种时空性确实很普遍。一个人在不同的生命阶段，对幸福的感受是不一样的。少年时代，有父母、长辈的关爱，吃得饱玩得开心就感到单纯的快乐幸福；上学时，学习不错，得到异性的喜爱及恋爱成功也有幸福感；参加工作后，得到领导的表扬和重视，因为有成就感而感到幸福；到了中年，事业有成，夫妻恩爱，家庭和睦就是幸福；到了老年，子孙孝敬、身体健康就是幸福。

幸福的时空性说明，幸福是变化的。世界是变化的，人们的思想观念、价值观也会发生变化。时间、空间变了，人们对幸福的体验就会有变化。

人生病的时候会更加怀念自己原来健康的幸福；离婚后的人才知道对方的好和当年爱情的幸福；失去亲人才知道拥有亲人的幸福；年老的人更真切地感到光阴和青春的可贵。再极端一点，坐大牢的人才知道过去自由的幸福和可贵。

因为幸福的这一特性，我们要用变化的眼光看待幸福。比如：今天我不幸福，并不等于今后不幸福；而今天的幸福并不等于今后也幸福。许多人经常说"梅花香自苦寒来"、"苦尽甘来"，这就是一种"动态的幸福"观，虽然今天辛苦，可到明天就会"甜"起来。幸福与不幸福的状态完全是变化的，今天不幸福并不等于明天也不幸福，只要努力奋斗和争取，明天就会得到幸福。

幸福的时空性还有一个积极意义，那就是帮助我们领悟人生哲理，应对事物变化，使人能居安思危。有句老话说得好："富不过三代。"古今中外不少富豪家族为什么到第二、第三代就垮掉了呢？因为他们的子孙不懂得居安思危，不懂得艰苦奋斗，只知吃喝玩乐，结果坐吃山空，时过境迁，必会家道破落。这就告诉我们，今天你是幸福的，可是明天就未必幸福，弄不好很可能变得很不幸。因此当我们年轻力壮时要注意锻炼身体；当我们富足的时候，要学会节约，学会理财，学会使财富增值；当我们新婚燕尔的时候，要倍加珍惜爱情、努力经营爱情；当我们拥有朋友的时候，要注意珍惜友情，呵护友情。

2. 幸福的相对性

与不同的人相比，自己会对幸福有不同的感慨。例如，"与他相比，我幸福多了"；或者是"与他相比，我一点也不幸福"。

理解幸福的相对性，可以把幸福比作长跑：比起在你前面的人，你算是落后了；可你的后面还有一大批积极向前跑的人。俗话说："比上

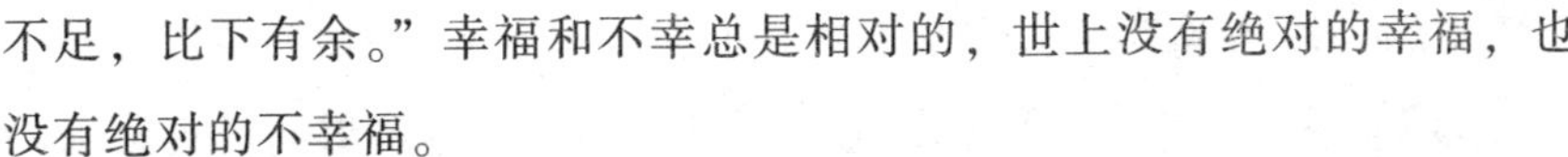

不足，比下有余。”幸福和不幸总是相对的，世上没有绝对的幸福，也没有绝对的不幸福。

明白了幸福的相对性，有利于我们对幸福进行正确的比较，要多与普通人比，要懂得“比上不足，比下有余”的道理，更要知足而常乐，因为知足会让人产生幸福感。

3.幸福的主观性

幸福是人们对生活满意程度的一种主观感受，或者说是人们对自身需求得到满足的主观感受。

例如，别人觉得你生活很美满，可是你自己却认为自己不幸福。这就发生了矛盾：你到底幸不幸福？其实，幸福，别人说了不算，你说了算，或者说是你的感觉说了算。别人说你幸福不幸福并不重要，关键是你认定你是幸福的。

居里夫人在阴暗潮湿的房子里做镭元素的实验，别人看是在受罪，可她认为是幸福的事业。

勤奋的作家用别人喝咖啡的时间来写作，别人看来是清苦，可他觉得这是一种幸福。

苏格兰的民间风笛手，生活清贫却悠闲，时常在路边吹着优美清丽的曲子，听的人也心灵陶醉。按说这样的生活要财富没财富，要地位没地位，还生活在这冷僻的乡村，可是他们就觉得自己很幸福，人生难得有这样的境界。

歌德说：“对于一个从追求中体验到欢乐的人，本身就是一种幸福。”卢梭说：“幸福就是免于痛苦。也就是说，它是由健康、自由和生活的必需条件组成的。”美国哈佛大学“幸福课”的创始人本·沙哈尔则说：“幸福就是有意义加上快乐。”“有意义”就是活着要做有意义的事，比如培养高尚品德，为社会做有益工作，为社会造福，教育好下一代等。“快乐”就是活着觉得开心，对生活满意，对自己人生追求和预期感到满足。

我的幸福我做主。幸福的主观性很适用于普通人，比如“穷开心”，“工作并快乐着”等等。你有钱可以得到幸福，我清贫但同样也可以得到幸福，这不很好吗？总之，幸福是一种人生心态，一种人生体验，一种对生活中美好元素的感悟与拥有。

8.如何树立正确的幸福观

在知识经济和信息社会中，多元化思想和观念冲击着我们的视野和心灵，我们对幸福的理解更加丰富，更加多元化。同时，在“财富越来越多，幸福指数却越来越低”的现代社会，不少人或是迷惘困惑，或是极端偏激，对幸福的理解陷于误区，不能拥有真正的幸福。所以，我们要正确地理解幸福，要树立正确的幸福观。那么，我们怎样才能树立正确的幸福观呢？树立正确的幸福观跟哪些因素有关呢？

第一，处理好幸福感与物质生活的关系。第二，处理好个人幸福与社会幸福的关系。第三，在对人生意义的求索中实现真正的幸福。

应该说，我们只要把握了以上树立正确的幸福观的“三个要素”，就等于把握住了“正确的幸福观”的基本含义，也就是为树立正确的幸福观打下了良好的基础。

理解这“三个要素”，我们又需要回答两个最基本的问题。

第一个追问是，人活着是为了什么？人生的意义又是什么？人活着应该追求生活得更美好，生命更有价值，也就是说我们应该追求自身的幸福，包括物质生活、精神生活的提高和美满，这种追求应该说是自然的、合理的、正常的，这是人性的需求，它包含着幸福的物质性。

什么是“生活得更好，生命更有意义和价值”呢？其实，人的需求

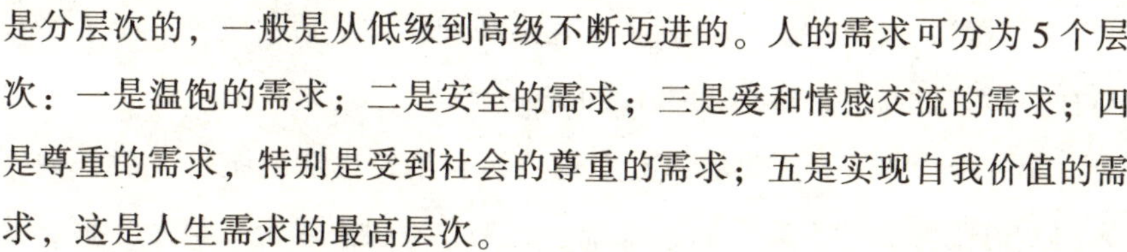

是分层次的，一般是从低级到高级不断迈进的。人的需求可分为5个层次：一是温饱的需求；二是安全的需求；三是爱和情感交流的需求；四是尊重的需求，特别是受到社会的尊重的需求；五是实现自我价值的需求，这是人生需求的最高层次。

这5个层次的需求，实际就是对人生幸福的追求。因此幸福不仅是心灵的美德，同时与人的物质生活是紧密相连的；难以想象一个品德高尚、学识丰富的人过着衣不蔽体、食不果腹式的生活是怎样的幸福。而对一个社会、一个政府来说，“让人民过得更好”——物质生活和精神生活双丰收，就是社会幸福的重要内容。

第二个问题是，个人幸福和社会幸福是紧紧相连的。为什么这样说呢？因为人作为社会的个体，与整个社会分不开。任何人都不可能脱离社会而单独存在。幸福和痛苦同样离不开社会。亚里士多德说：“幸福也需要外界的善为助。因为没有外界条件，就不可能或难以做出高尚的事情。”

中国古代的传统文化主张存公去私，明理灭欲。公义与私利之争历来是中国幸福观的重要内容，而主流的价值倾向则是去利存义，去私存公。这种传统为社会规定了一种道德原则，使个人从属于社会，为民族提供了凝聚力的源泉，具有其进步的一面。但它无条件地提倡社会幸福，限制了个性发展，导致了道德专制主义。

我们在养成正确幸福观的时候，既要吸取中国传统文化中诸如“公而忘私”、“杀身成仁”、“舍生取义”式的自我牺牲的精神，又要矫正中国传统思想中对个人幸福的忽视。作为社会公民的自由、平等、博爱、私人财产和幸福，也就是包含着个人的政治利益、物质利益和精神利益。它既指的是全体，同时也包括个体。当今世界各国都在努力建立“以人为本”的“福利社会”，“幸福社会”就是依靠社会的力量、制度的力量和各类组织的力量，包括每个人的力量，最终把成果落实到每个人身上。

简而言之，正确的幸福观就是全面地、科学地、辩证地看待“幸

福”，要做到“三个统一”：物质文化生活和精神生活的统一；个人幸福与社会幸福的统一；奉献和享乐的统一。

第一个“统一”，就是物质文化生活和精神生活的统一。就是要把人的“道德”和“物质”的追求统一起来，不仅要求个人修身立德，追求人品高尚，同时也要求人创造并享受更丰富的物质文化生活条件。这就能避免重蹈古代“美德即幸福”的片面幸福观和现代拜金主义、醉生梦死的享乐主义等幸福观的误区。

第二个“统一”，是个人幸福与社会幸福的统一，就是要把热爱社会、造福社会、奉献社会作为人生幸福，在造福社会、奉献社会中实现自身价值和人生幸福，这本身就是一种积极的、高尚的幸福观。

第三个“统一”，是奉献和享乐的统一。这可以看成是第二个“统一”意义的延伸。我们要得到幸福，就要为社会工作，对社会奉献，做有益社会的事；同时也要不断促成自身利益的实现，不断提高自身物质生活水平和精神文化生活水平，即在为社会工作和奉献社会之中提升自身物质和文化生活水平。

9. 不要扮演不幸的角色

谁都渴望幸福，也时刻追求着幸福，但是由于各种痛苦的困扰，往往摆不脱不了痛苦的魔咒。所以，我们要追求人生幸福的同时，千万不要扮演这些角色：

1.没有人生目标的人

人活着应该有理想，有一个方向和目标，因为迷茫是消解幸福感的

重要原因。

一个人走进大森林，森林里面的大树上标满了各种方向的路标，有的向左，有的向右，有的向前，这些不同方向的路标使他困惑、迷惘："天啊，我该向哪里走?"这时他的心情会是怎么样呢?肯定是苦恼、焦虑、思绪混乱，甚至是惶惶不可终日！这样的状态还有幸福可言吗?

生活中就有不少人都处在"迷路"的状态。不少学生，对理想和目标十分迷惘，报考大学不知道要报"文科"还是报"理科"，整天愁苦不堪；考取了大学却不热爱自己的专业，学习提不起劲来，到了大三、大四还不知道自己为什么要学这门专业，将来要向哪里发展，为此而感到迷茫。于是他们产生了吃喝玩乐、自我麻醉思想，结果毁掉自己的前程。

一些在职场上打拼的人，今天在这家公司干，明天跳槽到别的公司，几年换了十几个工作，今后要做什么，要向哪里发展，心中没个谱，问急了就说"走一步看一步"，心里慌得很，终年没个好心态。

年轻人在婚姻恋爱和情感方面也有许多迷失。有这样一位女孩子，青春靓丽的中学时代就跟多名男孩谈恋爱，大学时代就换过 10 个男朋友，光打胎就有三次。结婚 5 年后离婚，过着醉生梦死的生活。这样的人能幸福吗?

人最痛苦的事就是醒来之后找不到出路。都说现代人浮躁，而浮躁的重要表现之一就是醒来之后找不到出路。一个没有人生奋斗目标的人是最痛苦的人。我们不要做这样的人。

2.不守道德底线的人

生活中那些人品不端、道德败坏、损人利己的人，做了亏心事，心里总是空虚的；在背后被人指指戳戳，声名狼藉，使得他们的心理负担很重，常常受到心灵的鞭挞，为自己的罪责无法洗刷而痛苦愧疚，这样的人还谈得上什么幸福。一些大半辈子做好人好事、很有成就的人一旦做了违法乱纪的事，原本是幸福的人生立即变成了不幸。我们不要做这样的人。

3.失去健康的人

一位青年被医生诊断为癌症，一夜之间便白了头发，第二天他的精神世界已彻底崩溃。三个月后，他便带着恐惧和痛苦离开了人间。而同是被诊断为癌症的另一位青年则保持积极的心态，以乐观的信念和顽强的意志与病魔搏斗，每天带着一个希望生活，结果多活了 20 年。患了病丧失信心才是人生最大的痛苦。我们不要做这样的人。

4.思想麻木的人

贫困固然是人的一种不幸，只要努力奋发，便可以期待后来的成功和幸福，重要的是对贫困的态度。

有一些人，明明很穷，却整天游手好闲。这种麻木型的人才是最不幸福的人。如果能“穷则思变”，努力与命运抗争，用奋斗改变贫困，通向幸福的路虽曲折但还有希望；可怕的是思想麻木，那才是真正的不幸。我们不要做这样的人。

5.对工作不负责的人

一个学业或事业缺乏成就感的人往往会缺少幸福感。比如，一个学生，经常考试不及格；一个士兵，军事训练不过关；一个员工，年年考核不称职，没有任何业绩而经常挨批评，这样的人心情会舒畅吗？

不少人在单位里庸庸碌碌，无所作为，每年看着别人评优秀拿奖金和被提拔，心里感到羞愧、自责和痛苦，此情此状，他能有多少自豪感、成就感和幸福感呢？我们不要做这样的人。

6.爱情遭挫、家庭不睦的人

恋爱、婚姻和家庭是一个人生命的重要组成部分。恋爱作为人生最美妙的际遇，若是失败，自然会痛苦。又有许多夫妻相互不信任，相互不尊重，整天“我与你没完”地打打斗斗，闹得鸡犬不宁，甚至出现家

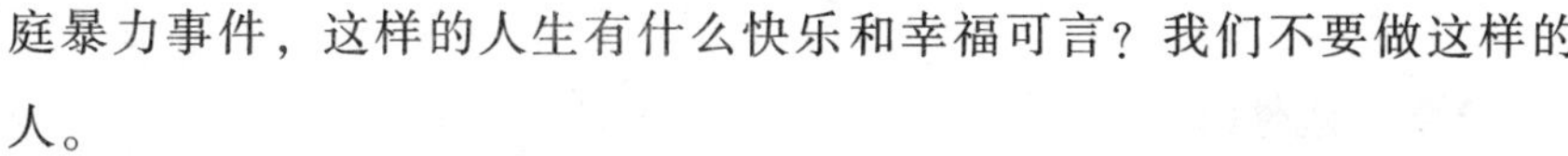

庭暴力事件，这样的人生有什么快乐和幸福可言？我们不要做这样的人。

7.人际关系恶化的人

没有良好的人际关系，就等于生活中没有阳光。人际关系是人生幸福的一大要素。一个人如果拥有良好的人际关系，他就会产生莫大的快乐和幸福；相反，人际关系恶化，那就会造成心态糟糕，苦恼嫉恨，精神紊乱而陷入没完的痛苦，成为不幸福的人。我们不要做这样的人。

8.心理严重不平衡的人

忌妒是一种严重的心理不平衡：别人好我不好，我心里受不了，我就要破坏或伤害别人，让别人与我一样不好。

春秋时郑国的将军公孙子都与颍考叔争功不和，公孙子都长期对颍考叔的才华心怀嫉恨。有一次，郑国大军攻打许国，当军队大获胜利，颍考叔奋勇当先，欲把旗帜插上敌人城头时，公孙子都为争头功，竟然妒心骤起，拿起弓箭向颍考叔背后放冷箭。

曾经有一位女中学生，半夜里将浓硫酸泼洒在班里一位优秀女生脸上，因为明天就要考试了，她忌妒人家，绝不让人家超过自己，采取了这种愚蠢的极端行动。凡此种种，都是极端忌妒心引发的恶果。

《西洋杂俎》中有一则“妒妇津”故事：某美女与其丈夫一道乘船过渡口。这时来了一位天仙似的女子，其丈夫看得入迷了。这位美女大怒，大骂丈夫：“她美，你跟她去！我丑，我去死！”说罢跳水身亡。后来人们把这位美女跳水的渡口称为“妒妇津”。这位美女妒妇患的就是一种典型的“忌妒症”。

忌妒是一种心理疾病，它能产生忌妒症，如心血管疾病，肠胃病、神经官能症、代谢系统疾病、溃疡病等几十种常见病，对人的健康影响很大。我们不要做这样的人。

9.贪婪成性的人

生活中有这么一类人，苦苦追求金钱、地位、名誉和美色，一旦得不到，就吃不下饭，睡不着觉，痛苦而不能自已。比如有的人其一生就好像是为钱而活着，赚不到钱，急得死去活来；赚了钱，但没有赚够，仍然急得要命；别人比自己赚得多，则气得要死，因为钱一生就永远跟自己过不去。这是为钱所累。

这样的人永远没有真正的快乐，有的只是永远的贪欲、永远的苦恼和永远没有止尽的心计。我们不要做这样的人。

10.走不出悲伤的人

人生难免有“不幸”，这并不是人生的悲剧，人生真正的悲剧就在于无法面对“不幸”，走不出悲伤的阴影。

有的人遭受挫折和失败，放弃了追求，放弃了奋斗，甚至放弃了生命，这样的人是最不幸福的。

一位大学生从大学计算机专业毕业后成为软件公司新员工，刚开始他积极工作，表现出色，还为公司改进了一项新技术。后来公司让他承担了更为繁重的程序设计工作。由于压力过大，他患上了抑郁症；为了很快致富，他凑10多万元炒股。谁料股市大跌，他血本无归。2008年春节刚过，他因为无法承受挫折跳楼自杀。

这位年轻人为什么要自杀？就是无法面对不幸，无法走出不幸，结果他选择了自毁。在困难和挫折面前灰心丧气，沮丧哭泣，放弃追求甚至自毁的人是最为懦弱的人，也是最为不幸的人。我们不要做这样的人。

10. 从“心”开始解密幸福

追求幸福是人生的一大理想，是人类本性的体现。但幸福却又是既不可捉摸又难以名状的东西。对于幸福的诠释，就像有一千个读者就有一千个林黛玉，一千个人就有一千种心灵感觉一样。在关注生活品质的同时，我们更应该关注内心对幸福的感受和体验，要坚信生命本身就是幸福的创造者，一切的外在刺激都要靠内心的参与，只有做到了内在满足才能感受到幸福。幸福从来没有标准，只是一种感觉、一种体验，而且因人而异。如果你无法感觉到幸福，即使别人用世俗的标准觉得你应该是幸福的，你仍然还是无法体会并维持幸福！

幸福关乎人们身心的安宁，如要寻找幸福，不妨把生命的重心由外在转向内心，由外在刺激转向内在的满足。这使人不由得想起了卢梭的《忏悔录》：

“黎明即起，我感到幸福；清晨散步，我感到幸福；我在树林和小丘间游荡，我在山谷间徘徊，我读书，我闲暇无事，我在园子里干活，我采摘水果，我帮助料理家务——不论到什么地方，幸福步步跟随着我。这种幸福并不是存在于任何可以明确指出的事物中，而完全在我的身上，片刻也不能离开我。”

在这字里行间可以看出，卢梭浑身洋溢着的幸福，使他感受和体验得到，他自己也没办法确切地指出幸福发生的原因和情节。总之，幸福成了一股川流不息的甘泉，进驻了卢梭的心里，于是他无时无处不幸福。这样的幸福，虽然千变万化，但却是人世间至纯至美的享受。

这种幸福感不仅打动了卢梭，而且这世间的每一个人不都曾沉醉于

这难以名状的幸福之中吗？无需精心的打扮，无需奢侈的烛光晚餐，回到最原始的天地之间，让皎洁的月光见证，不一样也许下了生生世世的约定，不一样也成就了最浪漫的刻骨铭心吗？是的，因为这幸福感是以心灵的热量冶炼而成，是以灵魂的真诚酝酿而成。

在《忏悔录》中，卢梭道出了人类长久以来在不知不觉中坚持着的幸福观——幸福是人的内心长期的深刻的精神满足，幸福超越一切物质、财富和欲望，幸福决定于自由快乐的心境和没有负累的肉身与灵魂。我们不妨看看卢梭，几乎不借外物，不需要任何触发，心里便自给自足地幸福着，盈盈地荡漾快乐的清波。这幸福究其根底，无非来自旺盛的生命力，健康、充实、热情地生活着。其实，生命本身就是制造幸福的机器，它不需要多少外来的原料，一个劲地把幸福输送给心灵、输送给所有的感官。至此，一个真理已跃然纸上：幸福其实触手可及，生活中不缺少幸福，只是缺少发现幸福的眼光和心灵。

根据幸福体验论的观点：幸福是人们对现实生活的主观反映，它既同人们生活的客观条件密切相关，又体现了人们的需求和价值取向。幸福感是由这些因素共同作用而产生的个体对自身存在与发展状况的一种积极的心理体验。

例如，操劳大半辈子、步履蹒跚的老人，是人群中最懂得如何去用心体验幸福的人。也许是倦了、累了、看透了，他们不会再去在意那些被世俗所标榜着的锦衣玉食、功名利禄。每天散步、锻炼身体、养养花鸟鱼虫、买菜做饭，看似平凡枯燥却让老人们乐在其中，因为他们已经懂得如何去从平凡中感受幸福，如何从枯燥中寻获幸福。他们明白幸福是一种心态，只有当你把眼前的景象、身体的感觉传入内心，转变为心理体验时，你才可以真正抓住幸福。

牛仔大王李维斯年轻时穷困潦倒，为了生计他踏上了前往美国西部的淘金之旅。

中途，李维斯被一条大河挡住了去路。苦等数日，越来越多的淘金者陆陆续续都被阻隔在了岸边。于是，有人转往上游或下游另寻出路，

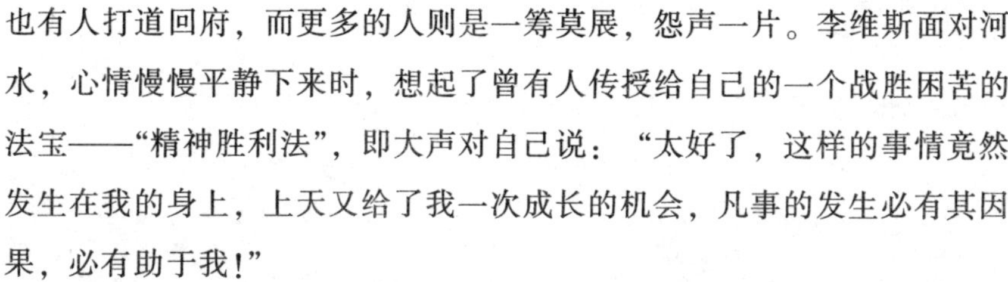

也有人打道回府，而更多的人则是一筹莫展，怨声一片。李维斯面对河水，心情慢慢平静下来时，想起了曾有人传授给自己的一个战胜困苦的法宝——“精神胜利法”，即大声对自己说：“太好了，这样的事情竟然发生在我的身上，上天又给了我一次成长的机会，凡事的发生必有其因果，必有助于我！”

于是他不断大声重复着：“太好了，大河居然挡住了我的去路，上天又给了我一次成长的机会，凡事的发生必有其因果，必有助于我！”

随后，他想到了一个发财的主意——经营摆渡业务，因为没有人会吝啬一点钱而不坐他的渡船过河的。这样一来，李维斯居然因挡在面前的大河而掘到了人生的第一桶金。

一段时间以后，经营摆渡的人多了起来，竞争也激烈起来，李维斯决定放弃经营摆渡并继续前往西部去淘金。此后，他又陆陆续续遇到了不少的挫折。在挫折中，他凭借着积极的心态，总能想出应对之策。

后来，李维斯又发现西部人的衣服极易磨破，而且西部到处都有废弃的帐篷，于是他又有了一个绝妙的发财之道，即把那些废弃的帐篷收集起来，洗干净，缝制出了世界上第一条用帐篷做的裤子——牛仔裤。从此，他一举成名，最终成为举世闻名的牛仔裤大王。

拥有乐观心态的人常常自我感觉良好，对失败持有可贵的“难得糊涂”的精神。而消极心态的人经常焦虑不安，后悔本应做得更好的事情未能做好，对别人获得的每一个成就、荣誉都想无条件地取得，祈求尽善尽美，最终总是饱尝无穷的欲望和懊悔的煎熬。一种积极的心态不仅能让你拥有轻松愉快的心情，有时还会刺激你的灵感，帮助你将弱势转为优势，指引你通向幸福。

第二章

快乐就是最大的幸福

1. 烦恼都是自己找的

每个人在生活中都会不可避免地遇到一些烦恼和不开心的事情，严重时还会影响到人的情绪。坏情绪的特点是螺旋式下降，越想烦恼的事就会越生气，越生气自我的感觉就越坏。

生气时，人往往会不自觉地把发生的事情想象成一个巨大的影子，烦恼的影子会挤压着身体，堵着心口，让人在烦恼和郁闷中把自己变得越来越小。

当一个人陷入绝境时，他的视野会变得狭小，只会拘泥在烦心的事情上，对其他事物毫不关心。这个时候，最好的办法是让自己解脱出来，暂时抛开眼前的一切，不去想这件事，去做些自己平时最喜欢的事情，去听听相声，去看看电影，或者出去散一散心，也可以让自己无暇去想烦恼的事情。

当人走出这个过程，再重新审视烦心的事情时，或许会有意想不到的收获。当你感到困惑、烦恼的时候，不妨跳出当时的情境，换个角度去想现在的问题，这的确是一个好方法。

有一天，一个失恋的女孩在公园里哭泣，这时一位哲学家走过来轻声地问她："你怎么啦？为何哭得如此伤心。"女孩说："我好难过，为什么他要离开我。"不料这位哲学家却哈哈大笑，并说："你真笨。"

女孩很生气地说："我失恋了，已经很难过，你不安慰我就算了，还来骂我。"

哲学家对女孩说："傻子，这根本就不用难过，真正该难过的应该是他，因为你只是失去了一个不爱你的人，而他却失去了一个爱他的

人。”

每个人都会遇到烦心的事情，但要学会放弃消极的思维模式，要尽量把事情往好的方面想，试着用正向的思考方式看问题，这样就容易走出面前的困惑和悲伤。否则只会伤害自己，甚至还会影响自己对人生的信念。

有一个心理学家就做了一个很有意思的实验。他在一个周日的晚上召集一群实验者，要求他们把未来 7 天中所有能想到的烦心事全部写下来，然后投入一个大型的“烦恼箱”。

到了第三周，他在这些实验者面前打开了那个箱子，逐一核对每项“烦恼”，结果发现其中有九成的“烦恼”根本就没有发生过。

心理学家又要求大家把剩下的一成“烦恼”写在一张纸条上，重新丢入纸箱中，等过了三周，再来寻找解决之道。结果到了三周后的这一天，他开箱后，发现实验者的那些烦恼已经不再是烦恼了。

一般人的忧虑有 40%是属于过去，有 50%是属于未来，只有 10%是属于现在。而 90%的忧虑从未发生过，剩下的 10%则是一般人能够轻易应对的。

所以说，烦恼是自己找来的，90%的烦恼都是人为找来的。

有人问苏格拉底：“请告诉我，为什么我从未见您烦恼过，为什么您的心情总是那么好呢？”苏格拉底说：“因为我没有那种失去了它就使我感到遗憾的东西。”人就是在经历问题和解决问题的过程中成长起来的。

我们都有过这样的经历：每当面对困惑处于无助时，常常不知道该怎么办，束手无策找不到解决问题的方法，甚至还会陷入迷茫或绝望的状态，但是无论事情怎样，最后我们都还是走出了困境。

当事后我们再回忆当时发生的过程时，往往会发现：事情发生的本身其实并不可怕，可怕的是我们采用的思考方式，是以怎样的心态在面对和解决问题的。因为不同的心态和思考方式会决定事情的结局。

乐观与悲观只隔一层纸。如果我们将心态比作一台天平，平和安详

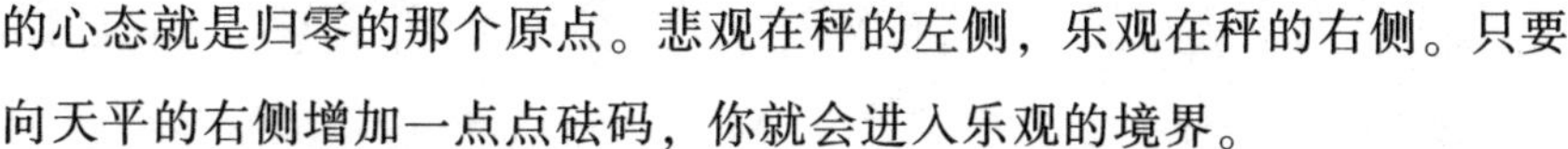

的心态就是归零的那个原点。悲观在秤的左侧，乐观在秤的右侧。只要向天平的右侧增加一点点砝码，你就会进入乐观的境界。

其实，大多数的烦恼都会在第二天早晨好很多。所以，晚上最好不要去多想那些烦恼的事情，好好休息，让大脑得到恢复，第二天早晨起床后，有些烦恼会减轻甚至消失。

太阳每一天都是新的，我们的心境在每一天也应该是新的。每天早上睁开眼睛的时候，我们需要学会让乐观的心态主宰自己，学会将烦恼从胸口中挤压并排除掉，用一种愉悦的心态去面对新的一天。时间久了，烦恼会越来越少，再面对事情时，我们就可以更坦然更乐观地去应对。

2. 用快乐来丈量生活质量

其实，快乐是一种能力。快乐和愉悦并不是一回事。快乐是一种礼物，创造了绝大多数生活。愉悦则来自不计后果的狂欢，让人忘记生活。快乐并不是不快的缺席，它是一种善待自己的能力，不管你感觉如何。但快乐和愉悦可以密切连接在一起。因为人们把注意力集中在痛苦而不是快乐上，所以我们无法得到快乐。

快乐的人忙碌、有活力、外向。生活在个人郁闷世界里的人会在寻找的过程中逐渐失去自我。当我们忘记了自己是谁，把注意力集中在正在完成的事情上时，快乐就会来临。

一个学生认识了一位受人尊敬的禅宗大师，向他询问永远快乐的秘密。大师笑着拿起笔写道：专心。“这就够了吗?”学生问。“专心就已经足够了，”大师说，“如果不专心，快乐就没有栖身之所；有了专心，快乐现在就在。专心是心无旁骛。专心就是一切。”

每个人都有快乐的理由，但我们总认为我们没资格快乐，或者做得还不够，远不到快乐的时候。这种等待心理的表现是："如果……的话，我一定非常快乐，但是……"。事实是我们永远也到不了那个境界。如果快乐要待实现某个目标后才能享受，人就会藏起自己的快乐，一直等到那个时刻。不幸的是，不管这愿望是关于金钱、汽车、工作或者爱人，即使真的实现了，你却会发现自己仍然快乐不起来。当你现在所做的一切都为了明天，生活已经失真。

很多人试图通过成功来创造快乐，是因为他们错误理解了这些东西带来快乐的质量和持续时间。新的幸福感很快就会暗淡，快乐开始变得平淡无奇，你只好又开始寻找下一个目标。

然而这并不是说我们不应该制定目标，只是鼓励大家将目标放在现在。问问自己今天可以为明天的目标做些什么，不管那目标是健康、工作成功、减肥还是别的什么。我们能控制的唯一时刻就是现在。

对于我们的工作和生活而言，快乐是一种能力，是一种尺度。我们用快乐来丈量生活的品质，用快乐丈量我们喜欢生活的程度。

一家跨国公司策划总监的职位向社会公开招聘。层层筛选后，最后只剩下三个佼佼者。最后一次考核前，三个应聘者被分别封闭在一间设有监控的房间内。房间内务和生活用品一应俱全，但没有电话，不能上网。考核方没有告知三个人具体要做什么，只是说，让几个人耐心等待考题的送达。

最初的一天，三个人都在略显兴奋中度过，看看书报，看看电视，听听音乐。第二天，情况开始出现了不同。因为迟迟等不到考题，有人变得焦躁起来，有人不断地更换着电视频道，把书翻来翻去……只有一个人，还跟随着电视节目里的情节快乐地笑着，津津有味地看书做饭吃饭，踏踏实实地睡觉。

五天后，考核方将三个人请出了房间，主考官说出了最终结果：那个能够坚持快乐生活的人被聘用了。主考官解释说："快乐是一种能力，能够在任何环境中保持一颗快乐的心，可以更有把握地走近成功!"

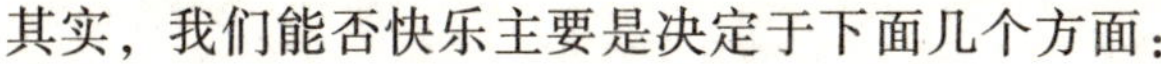

其实，我们能否快乐主要是决定于下面几个方面：

1. 思维模式。看待生活的方式是快乐的核心。在很大程度上人的思维决定感情，所以我们可以通过“想”某些事来促进相同结果的发生，即用思想指导行为。

2. 价值观念。我们的价值观和生活规则同样非常重要。如果成功是你生活的信条，那么取得成功的基础是赚钱。这个价值系统对制造快乐并没有必要。

绝大多数人继承了父母的价值观和其他一些社会行为，我们甚至在不知道它们究竟是什么的情况下就已经习惯了这些东西。如果生活的目的是为了让别人满意，那么我们首先担心自己做得还不够好，而这种想法只能带来不快、气愤、压力和疾病。过于在意外部环境会带来压力感。快乐的人是那些知道自己的目标并明确了解完成目标的方法的人。

3. 角色认知。平衡我们的角色对快乐来说也很重要。我们在生活中扮演着不同角色。人们当然会更重视能得到更多承认的那个角色，不管是工作的还是私人的。但是把自己的快乐建立在别人的脸色上，只能给自己带来烦恼和压力。

可能你在自认为最重要的角色上表现不错，不过要记住，为此而忽视其他角色是万万不行的。将制造快乐的方法作为“更高使命”——生活的全部哲学或者目的。一旦你知道自己想要的，明确自己的人生应该如何度过，为什么要这样度过，你就能制定目标，并采取相应步骤去实现它。

快乐是一种能力，为了幸福的未来，从现代开始培养你的这种能力吧！

3. 提高你的幸福基线水平

在生活中增加正面情绪，远比减肥或者戒烟容易得多。只需要一点点正确的努力，我们都可以学会去增加自己的正面情绪。

在相当长的一段时间里，心理学家们更多地将注意力放在人的忧郁情绪上。在心理研究和治疗的过程中，甚至出现过一个相当棘手的问题，就是心理医生们认为已经从各方面根治好的抑郁症患者，依然未能感受到生活的乐趣，原因很简单，就是这个人根本不懂什么是快乐。为什么有人感觉不到生活的乐趣呢？经过研究后发现，人们在面临同一遭遇时的表现是大不一样的。一些人即使遭受挫折也不灰心，但是有些人却会为一些小事而一蹶不振。是不是一个人的性格是由大脑中哪一部分所决定的？

针对这一问题，试验结果令科学家们发现：要想激活和测定积极的情感，远比激活和测定消极的情感要复杂得多。是否能够违反天性，把一个不快乐的人培养成一个乐观主义者呢？针对这样的问题心理学家又进行了下面的试验。心理学家找来了一批倒霉的志愿者。这些倒霉者的大脑愉悦区极不活跃。把他们找来之后，要他们在一个月内做各种能激发幸福感的活动。

心理学家要求他们每天跟周围的人交换一些愉快的信息，做 20 分钟的体操，每天对着镜子冲自己笑 2 分钟，还要做 10 分钟的自我调整活动，以让身心完全松弛。

第三个星期每天得用 30 分钟来干自己爱干的事。第四个星期每天晚上都去跳舞。

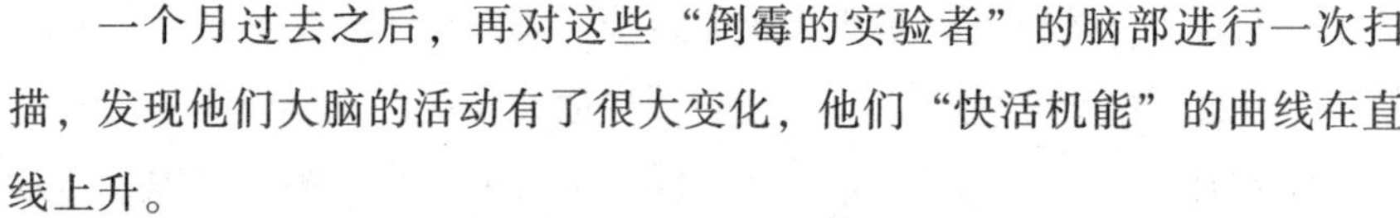

一个月过去之后，再对这些“倒霉的实验者”的脑部进行一次扫描，发现他们大脑的活动有了很大变化，他们“快活机能”的曲线在直线上升。

从这个实验可以看出，即使是那些已经治愈抑郁症的“命中注定不快活的人”，只要不停地去锻炼大脑，也可以变成一个快活的人。心理学家经过试验已证实：乐观可以通过教育而形成，一个悲观的人通过心理训练也可以转化成为乐观的人。

如果说快乐情绪可以后天培养，那么基因对我们的影响到底有多大呢？一个人的情绪有40%是基因遗传所决定，10%由环境所决定，50%是后天教育和培养、个人努力因素等。也就是说一个人的情绪有60%的空间是可以改变的。

基因是会带来许多的不同，但是基因并不能决定我们每个人所有的不同。

每个人因为其出生环境、遗传等因素影响，会拥有他特有的幸福基线水平。一个人的幸福基线水平是由3岁以前的生活经验，以及个人的遗传特性确定下来的。

有学者将一起长大或分开养育的同卵和异卵双胞胎作为调查对象，研究了他们的幸福相似性。这项比较使研究人员能够确定幸福的差异与我们的基因差异相关的程度。结果发现，个体间幸福的差异约有80%来自遗传差异。也就是说我们每个人都拥有一条与生俱来的幸福基线，大体上由我们的基因决定。把这个概念和人类的天性结合起来，就可以解释许多现象。

事业上的成功会带给我们短暂的得意，工作中的失败会带给我们一段时期的低落，但或早或迟，我们的整体幸福水平会趋向于靠近一个固定的基线，这个过程叫“适应”。不管怎样，我们的幸福水平总会趋向于一个基线。

如果没有经过后天的学习或改变，每个人的幸福感会大致保持在原有的水平状态，但是幸福基线水平会因为人们的学习教育和有意识的努

力来得到提升。人们往往会把当下的情绪，错误地认为是一种长期的情绪体验和感受，但事实上人们总是会较快地回到既定的基线水平。

幸福往往取决于人的心中所想，而不是身外之物。积极心理学的基本任务就是帮助提升人们的幸福基线水平，就是提高个人、社区和社会的总体幸福水平。也就是说，积极心理学可以帮助当人们在跌入低谷的时候，建立较强的心理韧性，让人更快和更容易地回到幸福基线水平。

比如说，如果以 1~10 计分，一个人天生的幸福基准线是 5，积极心理学可以帮助他逐步提升到 7。在以后的生活中，再遭遇困难和挫折的时候，他的幸福感在当时可能会降到 2，但是这个人会花比原来短的时间，而且更容易回到 7 左右的基线水平上。

幸福可以通过思想训练而获得，学习积极心理学是提升幸福基线水平的有效方式。改变你的情绪、改变认识世界和认识你自己的方式、改变行为，而不是躲避人生的波折和困难，或者是无助地忍受痛苦。要记住，糟糕的日子总会过去，事情并没有想象中的那么坏。

4. 乐观是可以培养出来的

一位父亲有一对五六岁大的双胞胎儿子，两个儿子个性正好相反：一个太乐观，一个太悲观。父亲将这两个孩子带去看心理医生，希望能治疗他们的心理疾病。

心理医生将过分悲观的小孩带到一个装满了各式各样玩具的房间，让他尽情玩玩具，希望能使他快乐一点。不久之后，父亲和心理医生打开了房间的门，却看到悲观的小孩虽然满手玩具，仍然是哭红了眼睛，就问他为什么难过？小男孩回答：“我怕有人偷走这些玩具。”

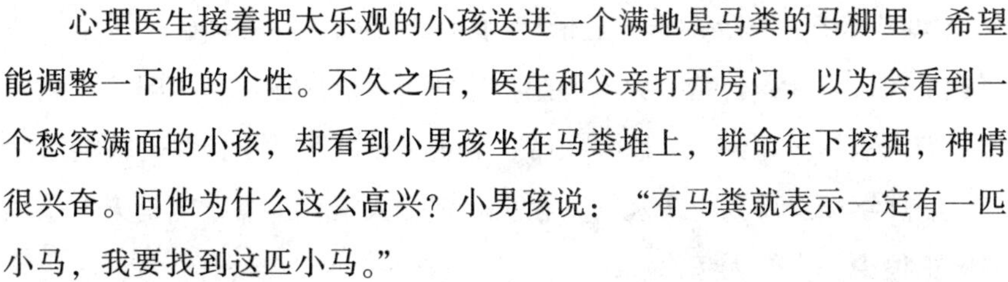

心理医生接着把太乐观的小孩送进一个满地是马粪的马棚里，希望能调整一下他的个性。不久之后，医生和父亲打开房门，以为会看到一个愁容满面的小孩，却看到小男孩坐在马粪堆上，拼命往下挖掘，神情很兴奋。问他为什么这么高兴？小男孩说：“有马粪就表示一定有一匹小马，我要找到这匹小马。”

美国前总统里根经常引用这个故事的名言：“这里一定有匹小马。”他希望借着这个故事，勉励同胞，即使人生如粪土，也不要失去信心和乐观的个性，因为，人的一生之中，总会有你喜欢的“小马”，你决不能放弃挖掘或追寻。

其实，每个人天生都有快乐的倾向，都有一种好奇心、一种想要成长和学习的欲望、一种天真而健康的幽默感。只是很多人没有让自己这份天赋成为后天的财富。

有一天，友人弗雷德感到意志消沉。他通常应付情绪低落的办法是不见任何人，直到这种心情消散为止。但这天他要和上司举行重要会议，所以决定装出一副快乐的表情。他在会议上笑容可掬，谈笑风生。令他惊奇的是，不久他发现自己果然真的不再抑郁了。

其实，弗雷德无意中采用了心理学研究方面的一项重要新原理：装着拥有某种乐观的心情。装着拥有某种乐观的心情，往往能帮助我们真的获得这种感受快乐的感觉，并有助于我们在困境中建立自信心，在不如意时尽快转移消极情绪。所以说，快乐的源泉就在每个人的心中。

生命的幸福与痛苦，不在于降临的事情本身是苦是乐，而要看我们如何面对这些事。

就如我们在生活中看见的那样，有些小孩本来不是很难过，可一旦哭起来，却越哭越伤心，让自己处于悲伤的状态下，伤心的样子就越明显。悲观也是这样。当你认为自己很不幸，你的生活就会真的很痛苦。而如果你相信自己很快乐，并且快乐地去生活，那么你的生活也就真的充满阳光。

有这样一个乐观的女人，脸上总是充满着喜悦和微笑，常常一开口

就先说："感谢上帝，赞美上帝！"有一次，她不小心割破了手指，她包扎好伤口来到办公室。大家心想，这下可不能感谢上帝了吧。没想到这位妇人依然笑着说："感谢上帝，赞美上帝，还好手指没有被割断。"

心理学家发现天生乐观的人很少，三个人里有一个，但是天生悲观的人也很少，十个人里有一个。

人类的身体里存在着许多的细菌，但是我们身体整体的健康和活力，总是能迫使这些细菌无法发生作用，使我们的身体能够一直在健康中生长着。如果我们的思维模式能够保持在积极乐观的一面，就是偶然出现一些微不足道的消极念头和悲观的情绪，也绝对不会有能力渗透到我们积极乐观的心灵中。当我们面对那些无用的心灵垃圾和悲观消极的杂念，如果我们停止去喂养这些坏习惯或悲观的思想，那么积极的思想和充沛乐观的活力就会一直占据我们的心灵。

人的心境是可以传染的。比如笑声是具有传染性的。假如你开始对三个人微笑，别人也会对你的付出回报以微笑。那三个人中的每一个人对另外三个人微笑，这中间要隔多少层，全世界人都能接收得到微笑呢？

微笑是这样，乐观更是如此。当我们用乐观的心态面对身旁的人，对他们微笑，赞美他们，用真诚的行为感动他们，让别人感觉好起来的同时，我们自己的感觉会更好。这样别人也会把自己这种好的感觉传递出去，并去影响更多的人，这个过程会链接并传递下去。

5. 寻求幸福你我的力量

1997年，塞里格曼教授在担任美国心理学会主席职务的一天里，

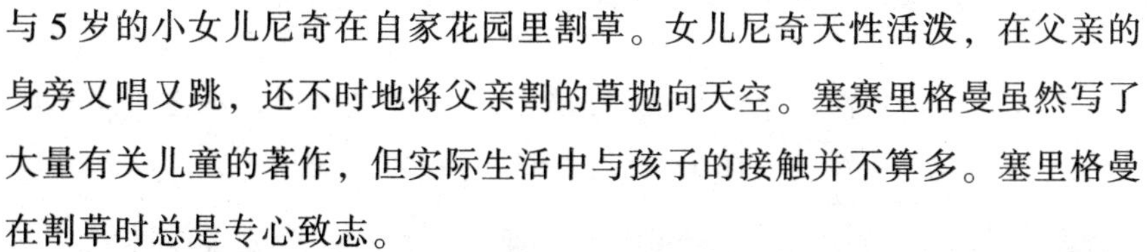

与 5 岁的小女儿尼奇在自家花园里割草。女儿尼奇天性活泼，在父亲的身旁又唱又跳，还不时地将父亲割的草抛向天空。塞赛里格曼虽然写了大量有关儿童的著作，但实际生活中与孩子的接触并不算多。塞里格曼在割草时总是专心致志。

塞里格曼对女儿的行为不耐烦了，对女儿大声训斥，叫她别乱来，尼奇一声不响地离去。可一会儿女儿却跑过来，一本正经地对塞里格曼说："爸爸，我能与你谈谈吗？""当然可以"。"爸爸，我不喜欢你那么凶地对待我，如果今后我不再像 5 岁前那样喜欢哭，总是抱怨说这个不好那个不好，你可以不再那样训斥我吗？"女儿尼奇的这番话使塞里格曼豁然顿悟了，他一下明白了许多道理。

塞里格曼觉得家长在抚养孩子时不应一味地去呵责或去纠正孩子的不良行为，而是要与孩子多进行交流，及时发现孩子本身具有的积极力量。要认识并塑造孩子身上最美好的东西，要看到他心灵深处的潜能，发扬他的优秀品质，对孩子的积极力量进行有意的鼓励和培育，才能使孩子真正克服自己的缺点。

塞里格曼在思考中发现自己在过去的 50 年里，经常是在阴暗的气氛中生活，心里有许多不高兴的情绪，而且总是用消极的方式去对待他人的缺点和不足。塞里格曼想，如果换一种积极的方式去应对别人的消极行为，也许会更有效果。从那天开始，他决定让积极的情绪占据心灵的主导，面对一直从事的职业，也产生了新的认识。

随后塞里格曼开始构想一场新的心理学运动，并将这种研究幸福和关注人的积极力量的心理学定位为积极心理学，又叫正向心理学。积极心理学帮助人们发挥出自己的优势和强项。

传统心理学在评价人的心理健康问题时会说：如今你的心理健康是–6 的状态，经过治疗你将能恢复到–2，最终你有可能进入正常的 0 状态。而积极心理学则会说，你如今的心理健康状态是+2，你自身的潜力和优势如果得到更多的挖掘和开发，你将进入+6 状态或更好的状态。

积极心理学通常会用一个正负坐标来形容传统心理学和积极心理学

两者之间的区别。

积极心理学关注的是能够促使更多的人，在从0到正数方面能变得更加容易。那么在正数这段怎么去做呢？传统心理学却没有提供一个好的答案，这也就是积极心理学要切入的地方。如今积极心理学已经发现了答案，是那些区别于常规的激励或成功学的指导方法，却也是今天我们大多数人还不是完全知道的幸福法则。

那么，积极心理学到底是一门怎样的学科呢？传统心理学的方法主要是疾病模式，总是盯着人类身上的问题，帮人从病症里面走出来，只解决人的疾病问题，而忽视人类心理品质的培养。但是积极心理学强调的是要从正面而不是从负面来界定和研究心理健康，要把人推向发展。这是两种非常不同的做法。

每个人的一生中都会不可避免地出现身体疾病，生病时需要去看医生。但是我们的思想也会患病，我们的精神会出现感冒，我们的身心会出现免疫功能下降，我们的心灵需要滋养和升华。

是不是当人们消除了抑郁、焦虑后就会感到幸福？事实并非如此。就比如你消化不良，首先要做的事情是先解决或治疗消化不良的问题，这样你才有可能好好享受一顿美餐。但是在消化不良症状消除后，也不足以真的让你享受到品尝幸福的快乐。消除那些痛苦的因素，并不意味着一定就能幸福和快乐起来。把人从负数的一段推到0并不够，我们要做的是进一步从0推到正数1，甚至更多。

积极心理学认为，不是排除掉不幸福就是幸福。如何促使更多的人，在从0到正数方面能变得更容易呢？

积极心理学是通过培养正面来预防负面。积极心理学说：“如果我们把对生命中的激励和幸福的追求这样一种实现自我的动力拿走，这个时候人就会出现不健康。换句话说，如果为了防止要掉到0以下的状态，我们就需要各种正面的力量。”

积极心理学是关注人类幸福和力量的科学。每个人都希望生活得更美好，都期望能够获得一种改变我们生活现状的力量。走进积极心理

学，你就能够获得一种幸福你我的积极力量。

6. 抱怨只会将快乐“报销”

在生活中，我们往往把抱怨作为与人开始交流的最有效手段。人们之所以喜欢从负面角度切入话题，是因为这个角度比从正面更能引起大家的共鸣，并拉近彼此之间的距离。这也正是为什么抱怨来得那么多，那么无时无处不在的原因。

在现实生活中，几个女伴相聚，总是喜欢向别人倾诉自己的委屈，彼此间很快就能为一些不相干的事情相互倾诉，抱怨似乎已经成为女人的专利。在相互倾诉和抱怨的发泄中，她们之间获得极大的安慰，满足了一时的口欲发泄，可是心里真正的问题依然没有解决。

倾诉与抱怨是女性释放心理郁结的一种方式。但这种方式容易传递不良情绪及传染抑郁情绪。

在家庭生活中，相互抱怨的夫妻很多。向对方要求太多，甚至过分在意自己的付出，是夫妻之间产生矛盾的根本原因。

有一对夫妻，结婚后天天闹矛盾，最后他们去找心理医生进行心理咨询。见到心理医生后，夫妻俩都把对方说成了一个体无完肤的人。听了双方相互抱怨和指责后，心理医生没有评价对错，只说了一句话：“你们当初结婚的目的就是为了争吵抱怨吗？”夫妻两人听了无言以对。

有些人在单位工作时会对同事抱怨：“我为什么做这么多的工作？为什么我的收入还比他们的少？”他们在家中会抱怨家人：“我为这个家里付出这么多，为什么得不到回报呢？”他们在生活中抱怨朋友：“我帮助某某人做某某事，他还不领情。”有时候这样的人看身边所有的

人都觉得不顺眼。他们说："身边不公平的事情太多，我不抱怨不行呀。"但是他们不知道世界上还有一句这样的格言："如果你被疯狗咬了，难道你也要反咬那只疯狗一口吗?"

古代曾经发生的一场战争就是因为一位樵夫的抱怨而引起的。有一位樵夫，总觉得自己需辛苦工作才能有收入，心里非常不平衡，有一天，他越想越气，便在吃中午饭时对着妻子埋怨一番，弄得妻子的心情也不好，并迁怒于正在厨房里做菜的女儿，女儿在盛怒之下，煮饭时一不小心多放了一匙盐，樵夫吃了更愤怒了，觉得自己的人生已经够悲惨，居然连顿好饭也没得吃。于是，饭后他气冲冲地回到山上去砍柴，一边砍，一边气急败坏地对其他的樵夫诉说着自己那倒霉的人生，他越讲越气。砍柴时一不小心，斧头脱手飞了出去，打中了一个路人，那路人不是别人，正是路经此地的邻国王子，邻国国王气得派兵大举进攻，一场战争就这样爆发了。

其实，引起抱怨的根源就是付出比预期得到的少，造成了人的心理不平衡。喜欢抱怨的人往往会认为自己付出了，理所当然就应该得到回报，并且还希望能受到对方的关注和尊重。但是，生活的目的并不只是为了求得回报，任何人都不应对别人有过分的要求，哪怕是对自己最亲近的人。然而，有些人总是愁眉苦脸地盯在那些让自己不快乐的事情上，总是抱怨生活不公平，抱怨自己没有好机会。抱怨的人会让自己心灵背着沉重的负面情绪，在抱怨中会失去友情和亲情的支持。

许多时候抱怨与愤怒的情绪主要来自于人们一些不合理的信念。例如"我必须在生活中得到所有人的爱或赞同"、"我必须出色完成这些重要的任务"、"我希望别人能公平地对待我，他们就必须这样做"、"如果我得不到我想要的东西，那结果就太可怕了"等。

这些不合理的信念在经过我们的大脑思考消化后，就会导致我们的情绪障碍，让我们总是想"别人会怎样看我们"而引起我们的不快乐。

一位离婚的妻子抱怨说："我对丈夫这么好，他却对我不忠诚，伤害我太深了，我不明白他为什么要这样对我?"其实婚姻的解体，绝不是

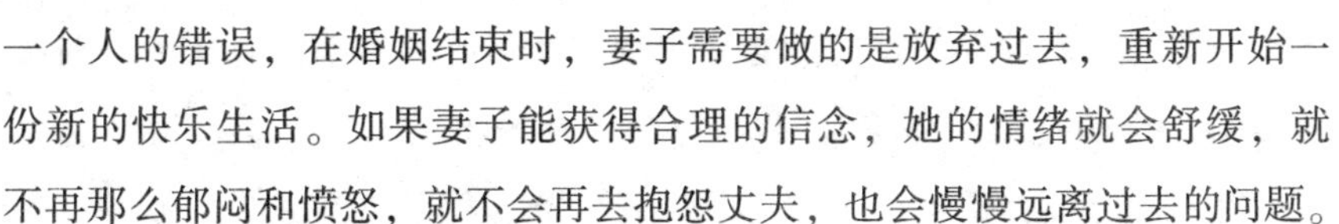

一个人的错误，在婚姻结束时，妻子需要做的是放弃过去，重新开始一份新的快乐生活。如果妻子能获得合理的信念，她的情绪就会舒缓，就不再那么郁闷和愤怒，就不会再去抱怨丈夫，也会慢慢远离过去的问题。

一位竞争上岗落选的职员私下抱怨："这次竞争上岗我没有被选上，某某的理论成绩还不如我高，反而被选上了，这太不公平了!"其实，这位职员可以重新建立合理的信念，分析这次失败的原因，寻找自己不完善的地方，放弃失望和遗憾，找出改善问题的方法，争取下次机会。有了合理信念，这位职员的情绪就不会那么激动，对自己就会重新抱有信心。

一位找不到工作的大学毕业生抱怨说："招聘单位的条件太苛刻了，工作实在太难找了。"如果这位毕业生能够客观地认识自己，不失去自信，继续坚持再去寻找新的工作机会，相信他一定能找到适合自己的工作。

当一个人把快乐的信念放在他人身上的时候，其实就是在放弃对情绪的自我掌控权，就等于让别人把控我们的情绪。这时抱怨与愤怒就会成为唯一的选择，快乐也会离我们而去。

人生在世，我们也许不能左右身边的许多事情，但我们至少可以去调整自己的心情。许多时候，我们没有必要总是那么在乎别人的看法，我们需要经常拿起乐观的小熨斗，来烫平我们心中那些不合理信念的皱褶；用我们的双手来掌控属于自己的快乐钥匙。

7. 赚快乐比赚钱更重要

有一对夫妻，丈夫在外经营，生意红火，他没日没夜地忙碌，很少

在家，女儿也出嫁在很远的地方，很少回家。妻子一个人在家，终日无所事事，日子过得很不开心。丈夫想让妻子快乐起来，就让妻子去串门、聊天、看戏，果然妻子开心了一段时间，但是时间一长，她又变得不开心了。

有一天，妻子对丈夫说自己想开间布料店。在妻子看来，这一定能赚钱。丈夫同意了，布料店很快开张了。妻子每天去店里做生意，她开始忙碌起来了，来买布的人很多，妻子干得很开心。

可是过了几个月，丈夫算了一笔细账，发现妻子根本不是经商的料，她经营的布料店不但不赚钱，倒赔进去不少。丈夫问妻子："你那间布料店还开吗？"

妻子说："还开。"

丈夫问："赚了多少钱？"

妻子笑了笑说："钱是一分没赚到，赚的全是快乐。"

是啊，赚快乐比赚钱更重要。世界就是这样，并不是每个人都有钱，有钱的人也不一定快乐。然而，有钱和快乐哪一个更重要？想必每个人都应该清楚。

赚钱和快乐，聪明的人往往选择快乐，选择自己所喜好的事业。古代颜回住在穷僻的巷子里，一筒饭，一瓢水，常人也不可忍受，而他却过得很开心。对此，孔子极为赞扬。这是人自立的哲理：外在的人们不可求，但自身于内的反省可以做到，坚持自己的喜好，就能行其道。至于富贵、功名、事业乃是身外之物，拥有了对内在的也没什么增加，失去了也没有什么损害。

现实生活中，我们每天为工作、生活的压力而忙碌奔波，忘记了工作的真正本真意义，没有时间，也没有心情去享受工作。这样的状况到头来将是一种挣扎。

很多人都在说："等我有钱了，就过怎样的生活……"或者说："等……以后就可以做我喜欢的事了。"那么为什么不想现在就试着去做呢？

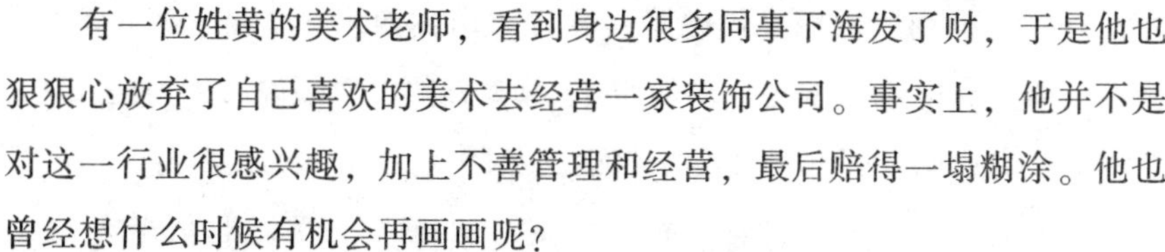

有一位姓黄的美术老师，看到身边很多同事下海发了财，于是他也狠狠心放弃了自己喜欢的美术去经营一家装饰公司。事实上，他并不是对这一行业很感兴趣，加上不善管理和经营，最后赔得一塌糊涂。他也曾经想什么时候有机会再画画呢？

有一天，他的朋友告诉他："你现在可以拥有你退休后的生活。"他感到莫名其妙。朋友告诉他："关闭你的公司，然后搞美术教育，那么你既可以画画又能赚钱。"他随后办起了儿童绘画培训班，过起了开心的生活，而且钱也越赚越多。

现实生活中，为了快乐，也为了生活，每个人都希望找到一份适合自己的工作和事业。那么什么是适合自己的呢？做自己喜欢做的事，即便失败了也是值得的。相反，放弃目标，为世俗和物欲所累，去做自己不喜欢做的事，即便成功了，也没有什么人生乐趣可言。

有一位大学毕业生，穿着打扮时尚、前卫，分配到机关后，大家都劝他穿着严肃点。可是他不喜欢拘束，仍然我行我素。于是单位的人开始议论他，说他自由散漫、不够上进。慢慢地，周围的人开始疏远他，而他也变得孤独，也讨厌政府的工作环境。最后终于因忍受不了这种环境而变得寡言少语，从而消极沉闷。他自己也感到这样下去一点前途也没有，终于辞职，去寻找自己喜欢的艺术工作。

其实，真正适合你的工作是那种能让你在心情愉快条件下进行，并能发挥出你最大的能力，而产生最高效益的工作。试想，如果一个人穷其一生都不能做一件他自己喜欢的事，那他的这一生能有什么意义呢？

戴尔的父母亲都希望他能成为一位体面的医生。可是戴尔读到高中便被计算机迷住了，整天研究着一台破旧的苹果机，把计算机的主板拆下又装上。

戴尔的父母很伤心，告诉他，他应该用功念书，否则根本无法立足社会。可是，戴尔说："有朝一日我会开一家自己的公司。"父母根本不相信，还是把戴尔送入了一所大学去学医，可是戴尔仍然只对电脑感兴趣。第一个学期快要结束时，他告诉父母，他要退学。父母坚决不同

意，只允许他利用假期推销电脑，并且承诺，如果一个夏季销售不好，那么必须放弃电脑，可是戴尔却用18万美元的销售额说服了他的父母。他组建了自己的公司，并创出了自己的品牌。

十年后，他创下了神话，拥有的资产达43亿美元。也许戴尔的成功只是个例，但他的成功至少可以告诉我们一点：选择你真正喜欢的事业和职业，会更容易赢得成功。

可以想象，一个人所从事的工作如果是他所厌恶的，甚至是憎恨的，那么他对这份工作就不会有积极性，他无法从工作中获得乐趣，缺乏热情，对待工作抱一种得过且过的思想，做一天和尚撞一天钟。

如果你处于这种境况之下，你应好好地思考一下了，既然如此地厌倦你目前所从事的工作，那么为什么不可以换掉它呢？

其实，你没有必要将你的时间与精力花费在你毫无兴趣的工作上，你应该去找一个你所喜欢的工作。也许你会因为家庭或其他原因暂时放弃你目前的职业，尽管你做目前的工作很痛苦，但是你却仍然要依赖它。其实这种想法是错误的，因为即使今天你还不能离开它，但你完全可以为明天离开它而做积极的准备。

人生是短暂的，一定要让自己活得快乐，才不虚度此生。快乐就是要做自己喜欢的工作，快乐工作就是要做我们自己选择的工作。唯有了自己喜欢的且能展示才华的工作，你才会感到真正的快乐。

8. 快乐要从“心”做起

同一件事情用不同的心态去体会，得出的感受是不同的。快乐和悲伤同时存在，关键是自己去寻找快乐还是寻找悲伤。别人无法让你快

乐，能让你快乐也只有你自己。

痛苦往往不请自来，而快乐则需要我们去寻找。假如你愿意，你会发现生活中处处都是快乐。世上只有不肯快乐的心。人对自己的态度，可以决定你的快乐与悲伤。快乐和幸福不是由地位所决定的，而是由你的心境和思考方式决定的。积极快乐的心态的确很重要，它能决定你的一切。两个农民种了同样的庄稼，取得了同样的收成。一个想，今年的收成比去年多了近三成，不仅够一家人吃穿用，而且还有积累，如果这样下去，渐渐就可以成为一个很富裕的人。他为此快乐无比。

另一个农民却迥然不同，他想：今年虽然有了积累，但比起那些很富有的人却微不足道，人家一年的积累是自己的十倍乃至百倍。丰收反而使他变得更加痛苦。一件事情，总是有两个角度。你选择哪一个角度，你就将获得怎样的“收成”。因此，你可以快乐，只要你希望自己快乐，只要你懂得如何让自己积极的思考，不管发生什么事情，都是看好的一面。

事情总有两个方面，一是正面，二是负面。而如何将注意力集中在正面积极的思考上呢？秘诀就是：注意你所想要的，而不是你所厌恶的。一般人遇到困难、问题时，通常会花八成的精力在问题本身，花二成的精力放在解决问题，而成功者会花八成的精力在解决问题上，只花少部分时间在问题本身。成功的快乐者并不是更聪明，而是他比你会更好的积极思维。

当我们遇到挫折时，常常感觉很愁闷，很少会自己庆幸说，如果不是怎样怎样，事情还有可能更糟。我们的心中，也常因此徒生了许多的阴云，失去了许多的快乐。

因此，生活很需要一些开朗和豁达的心态。我们应该像契诃夫所说的那样：“要是火柴在你的衣袋里着火了，那你应该高兴而且感谢上苍：多亏你的衣袋不是火药库。要是有穷亲戚上别墅来找你，那你不要脸色发白，而是要喜气洋洋地叫道：很好，幸好来的不是警察！要是你有一颗牙痛起来，那你应该高兴：幸好不是满口牙痛。要是你的手指头

扎了一根刺，那你应当高兴：很好，多亏这根刺不是扎到眼睛里！”

这样一想，当我们遇上一些麻烦时，也就不至于愁肠百结了。你可以快乐，只要你希望自己快乐。

老街上有一铁匠铺，铺里住着一位老铁匠。由于没人再需要打制铁器，现在他改卖铁锅、斧头和拴小狗的链子。

他的经营方式非常古老和传统。人坐在门内，货物摆在门外，不吆喝，不还价，晚上也不收摊。你无论什么时候从这儿经过，都会看到他在竹椅上躺着，手里是一个半导体，身旁是一把紫砂壶。他的生意很一般。每天的收入只够他喝茶和吃饭。他老了，已不再需要多余的东西，因此他非常满足。

一天，一个文物商人从老街上经过，偶然看到老铁匠身旁的那把紫砂壶，因为那把壶古朴雅致，紫黑如墨，有清代制壶名家戴振公的风格。他走过去，顺手端起那把壶。

壶嘴内有一记印章，果然是戴振公的。商人惊喜不已。因为戴振公在世界上有捏泥成金的美名，据说他的作品现在仅存3件，一件在美国纽约州立博物馆里；一件在台湾故宫博物院；还有一件在泰国某位华侨手里，是1993年在伦敦拍卖市场上，以16万美元的拍卖价买下的。

商人端着那把壶，想以10万元的价格买下它。当他说出这个数字时，老铁匠先是一惊，后又拒绝了，因为这把壶是他爷爷留下的。他们祖孙三代打铁时都喝这把壶里的水。壶虽没卖，但商人走后，老铁匠有生以来第一次失眠了。这把壶他用了近60年，并且一直以为是把普普通通的壶，现在竟有人要以10万元的价钱买下它，他还适应不了眼前的事实。

过去他躺在椅子上喝水，都是闭着眼睛把壶放在小桌上，现在他总要坐起来再看一眼，这让他非常不舒服。让他不能容忍的是，当人们知道他有一把价值连城的茶壶后，都过来打听这件事。平静的生活被彻底打乱了，他不知道，该怎样处置这把壶。当那位商人带着20万元现金，第二次登门的时候，老铁匠再也坐不住了。他叫来邻居，拿起一把斧

头，当众把那把紫砂壶砸了个粉碎。

世上没有绝对幸福的人，只有不会积极思考、不习惯快乐的人。世上没有绝对幸福的人，只有不肯快乐的心。你必须掌握好自己的心态，下达命令，让自己习惯快乐。

人的生命只有一次，只要你愿意，你随时可以调节你的心态，让自己习惯快乐。快乐其实是一种心境，跟财富、年龄、环境无关。其实，快乐没有秘诀，只要我们懂得惜福，珍惜自己所拥有的，就能拥有快乐的一生。

9. 精神的自由胜于一切

人生的最高境界到底是什么呢？人们每天行色匆匆，却不知道自己究竟要的是什么。生活、工作方面的压力使人们无所适从。只知道一味地抱怨自己活得太苦、太累，却从来没有想过让自己去放松一下，就这样让时间一点一滴地过去，我们对生活的叹息却与日俱增，于是大好时光就在叹息中消逝。我们总是不愿忘记该忘的烦恼，没有人真正试过把自己放在一个自由的状态中，尽情地去放松，尽情地去领略人生的快乐。其实，人生最大的悲哀莫过于将自己强压在一个狭小的世界里。因此，人生应该多点逍遥，让自己生活在一个快乐的世界中。

人要想逍遥自在，就应看透名利。

小李极不满意自己的工作。他每天不是抱怨工作压力太大，就是嫌薪水太低，有时为了一点鸡毛蒜皮的小事就与同事大动干戈。上司不喜欢他，同事们也讨厌他，认为他是一个无可救药的人。他愤愤地对朋友说："我的上司一点也不把我放在眼里。同事们也太过分了，竟然处处

和我作对。没有人关心我，也没有人安慰我。活着对我来说太可怕了，世界对我来说太残酷。”

“所有的人为什么不喜欢你，你完全弄清楚了吗？”朋友反问道。“没有！”朋友劝他说：“我建议你还是好好地反省一下自己，没事时也多想想同事的长处，想想别人对你的好，只要你换个角度去想问题，你就会发现活着是件多么美好的事情，这样你就会得到解脱，找回自由。”

回家后，小李想了整整一个晚上，他决定从第二天早上开始要对一切人微笑，向所有人问好，他要放松自己，把所有不愉快的事情都忘掉。

第二天出门时，小李微笑着向他遇见的每一个人问好，微笑着上班。他没想到所有的一切竟是那样美好，他得到了同事们的问候，得到了上司的好评。

他对朋友感叹说：“我从来没有这样快乐过，也从来没有像现在这样轻松过，到现在我才知道活着是件多么美好的事情，我觉得我太幸福了！”

其实，平心静气地正视自己，客观地反省自己，既是一个人修性养德必备的基本功之一，又是增强人生存实力的一条重要途径。人生只要自己换一个角度去想，把自己放在一个自由的境界，很多事情都会得到意想不到的结果。

在现代社会，生活是多元化的，也许有人喜欢有了点小钱就天南海北去实地量量自己的脚步能够走多远；也许有人只是奢望在连续几天加班后能够看到一个轻松的小帖子；也许还有人正挣扎在生活的边缘，需要人们给他信心、给他温暖。其实，只要自己快乐一点，忙碌的同时也能更轻松地生活就行了。不要过得太累，抱着一颗平常心去看待事情，你就会感觉生活中的一切都可以让自己过得更好、更开心。

人生为什么不能多些逍遥、多些快乐呢？当然人生的喜怒哀乐，固然和个人的遭遇有关，但人的心态却是人自寻烦恼的根源。

一个人如果沉溺于“小我”之中，不能豁达、宽容、平等地对待别

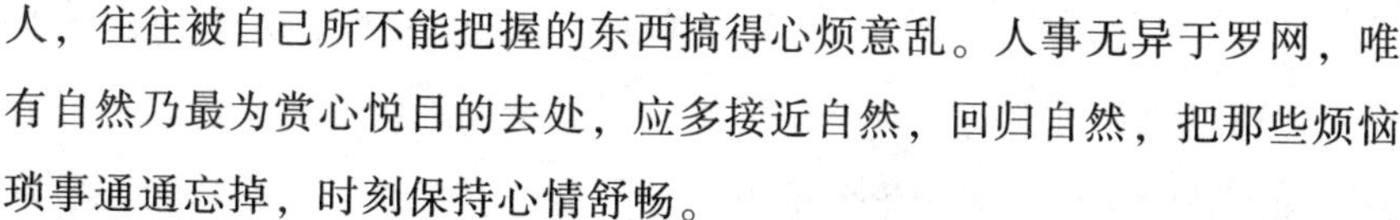

人，往往被自己所不能把握的东西搞得心烦意乱。人事无异于罗网，唯有自然乃最为赏心悦目的去处，应多接近自然，回归自然，把那些烦恼琐事通通忘掉，时刻保持心情舒畅。

用一种逍遥的态度来观察人生，人生的许多事物都是美好的。人大概只有躺在病床上时，精神自由才能充分显现出来。因为此时，精神和肉体都摆脱了各种欲求，精神活动处于自然伸张状态。同样，自由的精神活动也是随意识流露、随自然产生的。无针对性的意识流露往往会产生于较少外界刺激的环境，卧躺时的思维因此成为自由精神活动的表现。

20世纪最伟大的意识流派文学作品《追忆逝水年华》就是普鲁斯特在病榻上写就的。虽然人们对他不健康的生活环境非常担忧，但却不能不佩服他在精神领地、在语言疆域上的自由驰骋。精神的自由也许真的不需要坚强的体魄来支撑。写《强力意志》的尼采，其肉体非常瘦弱，然而瘦弱的肉体并没有妨碍他从事自由的精神活动。他的一些著作还是在疯人院里完成的。

普鲁斯特和尼采都是超越身体达到人生自由至极的人，他们的精神活动环境并不一定适合普通人，尤其不一定适合现代人。精神自由的第一个前提是摆脱物的羁绊，而现代的普通人恰恰是被物所包围了，一会儿也离不开它。退一步讲，就算个别特立独行的人稍微能不为物所困，也有最低限度的精神不自由的问题。现代人想采菊没有东篱，纵悠然也见不到南山。不为五斗米折腰在陶渊明那里是志气，放在现代人这里是神话，除非你自己去种粮食，而现代的土地不是你想去种粮食就让你去种的，还是去超市里买吧！想去超市购物那你就得去工作，“要奋斗就会有牺牲”。牺牲的是什么？牺牲的就是精神自由。

其实，我们在呱呱坠地之后，从摇篮时代起就为肉体的自由伸展而奋斗了。第一步是想摆脱静止不动的状态，从爬行之举开始，接下来就是想直立行走。等到能够跑时，父母想限制我们的自由只得等到入睡。因此，追求自由是人的天性。

等到具有独立的判断力的时候，我们会突然发现：人类拥有的空间、资源以及人类自身的局限不可能让人不受限制地行动。自由平等的观念和大同的观念一样能给人带来美好的憧憬。然而，人的脾性欲望各异，对自由的理解也不相同，真要是各行其欲，恐怕遭殃的还是那些最应该拥有自由平等权利的人。自由的极致和法度是对立的，因此只要法度存在，就没有绝对的自由。人的肉身其实从存在那天起就没有享受过自由的幸福，饥渴时依赖饮食，寒冷时需要遮蔽，展翼而不能飞翔……自由因此成为人类的渴望。

放弃对物质财富的过多占有和浪费式消耗，就是放弃享受物质的沉重，放弃了对生态环境的破坏，放弃了用科学技术征服控制自然的野心和膨胀的欲望。

所以说，对物欲沉迷的追求都是坠入到沉重的生命轮回之中。轻如空气的灵性，并非要多少物质财富才作为荣耀，而是从财富的过多的占有状态中解脱出来。一个人越少占有物质财富和金钱、权力，就愈少受到物质的羁绊，就愈能够获得空灵的生命体验和人生自由。

物质生活带给人们不必要的奢侈和不必要的享受，已经造成了太多资源的浪费、环境的破坏。人类生活的质量如若太多地依赖沉重的物质财富占有和消磨，心灵的自由就彻底的丧失。

人应该过简单的生活，追求纯粹的精神生命的自由，人类只有放弃了物质化沉沦的世界，才能回归到天然轻逸的自由精神和清新空气中去……多给自己一点快乐，不但身体要自由逍遥，更重要的是让精神达到自由境界，这才是最根本的。懂得了这些人生道理，那人生才会无比幸福。

10. 平常生活自有平常之乐

小享受有小的快乐，大享受有大的乐趣。有的人喜欢下雨，因为下雨时，雨滴落在瓦上、雨棚上，发出清脆的响声。坐在家里边听雨声，边细细地品茶或看书或看电视，那杂乱的雨声在你脑海里逐渐被梳理成了悦耳的音乐。沐浴在阳光下，接受太阳的爱抚或边听流行音乐边在书海中遨游。这就是享受生活带来的快乐。

只知道埋头苦干而不懂得享受的人，纵然活上千万年，人生也是平平淡淡；而懂得享受的人，纵然只活一天，人生也会过得多姿多彩。只有学会享受生活，才会在生活中创造出光彩的人生。

人生之路不可能是一帆风顺的，遇到失败时，我们也许会灰心丧气甚至消极颓废。但换个角度，我们可以视失败为天赐良机，因为人生的道路坎坷不平，不经历失败，哪能见到彩虹？所以，我们如果在失败后能仔细反省，找出错误，弥补不足，就会获得新的成功。可以说，失败后的日子也值得好好享受。

生活中我们总会碰到不顺心的事。在学校时会为成绩下降而愁云满面，会为与父母发生争执而落泪；工作后会被压力压得仿佛失去了自我，觉得天都是灰暗的。所有的这些都是因为生活的压力给自己戴的枷锁，烦恼并不能解决任何问题，那为何不试着去享受生活？

享受生活，抛开枯燥的工作，拿出一本小说，坐在大自然的一角，静静地独自欣赏一段妙语连珠的文字，品味文字中蕴涵的道理；享受生活，在星期天，找个朋友一起去爬山，去郊游，尽情地叫，尽情地跳，让积存了一星期的压力随着喊声扩散、消失。享受生活，不需要万贯家

产，即使你没有太多的金钱，也可以安然地享受生活；享受生活，不需要高的学历，即使你从未进过学堂，也可以快乐地享受生活；享受生活，不需要寻找特殊的日子，因为每一天都是特殊的。

其实，我们来到这个五彩缤纷的世界上，就要学会享受。享受生活，享受人生，享受世间的万事万物，应该明白我们来到这个世界不是为了自寻烦恼，而是为了更好的生活，更好的享受。

海伦·凯勒比一般人更懂得珍惜生活，懂得享受生命所带来的快乐。在考试结束后，海伦·凯勒就立刻和莎莉文老师前往伦萨姆幽静的乡间。伦萨姆有三个著名的湖，海伦·凯勒的小别墅就在其中一个湖的边上。在这里，海伦·凯勒可以尽情地享受充满阳光的日子，所有的工作、学习和喧嚣的城市，全都抛在了脑后。

海伦·凯勒常说，上帝把阳光和空气赐给众生，真希望人们离开城市，抛开辉煌灿烂、喧嚣嘈杂、纸醉金迷的尘世，回到森林和田野里过简朴的生活。让他们的孩子能像挺拔的松树一样茁壮成长，让他们的思想像路旁的花朵一样芬芳纯洁。这些都是海伦·凯勒在城市生活一年后，回到乡村所产生的感想。

在下雨天，海伦·凯勒会和其他女孩子一样，呆在屋里用各种办法消遣。海伦·凯勒喜欢编织，或者东一行西一句随手翻翻书，或者同朋友们下一两盘棋。海伦·凯勒有一个特制棋盘，格子都是凹陷下去的，棋子可以稳稳当当地插在里面。黑棋子是平的，白棋子顶上是弯曲的，棋子大小不一，白棋比黑棋大，这样，海伦·凯勒可以用手抚摸棋盘来了解对方的棋势。棋子从一个格移到另一个格会产生震动，海伦·凯勒就可以知道什么时候该她走棋了。在海伦·凯勒的生活里，她会做各种让自己高兴的事情。

人世间，如果说有人还能视名利如浮云的话，那么，无心于智力争斗更是难上加难。庄子曾对以智相斗的人做了精彩的描述：大智广博，小智精细；大言盛气凌人，小言喋喋不休；他们睡觉时精神交错，醒来时形体不宁。在与外物接触时纠缠不清，整天勾心斗角。有的出语迟

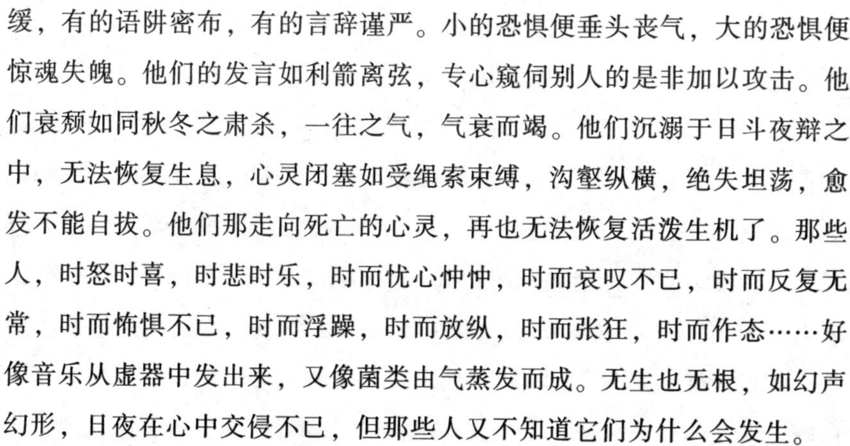

缓，有的语阱密布，有的言辞谨严。小的恐惧便垂头丧气，大的恐惧便惊魂失魄。他们的发言如利箭离弦，专心窥伺别人的是非加以攻击。他们衰颓如同秋冬之肃杀，一往之气，气衰而竭。他们沉溺于日斗夜辩之中，无法恢复生息，心灵闭塞如受绳索束缚，沟壑纵横，绝失坦荡，愈发不能自拔。他们那走向死亡的心灵，再也无法恢复活泼生机了。那些人，时怒时喜，时悲时乐，时而忧心忡忡，时而哀叹不已，时而反复无常，时而怖惧不已，时而浮躁，时而放纵，时而张狂，时而作态……好像音乐从虚器中发出来，又像菌类由气蒸发而成。无生也无根，如幻声幻形，日夜在心中交侵不已，但那些人又不知道它们为什么会发生。

那些人之所以不知道原因，不是因为他们缺乏智力和知识，而是他们太看重它们，或者想借之以攫取名利，或者想借之以拒斥名利，清高自诩。这些人不以智养内，反以智逐外物，获取知识，当然不可能自反于己。

有的人终生劳碌而不见有什么成就，疲惫困苦都不知道究竟为的是什么，这不也很可悲吗？这样人生又有什么意义呢？人的形体会逐渐枯竭衰老，而人的精神又困缚于其中随之消亡，这不是莫大的悲哀吗？人生幸福与否，这就看你怀着一颗什么样的心了。

人生有了梦想，就有了目标和方向，就有了动力和希望。能否让梦想成真并不重要，重要的是你体验了圆梦过程的艰辛、惊险、美丽、感动、焦灼、快乐、兴奋、潇洒、脱胎、成熟和升华，并在这一过程中描绘了自己虽不显耀却笃实绚丽的人生。

其实，人活着就是为了追求一个更幸福的生活、更欢乐的人生，这是最高目的，没有比它更重要的了。

人生苦短，百年一瞬，为什么我们不去享受人生呢？古人说：安时处顺，穷通自乐。很多人一生只顾一味地追求名利、金钱、地位，却失去了他们最起码的享受快乐的权利。

尧帝在位多年，政治清明，天下安定。他虽然是帝王，但对人却很谦和，又能俯察民意。尧听说民间有个贤士，名叫许由，隐居在箕山

上，便派人去请许由来，准备当面把帝位移让给许由。

尧帝对许由说："好像太阳出来了，还在日日夜夜燃烛照明。假若你是烛火，难道不觉得太丢脸了吗？及时雨下了，还在引池水灌庄稼。假若你是水池，难道不觉得白白浪费吗？许先生啊，你在民间，影响远播，致使天下安定。我坐在帝位上，装扮神主似的，枉自享受拜祭，感到万分惭愧。现在，请允许我把天下交给你治理吧。"许由说："你治理天下多年，早就治理好了。现在要我来代替你，这是你的想法。可是，我来代替你，图个什么呀？图名吗？名都是外来的宾客，实才是内在的主人。你要我扮演有名无实的虚假的宾客吗？林木虽多，鹪鹩只巢一枝。河水虽多，鼹鼠只饮满腹。天下这东西，给我也没用。请回去休息吧，君王。"

难道说帝王之位不好吗？古往今来，有多少英雄豪杰为夺天下而大打出手，又有多少人因之家破人亡。其实，只要能生活幸福安康，人生又何所求呢？许由就是不为名利所动，安心真正隐居箕山，只要天下太平，就是最大的幸福，最大的享受。所以我们要热爱生活，热爱生命，只有这样才能真正懂得享受生命带来的美好。

有时候，平常生活也值得人们去分享、去享受，因为"平常生活是道"。

我们要热爱生命，努力生活；好好享受生活，然后回顾、反省、了解、看出意义；再把反省结果整理成为系统，和人分享。人生在世原本简单，但许多人为的因素使之复杂起来。票子、位子、车子、房子……总是让人们被烦恼缠绕，忙碌的步伐总也停不下来。很多人忘了该如何享受生活，也没有时间去体验快乐的感觉，却总用"忙"来作为借口。

你要对照自己的生活，试着自问，拼命追求与忙碌工作为的是什么？这个问题其实并没有标准答案，在于你对人对事的"取"与"舍"。但是要懂得人生的一个重要法则：健康一点，快乐一点，才能享受一生。

健康、快乐使人们的生命充满生机和力量，带给人们对生活的感动。

健康和快乐往往是不可分割的，健康的心态来源于快乐的生活，快乐又使我们能够更好地享受生活。拥有真正的健康快乐，才让生活变得更有意义。

享受生活，找回生命赐予我们的健康与快乐，这样的人生才会更加快乐而幸福。

第三章

自卑是幸福的天敌

1. 悦纳自己是超越自卑的第一步

目前当你在面对自己的评价、情感和任何感觉时，都能全然接纳它，并采取一种不抵抗、不评判的态度，把它当成一种存在，认为是合法的，从内心接受自己现在的样子。这在心理学上叫“悦纳自己”。

索菲亚·罗兰是一位受全世界影迷喜爱的女影星。可是，在她 16 岁第一次拍电影时，却遇到了不少麻烦。

索菲亚·罗兰是一个私生女，她深知自己的缺陷很多。她第一次试镜的时候，就失败了，所有的摄影师都说她够不上美人的标准，抱怨她的鼻子和臀部。没办法，导演卡洛只好把她叫到办公室，建议她把臀部减去一点儿，把鼻子缩短一点儿。一般情况下，演员都对导演言听计从。可是，索菲亚·罗兰却没有听导演的，她对自己有信心，认为这就是自己的特色。

在试了三四次镜后，卡洛导演又叫索菲亚·罗兰上他的办公室。卡洛导演以试探性的口气说：“我刚才同摄影师开了个会，他们说的结果全一样，如果你要在电影界做一番事业，你也许该考虑一些变动。”

索菲亚·罗兰对卡洛说：“的确，我的脸确实与众不同，但是我为什么要长得跟别人一样呢？我要保持我的本色，我什么也不愿意改变。至于我的臀部，无可否认，我的臀部确实有点过于发达，但那是我的一部分，那是我的特色，我愿意保持我的本来面目。”导演卡洛被说服了。电影拍摄得很成功，索菲亚·罗兰重于成功了。

“我为什么要长得跟别人一样呢？”的确，这个世界上找不到第二个与我们完全同样的人，就如同这个世界上找不到相同的两片树叶。独特

是一种美，每个人都应该庆幸自己是独一无二的。

攀比、欲望、对自我认知不足是许多人产生痛苦的原因之一。认识自我是一种境界，它需要在自我认知中学会悦纳自我，而悦纳自我就是要全部地去接受自己。

那么，什么是自我认知呢？

首先，自我认知包括对自己一般性的认知，如名字、民族、爱好和价值观等；其次，是对自己身体的认知，如身高、体重、外表长相、运动技能和技巧等；最后，是对自己心理的认知，如记忆、情绪、性格等。

世界上，每个人的体态都各不相同。有的矮，有的高，有的瘦，有的胖，有的苗条，有的丰满。每个人的外貌特征都是先天的，身体皮肤头发受之父母所赐的遗传基因，这是我们每个人都无法选择的，只能欣然接纳。虽然在某种程度上，人们可以通过调节饮食和锻炼身体来调整自己的体形胖瘦，但是一个人的基本体态是很难改变的。

人人都希望自己拥有好的容貌和体态，爱美之心人皆有之，但是这个世上拥有极好相貌的人毕竟是少数，多数都是普通大众型的外表。一个人无论是美丽英俊还是平凡的模样，都要学会欣赏自己的外表，爱自己的身体，无条件地全然接受自己，喜欢自己现在的样子。

尊重自己比什么都重要。尊重自己、热爱自己，就是要学会关注自己的特色，把自己的禀赋发挥出来，千万不能低估自己。一个人无论有怎样的缺陷，怎样的不如意，别人可以不爱你，但你自己绝不可以不爱自己；别人可以抛弃你，但有一个人不能抛弃你，那就是你自己。

悦纳自我就是要无条件地接受自己，包括接受自己的优点与缺点、长处与短处、成功与失败，接纳自己的弱点，也包括接纳自己不完美的地方。当一个人采取一种坦然的形式来接纳自己的时候，会得到一种身心的释然或解脱。

2.不要自己看不起自己

其实，自卑感人人都有，人的自卑感常常是源于心理上的一种自我暗示，比如："我不行"、"我是笨蛋"。这也就是我们平常所说的自己看不起自己。

每个人都有先天的生理或心理缺陷，这就决定了每个人的潜意识中都有不同程度的自卑感存在。当一个人形成"我是笨蛋"这样的自卑心理时，就是一种自卑的保护性心理。有些人习惯表现得过于谦虚，谦虚是一种美德，可是过低评价自己、怀疑自我，那就不是美德，其实过于谦虚正是这种保护模式的具体表现。

"我不行"这种自卑心理来源于消极的自我暗示。人之所以会产生自卑，绝大多数是儿童时代所受的创伤所决定的，比如父母不恰当的教养方式，长期过于负面的评价和打压。父母或其他成人经常打骂训斥孩子、数落孩子的缺点等，这些都会在孩子幼小的心灵里留下阴影，影响其健康发展。还有不良的生活环境，如遭遇了重大的生活事件等。其实，自卑心理会产生在任何年龄段和各种各样人的身上，但是儿童时代造成的创伤所带来的自卑持续时间最长。

自卑的人总是习惯过多地看待自己不利和消极的一面，不太关注自己的长处和潜力，主要表现为对自己的能力、学识、品质等自身因素评价过低。这类人往往比较敏感，表现为心理承受能力脆弱，一方面感到自己处处不如人，另一方面又害怕别人瞧不起自己，不敢主动与人交往，不敢在公共场合发言，甚至在工作和学习上不思进取。

当一个人具有自卑的保护性心理时，就会降低对自己的期望。降低

期望的人在面对错误和失败时，就不会再像从前那样让自己经受严重的伤害，这样做也降低了别人对自己的期望，会让别人面对自己的失败时能心平气和。一旦当自己超越了别人的期望时，还能激起别人的惊喜，反而能够获得别人的尊重和敬佩。

同时，自卑感也是一种激励因素，一个人若感到自卑，就会发愤图强，力争上游，取得成功。当他成功之后会产生优越感，但是在他人的成就面前，却会再度产生自卑感，再推动他去产生更大的成就，永无止境。

的确，任何事情都有正反两个方面，自卑并非一件坏事，关键看你如何去对待它。当一个人出现自卑感的时候，也是一个人产生上进动力的时候。这时是你被自卑打败，还是你去打败自卑？

有个年轻姑娘在一座小城市里工作，偶然的机会被单位派去省城参加会议。当女孩住进星级酒店，第一次坐电梯，第一次踩着红地毯，第一次躺在席梦思大床上感受着那份柔软和舒适时，女孩产生了一种深深的自卑感，为自己的生活地域和孤陋寡闻而自卑。晚上女孩将大浴缸的热水放满，一个人沉浸在漂浮悠荡的温暖中，女孩忍不住在浴室里大声喊道："我一定要改变现状，我一定要过上最幸福的生活，我一定要拥有这样舒适的家。"在随后的日子里，女孩将自卑带来的刺激变成奋斗的动力，经过努力她最终改变了自己的命运。

这位女孩战胜自卑的经历也再一次印证了心理学中有名的"自我兑现的预言"。你内心真的相信自己是什么样的人，或者是你本应就能成为什么样的人，结果你就会成为什么样的人。人如何预言或解释一件事，他就会把这件事向他所预言或解释的方向推进，结果预言就自己兑现了自己。人生中每个人都会为自己做出大大小小的预言，而命运的方向很多时候就是由这些预言而导向形成的。

自卑的人有时因为对自己不够自信，或是太在意外表以及那些未得到的东西，反而会让自己失去很多享受快乐的机会。

莉莉是一个总爱低着头的小女孩，她一直觉得自己长得不够漂亮。

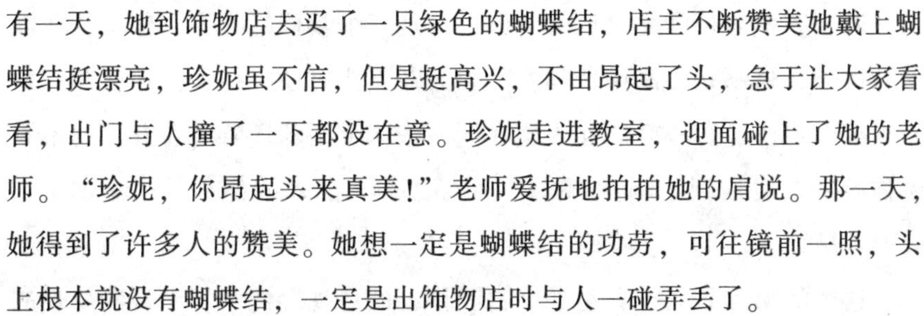

有一天，她到饰物店去买了一只绿色的蝴蝶结，店主不断赞美她戴上蝴蝶结挺漂亮，珍妮虽不信，但是挺高兴，不由昂起了头，急于让大家看看，出门与人撞了一下都没在意。珍妮走进教室，迎面碰上了她的老师。“珍妮，你昂起头来真美！”老师爱抚地拍拍她的肩说。那一天，她得到了许多人的赞美。她想一定是蝴蝶结的功劳，可往镜前一照，头上根本就没有蝴蝶结，一定是出饰物店时与人一碰弄丢了。

与自卑相反，自信会让一个普通的人变得更美丽。一个人无论是贫穷还是富有，无论是貌若天仙，还是相貌平平，只要你昂起头来，你就是可爱和快乐的，你就是有魅力的。

3. 学会利用“自我兑现的预言”

有一个秀才去赶考，他心里一直没有把握，想着自己到底是考得成还是考不成呢？一天晚上他做了三个梦。第一个梦，他梦见自己在高墙之上种白菜。第二个梦，他梦见自己在下雨天戴着斗笠，手里却又打着一把伞。第三个梦，他梦见自己和自己心爱的女人躺在同一张床上，可是两人却是背靠背的。

第二天就要考试了，他忽然做了这三个奇怪的梦，到底是什么意思呢？于是，他找来一个算命先生给他解梦，那个人说：“你运气不好啊，挺暗淡的。你在高墙之上种白菜，明显是不可能成活的，这不是白费力气吗？下雨天你戴着斗笠却又打把伞，这不是多此一举吗？已经和心爱的女人躺在同一张床上了，却还背对着背，这不是没戏吗？”

秀才听完之后心灰意冷，回到客栈打点行装准备回家了。客栈老板问他来都来了，怎么又不考了呢？秀才就把那三个梦与算命先生的话说

了一遍。客栈老板听完之后笑着说："这三个梦挺好的啊，你看，在墙上种白菜，这不是"高中"吗？下雨天戴着斗笠还打把伞，那就叫有备而来啊。你已经和心爱的女人躺在同一张床上了却还背对着背，这不是说你翻身的时候到了吗？"秀才一听茅塞顿开，就决定留下来参加第二天的考试。

这个故事就是一个典型的"自我预言的兑现"例子。"自我兑现的预言"是指，当你对一件事进行预言或者解释之后，你往往就会把事情的发展按照自己预言和解释的方向推进。

20世纪60年代，科琳在美国芝加哥城的一所公立学校任教。当时的学校非常混乱。老师们希望学生不要混到街头帮派里成为小流氓，希望他们学习到小学毕业。

科琳在一年级开学时对学生说的第一句话是："我们要相信我们自己。"并重复地说着这句话。科琳还说："成功就靠你自己，你们能成功，你们别再怪老师、怪政府了，你们一定能成功，你们要勤奋，要努力！"科琳不断重复说着这些话，让孩子们开始有了变化。她的学生们在四年级就能阅读名著。

后来科琳老师辞去了公立学校的职务，在自己家里的厨房办了一所学校。来她这里学习的学生都是被认为即将要变坏的孩子们。当时的学习条件很差，但是科琳一直是依靠着内心力量的支撑坚持下来的。她鼓励学生们坚持学习，立志要在人生中做点事情，学生们开始相信自己。科琳在教学中关注每个孩子，推动学生往优秀方面推进，让学生们不去关注自己的弱点。后来所有科琳教过的孩子都考上了大学。

当30年后，科琳在接受电视采访时说："我们如何教会孩子学东西呢，关键教孩子许多的词语。如：我是聪明的；我是独特的。我们用表达赞美和褒义的词语来判断孩子们的行为表现。如果有孩子违犯纪律，惩罚就是让他们写一百个理由，说说自己为什么那么棒，说说自己为什么那么出色，将内容按字母排列。如：我是可爱的、我很美丽、我是机灵的……写完这些句子，学生们就知道该怎么去做了。还可以写，

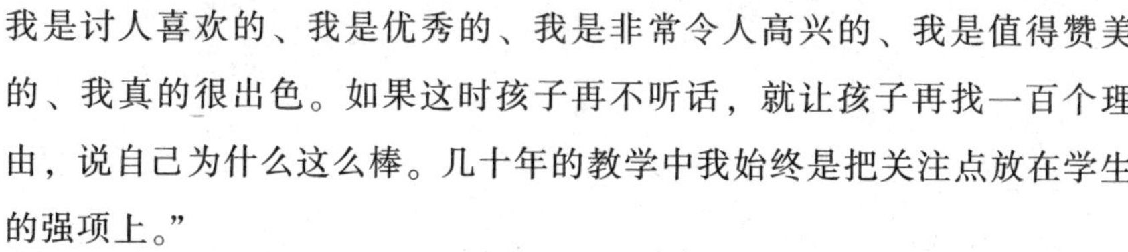

我是讨人喜欢的、我是优秀的、我是非常令人高兴的、我是值得赞美的、我真的很出色。如果这时孩子再不听话，就让孩子再找一百个理由，说自己为什么这么棒。几十年的教学中我始终是把关注点放在学生的强项上。”

自我预言的兑现就是这样发生的，预期失败，就可能失败，预期成功，就有可能成功。

纽约历史上第一位黑人州长罗尔斯出生在纽约声名狼藉的大沙头贫民窟。10 岁时在一个黑人贫民区小学读书，学校里很乱，他们旷课、斗殴，甚至砸烂教室的黑板。

一天，新上任的董事兼校长皮尔·保罗走进教室，看到罗尔斯正坐在窗台上，保罗说要给大家看手相。罗尔斯从窗台上跳下来，伸着小手走向前。保罗说：“我一看你修长的小拇指就知道，将来你会是纽约州的州长。”罗尔斯顿时大吃一惊，因为长这么大，只有他奶奶让他振奋过一次，说他可以成为 5 吨重的小船的船长。这一次，校长竟说他可以成为纽约州的州长着实出乎他的意料。

罗尔斯记住了这句话，并且相信了它。从那天起，纽约州州长就像一面旗帜。罗尔斯的衣服不再沾满泥土，他说话时也不再夹杂污言秽语，他开始挺直腰杆走路，他成了班主席。在以后的四十多年间，他时时按照州长的身份来要求自己。2001 年，在他 51 岁那年，罗杰·罗尔斯成为纽约第 53 任州长，也是纽约历史上第一位黑人州长。罗尔斯在就职演说中说：“信念是不值钱的，它有时甚至是一个善意的欺骗，然而你一旦坚持下去，它就会迅速升值。”

成功者一般都是从一个小小的期盼开始的，其实你也可以在内心建立一个预言，并相信它一定会通过自己的努力而兑现。

4. 看透不看破，你的命运你做主

一个人在高山之巅的鹰巢里，抓到了一只幼鹰，他把幼鹰带回家，养在鸡笼里。这只幼鹰和鸡一起啄食、嬉闹。它以为自己是一只鸡。这只鹰渐渐长大，羽翼丰满了，主人想把它训练成猎鹰，可是由于终日和鸡混在一起，它已经变得和鸡完全一样，根本没有飞的愿望了。主人试了各种办法，都毫无效果，最后把它带到山顶上，一把将它扔了出去。这只鹰像块石头似的，直掉下去，慌乱之中它拼命地扑打翅膀，就这样，它终于飞了起来！

一个人只有相信自己，才能更好地面对自我优势，发挥出自己的性格特色，在自我磨炼的过程中召唤起自身成功的力量。

人生有一个简单的道理：你和谁在一起你就会变成谁。人生就是一个自我修炼的过程。每个人都需要把他天生素质中那些不完备、不全面的东西，通过现实去修炼得更加完美。

正如佛家所说：所谓看开人生，绝不是悲观，而是积极乐观，不是看破，而是看透，并非什么都不做，而是及时去做。澳瑞森·梅伦曾说过：人类心灵深处，有许多沉睡的力量，唤醒这些人们从未梦想过的力量，巧妙运用，便能彻底改变一切。

有人说，人生有三大幸运：上学时遇到好老师，工作时遇到一位好领导，成家时遇到一个好伴侣。生活中最不幸的是：你身边缺乏积极进取的人，缺少有远见卓识的人，缺少有勇气改变平庸生活、充满生命力的人。

有句话说得好，你是谁并不重要，重要的是你和谁在一起。你身旁

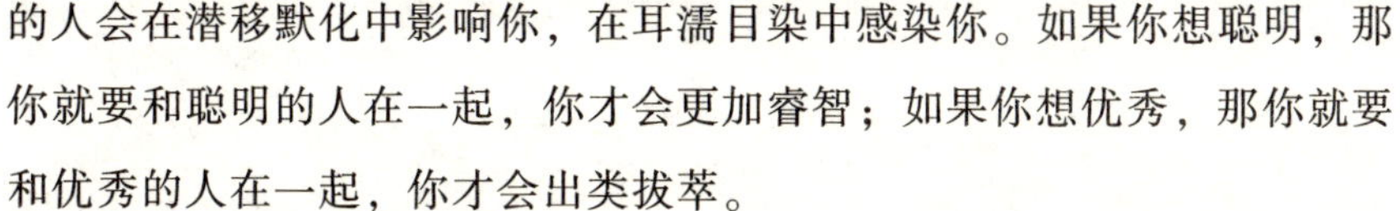

的人会在潜移默化中影响你，在耳濡目染中感染你。如果你想聪明，那你就要和聪明的人在一起，你才会更加睿智；如果你想优秀，那你就要和优秀的人在一起，你才会出类拔萃。

读好书，交高人，做善事。人的一生中你和与众不同的人在一起，你就会有与众不同的人生。无论是交友、婚姻、家庭和事业都是如此。

一位忠实的听众一直坚信着命运的说法，所以，他每天都在盼望着生活会发生奇迹。他想：既然有命运，那么，一切都由命运来安排吧。然而，日复一日，年复一年，他的生活一直是平庸的，没有辉煌和光明，只有灰暗和贫困。他想，难道是自己的命运注定如此吗？带着疑问，他去拜访一位禅师："禅师，真的有命运吗？"

禅师伸出左手，指给他看，并说："你看清楚了吗？这条线叫爱情线，这条线叫事业线，另外一条线就是生命线。"然后，禅师又让他跟着自己做一个动作——把手慢慢地握起来，握得紧紧的。

禅师问："你说这几根线在哪里？"那人迷惑地说："在我的手里啊！""命运呢？"那人终于恍然大悟，原来命运是在自己的手里，而不是在别人的嘴里。

彻悟之后，那人决心用行动去改变自己的命运。在努力的过程中，他遇到了很多挫折。每当这个时候，他就会想起禅师的话：命运在自己手里，而不是在别人嘴里。于是，他就暗暗地把手握起来，每当把手握起来的时候，他就发现自己找到了动力和信心。

平日里我们与朋友聚会时，偶然会遇见懂得看手相的朋友，大家都会热闹地议论一番。手相中的命运线刻在每个人的手心里，如同现实中的命运掌握在我们自己手中。不能等待机会的出现，而是要去创造机会，掌握机会。改变命运，只能靠我们自己去努力，只能依靠自己的力量。

5. 懂得逆用，把缺点变成优点

一个人之所以会自卑，是因为他对自己的缺点没有一个正确的态度。一个人有了缺点，大致有三种结果：一是任其发展，渐渐铸成大错；二是极力遮掩，结果往往欲盖弥彰；三是取长补短，化腐朽为神奇。无疑，第三种结果是修正自我的最高层次，理应成为我们追求的目标。

首先，缺点并不都是那么令人讨厌。

英国的一位心理学家曾做过下面的求职实验：他以约翰和杰克为化名，分别为他们制作了求职用的履历表和推荐函。两份履历表的年龄、学历等内容完全一样，只是推荐函的内容有一点小小的区别：约翰的推荐函几乎是完美无缺的，而在杰克的推荐函中多了一句话："有时候，杰克可能会固执己见。"

然后，心理学家将约翰和杰克的履历表和推荐函寄给了 50 家大公司，请求找工作。50 家大公司都同时收到了他俩的求职材料。结果，准备录用杰克的公司比录用约翰的公司要多得多。

为什么录用结果会出现这样的差别呢？心理学家通过进一步的调查研究，终于找到了其中的原因：对求职材料，各大公司普遍认为，推荐函中有一句缺点的杰克，比完美无缺的约翰，让人感到更加可信。

这个实验得出这样的结论：完美的人，让人感到可怕；有缺点的人或物，让人感到可信。

其次，在人生中，优缺点不是决然分开的，它们都有与之相对应的联系。比如：胆小畏缩的人与谦虚、文弱、真诚有着一定的联系；"马

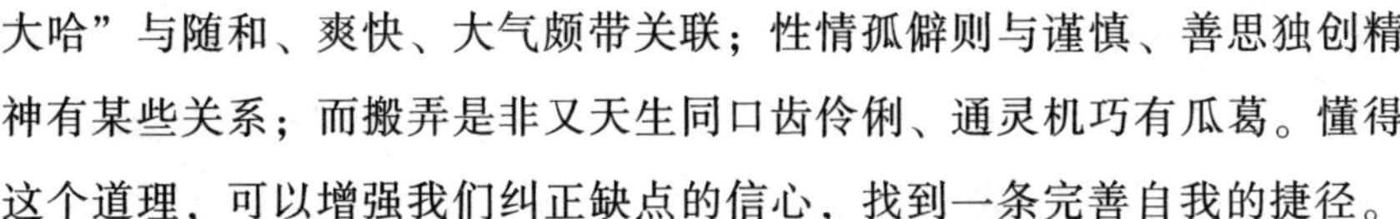

大哈”与随和、爽快、大气颇带关联；性情孤僻则与谨慎、善思独创精神有某些关系；而搬弄是非又天生同口齿伶俐、通灵机巧有瓜葛。懂得这个道理，可以增强我们纠正缺点的信心，找到一条完善自我的捷径。

再次，有些看似缺点的东西，实际上也是优点。因此，当我们遇到缺点时，应该想一想它能不能“逆用”。如刀是我们日常生活不可缺少的工具，人们总希望选购完美无缺、刀口锋利光滑的刀具。如果一把刀，刀口上留下了一个个缺口，那么使用时就会十分别扭，影响使用的效果。可有人却想到对这种缺口的刀进行改造，也就是“逆用”。

不是去除缺口，而是把缺口进行扩展，使整个刀口都布满缺口，经过一番创造性的改造，就制成了一种带齿的肉类解冻刀，结果非常锋利。用这种刀来切面包，切面整齐，面包屑很少；用它来切水果，爽快利落，结果缺点改造成为优点。人也是如此。

在人的身上，有些东西你很难绝对地说是好是坏。比如：“固执”，看似一个缺点，当一个人不顾劝阻，坚持把一件事干下去，如果他没有成功，人们就说他固执；但如果他成功了，人们又把这种固执称为坚毅、执著。又比如：“较真、钻牛角尖”似乎不是褒义，但若用于对工作的认真，对问题的钻研，又岂能称之为贬义？

再仔细找找看吧，看看自己哪些缺点是可以改造、转化、逆用的，如此一来，说不定你身上的缺点会变成一种优势。

美国《时报杂志》曾列出了“美国人的缺点”——美国人盛气凌人；总以为美国才是最好的；美国人咄咄逼人；不看重历史；不学外语；数学不行；“科盲”多；总爱在公共场合大声喧哗；不知道节俭。这“十大缺点”在美国人眼里却几乎又成了“十大优点”。美国人解释说：“盛气凌人”这意味着充满自信；“以为美国才是最好的”这是爱国主义；咄咄逼人体现了我们民族的一种极其宝贵的战斗精神；美国确实年轻，也没有值得自豪的悠久历史；学外语没有多大用处；数学这类“伤脑筋”的事完全应该靠机器来办；在年轻一代美国人中的“科盲”比例确实多，实际上我们对培养孩子“自己动手”的能力可能更感兴

趣；“大声喧哗”正说明了我们的乐观、开朗。

罗斯福身体上有着无法弥补的缺陷，一口甚不美观的牙和一副沙哑的嗓音，对于这些，罗斯福并没有自卑，相反，他用牙齿和嘴给大家做鬼脸，用沙哑的嗓音做演讲，得到了人民热情的拥戴和永远的热爱！

所以，我们要学会欣赏自己，接纳自己是一种能力。人总会发现自身的缺点，关键是如何去对待，不正视、逃避是错误的态度；关注并过分在意也是错误的态度。而聪明的人会把缺点变成优点，让缺陷成为和谐！

一个善于处理缺点的人，是明智的人，是不断进取的人，因而也是具有无限魅力的人。

6. 掩饰错误就是否定自己

静静大学毕业后来到一家公司工作，由于刚工作没有经验，更因为以前做事大少，静静总是在工作中差错不断。为此她总是受到领导和同事的批评。渐渐地，她在单位里战战兢兢地，生怕出点差错而被别人否定。她对批评尤为敏感，别人只要稍微说点她什么，哪怕是对她的穿着有点不同的意见，她的情绪也会变得非常沮丧。

小孙正上大学，来自农村的他以前由于只抓学习，其他方面则一无所长。唱歌五音不全，讲话紧张脸红，打球笨笨拙拙，因此他特怕参加集体活动，怕在众人面前出丑露怯，怕别人嘲笑贬低自己。

从心理学的角度来看，上述的表现是一种典型的自卑心理。自卑者的自尊心很脆弱，以致会对威胁到自尊心的预感产生过度担忧的反应。这类人在工作生活中，其关注点已不像常人那样，放在如何完成好任务

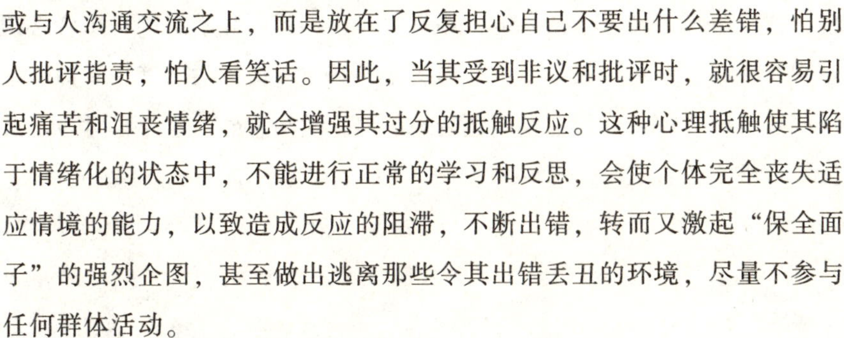

或与人沟通交流之上，而是放在了反复担心自己不要出什么差错，怕别人批评指责，怕人看笑话。因此，当其受到非议和批评时，就很容易引起痛苦和沮丧情绪，就会增强其过分的抵触反应。这种心理抵触使其陷于情绪化的状态中，不能进行正常的学习和反思，会使个体完全丧失适应情境的能力，以致造成反应的阻滞，不断出错，转而又激起“保全面子”的强烈企图，甚至做出逃离那些令其出错丢丑的环境，尽量不参与任何群体活动。

人无完人。错误经常伴随着你，或者一时不明事理，或者一时出了差错；我们对错误或缺点的承认只会赢得他人的赞赏。“我想，我心急了一点”，“我对刚才的气话十分抱歉”或者“我错了”都是颇具感染力的话语。

仔细考察一下我们所欣赏的那种自信的人，你不难发现他们绝非超人。他们会犯错误，他们也会哭泣。他们是活生生的人，他们的自信，恰恰来自他们能正视自己的不足，不刻意掩饰自己的错误。

王蒙在《我的人生哲学》中谈了自己的观点：“不设防还因为不怕暴露自己的弱点。弱点总是要暴露的，正像优点也总会有机会表现出来表达出来一样。而对待自己弱点的坦然态度，正是充满自信并从而比较容易令他人相信的表现。只要你确有胜于人处，长于人处，某些弱点的暴露反而更加说明你的弱点不过如此而已。”

自卑的人在涉及其自我评价方面非常敏感。他们对批评、笑声、否定等作出病态的反应，他们在工作不顺利或者发现自己有某种缺点时特别伤心。别人对自己印象不佳时比别人更多地感到不安。他们当中的许多人具有腼腆、心理孤立和想入非非等特点，而且并不是自愿的。

在交往中，自卑的人会感到不自在，事先肯定别人对他印象不佳。而自信的人自主性也较强，较少接受暗示。他们对自己持肯定的态度，往往也能“接受”别人。

为此，自卑者要提高自己的自信，必须对“否定”拥有正确的态度。我们知道，在自卑者身上，往往存在着许多问题和不足，如不会处

世，能力不强，缺乏生活乐趣，等等。对这些问题和不足，自卑者必须正视其存在，并勇于去改正，任何忽略、回避、掩饰的态度，非但不能使问题自然化解，反而会使问题越来越多，愈演愈烈，这才是对自己最大、最根本的否定。

7. 超越自卑而不沉湎于自卑

托马斯在 15 岁的时候，常常被忧虑恐惧和一些自我意识所困扰。当时他的身高相对他的年龄来说，实在是太高了，他身高 6.2 英尺，而体重只有 118 磅。虽然托马斯长得这么高，但身体却很瘦弱，一直都不能和其他小男孩在棒球场或田径场上竞争。他们嘲笑他，叫他“瘦竹竿”。

为此托马斯十分忧愁，非常自卑，几乎不敢见人。每一天的每一小时，他总是在忧虑自己那高瘦虚弱的身体。他为此而无法想到其他的事情。

有一年冬天，托马斯去打猎。他独立铺设陷阱，捕捉臭鼬、貂和浣熊。到了春天，他卖掉这些兽皮，得到了 4 美元，然后用那些钱买了两头小猪。他先用流质饲料喂养小猪，然后改用玉米。

第二年秋天，托马斯卖掉两只猪，得到了 40 美元。他拿了这笔钱，到了位于印第安纳州丹维市的中央师范学院。他每周的伙食费是 1.4 美元，房租每星期是 0.5 美元。他身上穿的是母亲给缝制的棕色衬衫。他脚上穿的那双鞋也是父亲的。这样托马斯很难堪，不敢和其他学生往来，所以独自一人关在房里看书。当时托马斯最大的愿望，就是有能力买一些衣服，既合身，也不会使自己感到羞耻。没过多久，发生了几件

事，它们使托马斯克服了忧虑和自卑。

第一件事情发生在托马斯进入师范学院8个星期之后，他参加了一项考试，获得一份“三等奖”，这样他就可以在乡村公立学校教书。这份证书的期限只有6个月，但它可以使别人对托马斯有信心。

第二件事是一所位于“快乐谷”的乡村学校的董事会聘请了托马斯，他每天的薪水是2美元，月薪40美元。这表明有人对他更具信心了。

第三件事是在托马斯领到第一份薪水之后，他从商店里买了衣服，穿上它们之后，他不再觉得羞耻。

第四件事是托马斯生命中真正的转折点，他克服忧愁和自卑的第一次大胜利。在印第安纳州班桥镇每年举行一次的普特南郡博览会上，母亲鼓励托马斯参加一项将在博览会上举行的演讲赛。对他来说，这可是个幻想。他甚至没有勇气当着一个人的面谈话，更不用说面对一群观众了。但母亲对他的信心使托马斯决定参加比赛。

出人意料的是，托马斯在这次比赛中获得了第一名。那次比赛使托马斯在当地声名鹊起，他成为人尽皆知的人物。而最重要的是，这件事使他的信心增加了上千倍。这就是托马斯战胜自卑的过程。

其实，自卑心理的成因是很复杂的。有的是由于生理上和智力上的缺陷；有的是由于家庭教养方式不当或缺乏家庭温暖；有的是由于过去遗留下来的心灵创伤或长期以来形成的压抑感和焦虑感；有的是由于性格古怪，不易合群或经常受人嘲笑所致；有的是由于原来自视过高，受到挫折后则自暴自弃；也有的是暗暗同别人比较后发现自己的弱点而心灰意冷、自怨自艾。

超越自卑不是沉湎其中，而是正视自身的缺陷和不足，补偿缺憾，昂起头努力去做，把心之所向当做阶段性目标，为之付出，为之奋斗，保有自尊，而且永不自满。

1. 正确认识自卑的利与弊。有的人把自卑心理看做是一种有弊无利的不治之症，因而感到悲观绝望，自暴自弃。这是一种不正确的认

识，它不仅不利于自卑者的前途，反而会加重自卑心理。

2. 正确地评价自己。自卑者不仅要看到自己的短处，也要客观地看到自己的长处；既要看到自己的不如人之处，也要看到自己的过人之处。俗话说："比上不足，比下有余"。谁都有缺点和不足，自卑者要做的是想方设法克服缺点和不足。这样就会增强自信心，减轻心理压力，扔掉包袱轻装前进。

3. 正确地表现自己。有自卑感的人不妨多做一些力所能及、把握较大的事情，并竭尽全力争取成功。成功后，及时鼓励自己："别人能做到的事，我也做到了！"当面对某种情况感到信心不足时，可以用"豁出去"的自我暗示来放松心理压力，这反倒能够充分发挥自己的潜力，获得成功。

4. 正确地补偿自己。为了克服自卑感，我们可采取两种积极的补偿途径：一是以勤补拙。知道自己在某些方面赶不上别人，就不要再去背思想包袱，而应以最大的决心和顽强的毅力，勤奋努力，多下苦工夫。二是扬长避短。有些残疾人虽然生理上缺陷很大，又失去了自由活动和交际的空间，似乎发展的空间极为有限。但有志者事竟成，高位瘫痪的张海迪的成功之路就是一个明显的例证。她身残志不残，酷爱音乐、医学、文学，以10倍于常人的毅力开创了非凡的人生。

5. 要正确对待挫折。谁都免不了遭受挫折的打击。但人的承受能力不同，性格外向的人过后就忘，而性格内向的人却容易陷入其中。那么就应当注意，凡事不要期望过高，要善于自我满足，知足常乐。我们在学习或工作中，目标不要定得太死太高，不然就容易产生挫折感。

战胜自卑唯一的障碍，不是你我不能改变自己，也不是改变的困难，而是你没有勇气改变。

8.丢失了自我也就丢失了幸福

对人而言，自我是一个非常重要的核心概念。人的一生，无论主动或被动，都是实现自我的一个过程。自我意识是人对自己的认识、评价和期望，也是对自己的心理体验。自我意识包括期望自己成为什么样的人，自己达到什么样的目标，在对自己充分认识的基础上对自己的一生有什么规划。

与人的任何活动一样，自我意识监控可以从“为什么”，“是什么”、“怎么样”和“在哪里”四维结构上来进行分析。“为什么?”就是自我意识监控的动机内容，所解决的问题是：是否参与进行决策；“是什么”就是自我意识监控的方法策略内容，所解决的问题是：对采取的“方法策略”进行决策；“怎么样”就是自我意识监控的目标内容，所解决的问题是：对达到什么样的“目标”进行决策。“在哪里?”就是自我意识监控的环境因素内容，所解决的问题是：对环境中的物理因素：如时间、材料、社会因素和同体的帮助进行决策。

一个情绪化严重的人，他可能具有高智商，但如果他在“为什么”这个维度上存在缺陷，即缺乏成功的动机，那他将难以开发出他智慧的潜能，若是在“是什么”这个问题上存在缺陷，可能会整天忙忙碌碌，却总是事倍功半，如果是在“怎么样”问题上是个不健全的人，则他就不能合理地估量事情的结果和结果对他个人产生的意义，成功就可能失之交臂；至于在“在哪里”问题上出现麻烦的人，他对社会环境和自己在环境中的位置缺乏清晰的认识，不是高估自己就是低估自己，从而导致自负或自卑的消极情绪。

关于“自我”，有许多不同的说法：一些人认为，“自我”是每个人身上真实的东西，有人认为，“自我”只是一种幻觉，还有一些人说，“自我”是一种有待塑造的东西。以上这些互相矛盾的说法有时竟还出现在同一个哲学家之口。这是什么原因呢？这可能是“自我”本身的确有悖论或用“自我”这个词谈论不同的东西。

在历史学家眼中，人与社会同时产生，社会是人的集合体，人所以愿意集合在一起，起初是为了觅食、狩猎，后来是为了抵御外来侵略。人的社会化程度越高，能力就越大。但是，社会发展的本身也同时改变着人，比如：社会常常使人刻意打扮自己、掩饰自己，以使自己戴上一种假面具进入社会。

人最真实的东西就是人的自我。认识自我固然不易，但接受自我则更加困难，因为自我中往往包含了人性的光明与黑暗、崇高与卑劣的全部成分。真正伟大的创造性活动都是“反自我”的，只有克服了自我的限制才有创新。

人是不能孤立生存的，他必须时时处在社会关系之中。人不能孤立地发展自己，只有社会才能促进人的发展。但为了社会的整体利益，社会同时又限制人的自我发展。因此，谁能从社会的限制中挣脱出来，谁就能获得更大的发展。

由于不认识自我，有的人一辈子做了许多可悲而又愚蠢的事。还有许多人，由于不认识自己，受一点儿挫折打击就悲观、失望、苦恼、抱怨、彷徨，在无所作为中把时光白白地浪费掉。

可以说，真正的人生是从认识了自我开始的。只有认识了自我，才能找准自己的位置。有些人所以成功，就是因为自始至终能够找到自己的位置，看到自己身上的缺点和不足，然后付诸行动，并不断改进和完善自己，使自己更加积极向上，充满活力。人最危险的是找不到自己的位置，尤其是在自己拥有一定的权力和地位的时候，很容易迷失自我。

人生如爬山，有的人还在山脚，有的人正在山腰，有的人已经爬到了山顶。此时的你，不论是在什么位置，都要把自己放在山的最低处，

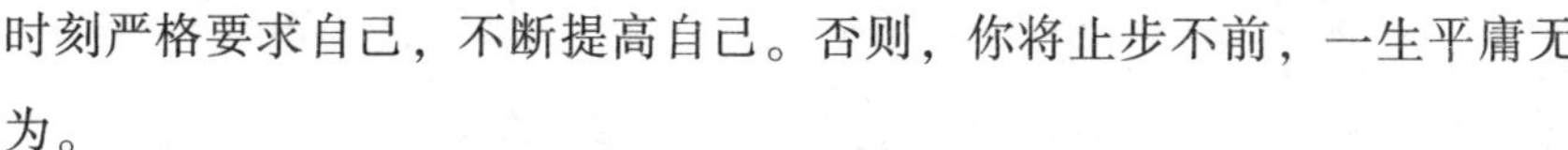

时刻严格要求自己，不断提高自己。否则，你将止步不前，一生平庸无为。

人只有认识了自我，才能发掘自己的潜能。其实，每个人都是最优秀的，差别就在于如何认识自己、如何发掘自己。很多时候，我们不敢相信自己，总认为别人比我们强得多，任何一件事都要得到别人的肯定才行。

我们可以羡慕别人的才能和幸运，但我们也不要浪费自己的人生。时间是宝贵的，我们要立即开发自己的潜能。只有当你发掘了自我，利用了你的巨大潜能的时候，你的价值才能成为真实的和可靠的。

人的潜能有三，即：求知的潜能、情感的潜能、意志的潜能。

一是求知的潜能。人的求知过程非常辛苦。要开发出“求知”的潜能，秘诀在于每天学习新事物，并持之以恒。人生的道理其实很简单，能立定志向，生命就会转弯；能持之以恒，生命就会脱胎换骨并最终赢得美好的结果。许多值得我们羡慕和崇拜的人，大都是在认知上掌握了正确方向然后持之以恒的人。

二是情感的潜能。人的情感有两方面，其一是人与人之间的亲情、友情和爱情，另一方面是审美的情操。人世间的许多麻烦也都由此而生。情感一方面能带给你无穷的活力，产生多彩多姿、充满戏剧性的情节，另一方面也能给你带来挣扎、痛苦和烦恼。当你遇到痛苦和烦恼时，可转移到情感的另一方面，比如培养审美的情操。因为你受到美的感动，就会觉得自己无论再怎么苦都值得，随之就会化解生命中的痛苦。但你要警惕，审美只可以对情绪做一种调解，但绝不能用来代替现实生活。

三是意志的潜能。只有在立下志向后我们才能觉悟到自己有了主动权。只有这样才能化被动为主动，把自己的生命掌握在自己手上，塑造成自己喜欢的人格类型。

人只有认识了自我才能征服自己。懂得征服自己是一种清醒，善于征服自己是一种智慧。征服自己，改造主观世界，促进了自我的修炼和

完善，促进了自我的提高和升华，使人走向成熟，赢得一种内在的力量，从而推动人生走向胜利，趋于圆满。而一个从不主动去征服自己、一味跟着感觉走的人，便很难去征服世界，也很难夺取人生的幸福。

在现代社会中，很多人并没有真正属于自己的目标，他们大多以社会的价值观为自己的价值观，大多不知道自己是谁，真正的需要是什么，只是要尽力成为某个人，并在生活中不停地寻找。

如果没有自己的价值观，不能了解自己的本质，忽略对自我的认识，那人云亦云，随波逐流，便是必然的结果。太强的功利观也许会造就一大批杰出的工程师、律师、医生、企业家和政治家，但必然会使他们失去对自我的认识，对生命的热爱，最终导致对生命意义的怀疑。

现在在商品经济的冲击下，自我的概念已从“我是我所有”转变为“我是你所有”。“我”已经不是我所有了，“我”只是成了别人的一种需要。人就像一种商品，出卖自己的劳力、技能和智力。如果被人需要，行情看涨，价格就高，行情不景气，无人问津，就毫无价值。人的价值仅仅表现在是否具有交换价值上，于是人关心自己也就仅仅是关心自己是否能在市场上获得最令人满意的价格。人是否成功的概念，也仅成了是否能通过出卖自己换到优越的物质享受。

很多人所体验的自己完全是别人认为我应该“是”的人，没有什么属于自己的意愿、自己的思想和自己的快乐，活着仅仅是活着。这致使他们丧失了个性，丧失了尊严，丧失了自由的意志。既然如此，那还有什么证据能证明“我”就是我自己呢？

当世人一味追求外物的时候，很少有人能够去注意自己，并意识到自己的重要。丧失自我，是现代人痛苦的根源。如果一个人丧失了个性，丧失了对自我生活的理解，那就意味着他对这个社会可有可无，谁都可以代替他，他也就没有了存在的价值。当没有人主宰自己的灵魂时，灵魂就会盲从别人。生命可贵之处，在于做自己，走自己的路。你无法取悦于每一个人，如果你试着取悦于每一个人，那你将会失去自我。

人的自我认定往往听从别人的看法。但人的自我认定并不受限于个人的经验，而只受限于你对这种经验的诠释。你要怎么来认定自己，只是取决于你自己的决定。你想要把什么套在你身上，给自己贴上什么样的标签，你就会成为什么样的人。你怎样认定自己，你就会有怎样的人生。让我们找回失去了的自我，认识自己，认识自己的能力，认识自己的快乐，走出平庸，真正踏上人生的征途。

人的最大悲哀不在于不去努力，而在于总是给自己设定许多条条框框，这种自我设定的条条框框，无意之间限制了想象的空间。看似一天到晚忙忙碌碌，实际上人给自己套上了可怕的魔咒，使人一生碌碌无为。科学家把这种现象叫做“自我设限”。敢于打破自我设定的障碍，多一点儿超越，少一点儿盲从，才能创造非凡的人生。

生活中，绝大多数人从未突破过这种自我设限。可悲的是，撒手人寰、离开这个世界时，还有相当大的潜能压根儿就没有被开发，他们只是使用了自身能力很小的一部分，而其他更珍贵的财富却白白地闲置在那里，原封未动。有的直到生命的晚年才真正认识到自己的能力，但为时已晚。

挑战自己是人生最大的挑战，因为敌人容易战胜，唯独自己是最难战胜的。自己把自己说服了，是一种理智的胜利；自己被自己感动了，是一种心灵的升华；自己把自己征服了，是一种人生的成熟。大凡说服了、感动了、征服了自己的人就有力量征服一切挫折、痛苦和不幸。

人生要不断地超越自己，超越是生活中的一种享受，是一种对生命的热爱，是一种对生活的热爱，是一种无畏无限的热爱。生命是没有极限的，因此生命需要不断的超越。超越可以让你在一次次失败中品味到胜利的喜悦，超越可以让你的生命在行走中体会激情。

其实，人生就是不断超越自我的过程，只有在不断超越中，你才可以体验到真实的自我，体验到自我价值实现的欢愉。超越的过程就像一条条小路盘旋延伸，人就在这莫测又充满希望的小路上追求着自我，实现着自我，进而超越平凡的自我。

发现自我的存在是生命的真正开始。发现了自我，每一时刻都有新的发现，每一时刻都带来新的快乐，于是我们就不断地成长，又不断地发现自我，不断地对自己有一个新的认识，感受到一份新的喜悦。到此你可能会发现：原来我是可以这样的快乐和幸福，原来我是这样的有力量，原来梦想真的可以成真！

9. 最不了解自己的人就是你自己

谦虚是我国传统教育的一种表现方式。传统教育让我们很容易看到别人的优点。如某某人学习好、某某人工作能力很强、某某人人缘很好等。但我们很少能看到自己的长处及自己的价值。

然而，任何人都有自己一份独特的天赋，但是传统教育却一再要求我们要过多关注自己的不足。我们花费了很多的时间，在做我们不能做的、不擅长做的事情，花费的这些时间远远要比关注我们擅长做的事情要多得多。当一个人总是面对自己的弱项，面对自己不满意的地方，又如何能感到幸福呢？

如果一个人对自己的要求苛刻和批评过多，就容易形成完美主义情结，容易造成否定自己的心态，久而久之，就容易产生自卑感，使人失去自信心，会认为自己的存在没什么价值，活得很消沉，甚至还会出现厌世情结。

其实，最个人的东西也是最普通的东西。如果我们真的对自己有更深的了解，我们也就能更好地了解别人。

那么，一个人能够赢得成功的首要条件是什么？不妨先看看下面这个故事：

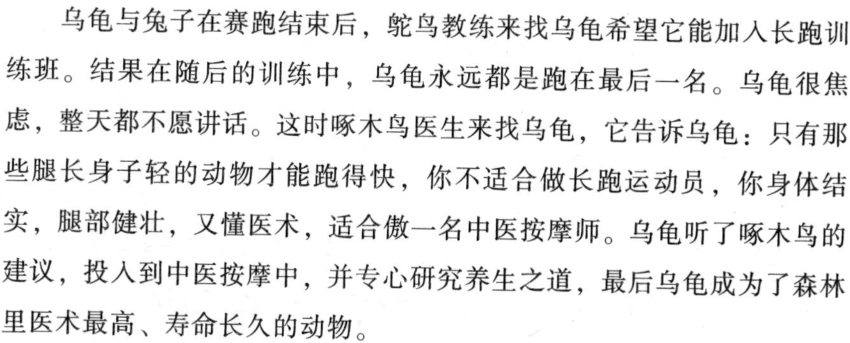

乌龟与兔子在赛跑结束后，鸵鸟教练来找乌龟希望它能加入长跑训练班。结果在随后的训练中，乌龟永远都是跑在最后一名。乌龟很焦虑，整天都不愿讲话。这时啄木鸟医生来找乌龟，它告诉乌龟：只有那些腿长身子轻的动物才能跑得快，你不适合做长跑运动员，你身体结实，腿部健壮，又懂医术，适合做一名中医按摩师。乌龟听了啄木鸟的建议，投入到中医按摩中，并专心研究养生之道，最后乌龟成为了森林里医术最高、寿命长久的动物。

人生成功的诀窍有时也很简单，就是发现自己的优势，经营自己的长处。正如富兰克林所说“宝贝放错了地方便是废物”。一个人如果站错了位置，用他的短处而不是用长处来谋生的话，那肯定不会成功，而且这种可怕的错位会让一个人在永久的卑微和失意中沉沦。

如果乌龟看到的总是自己的不足，总是在要求自己“像兔子那样跑得快”，可能就会成为一只失败的兔子，而并不是一只成功的乌龟。乌龟最后因为懂得瞄准自己的优点，放弃自己的短处，才成为艺术精湛的长寿乌龟。人类也是一样，认清自己的优势和长处对每个人是相当的重要。

这个世界上的路有千条万条，但最难找到的就是适合自己走的那条路。改变命运的前提，就是找准自己的优势。只有充分了解自己的长处，才有机会找到适合自己的最佳位置，才能找准属于自己的人生轨道。

人生道路中我们不能人云亦云，不要总是沿着他人的足迹在行走。世上的路并不是走的人越多，就会越平坦，有时看似平坦的道路，很可能充满陷阱。

重复别人走过的路，是因为忽视了自己的双脚。如果总是照搬别人曾经的做法，沿着他人的道路或思路进行思考，忘却自己的优势，只会贻误自己，错过机会。

幸福人生的秘诀，就在于一个人要能充分了解自己的长处，根据自己的特长来进行选择或者重新定位。优势绝不是精英们的专利，我们每

个人都有自己天生的优势，只有走发挥和适合自己优势的道路，才有机会赢得更大的成功。这是幸福人生的秘诀之一。

10.走出“约拿情结”的陷阱

在读书时，我们都有过这样的经历，在阅读古今中外历史人物传记的时候，我们是带着崇敬的心情去感受那些体现真、善、美的英雄们。在敬仰他们的同时，我们也会感到一丝不安，甚至一些惶恐，有时还会嫉妒英雄们的时代和机会，英雄们高大又完美的形象通常会使我们感到自惭形秽，会觉得他们离我们太远了，使我们的心情变得沉重。这种现象中叫“约拿情结”。

“约拿”是旧约圣经里面的一个人物。他本身是一个虔诚的神的信奉者，并且一直渴望能够得到神的差遣。神终于给了他一个光荣的任务，去宣布赦免一座本来要被毁灭的城市——尼尼微城。约拿却抗拒了这个任务，他逃跑了，不断躲避着他信仰的神。神的力量到处寻找他、唤醒他、惩戒他。最后，他几经反复和犹疑后，终于悔改，完成了他的使命，宣布尼尼微城的人获得赦免。

后来，“约拿”就用来形容那些渴望成长又因为某些内在阻碍而害怕成长的人。心理学家马斯洛将这种阻碍生命成长和自我兑现的情结取名为“约拿情结”。

我们大多数人的内心都深藏着“约拿情结”。这是因为在我们小时候，由于本身条件的限制和不成熟，内心容易产生“我不行”、“我办不到”等自卑的念头。在周围环境还没有提供给我们足够的安全感和机会的时候，这些自卑感会一直伴随着我们。尤其是当成功机会降临的时

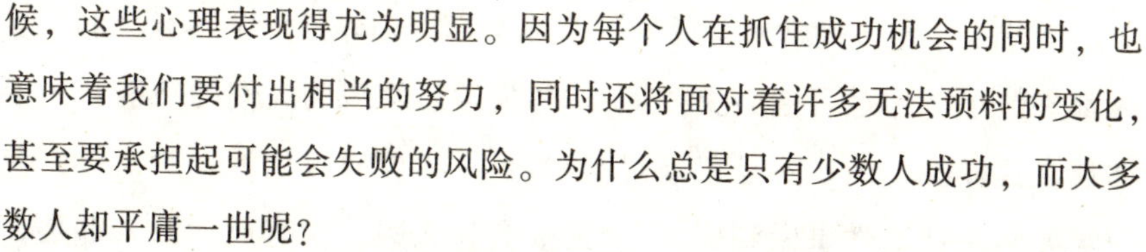

候，这些心理表现得尤为明显。因为每个人在抓住成功机会的同时，也意味着我们要付出相当的努力，同时还将面对着许多无法预料的变化，甚至要承担起可能会失败的风险。为什么总是只有少数人成功，而大多数人却平庸一世呢？

心理学家认为“约拿情结”是人们平衡自己内心压力的一种表现。我们每个人其实都有成功的机会，但是在面临机会的时候，只有少数人敢于打破平衡，认识并克服了自己的“约拿情结”，勇于承担责任和压力，最终抓住并获得了成功的机会。

许多人都有来自内心的某种使命感，都想要去做点什么有用的事情，希望做点能够产生影响的事情，想要给这个世界带来点有价值和不同凡响的东西，并且希望在提升自己生活的同时，也能帮助他人去提升生活。我们渴望飞翔，但是常常感觉到身负着沉重的翅膀。究竟是什么阻碍了我们的成长，使我们在平凡中不能够充分地活出自我呢？

我们每个人都不喜欢平凡，都不希望自己平庸。但是人们却惧怕展示自己优秀的一面。明知自己的优秀，却要过分强调自己的不足，不敢以自豪的姿态向人们展示自己的优异。过分压抑优秀的一面，就会使自己陷入平庸的境地。

人类就是一个矛盾体，在鄙视自己渺小的时候，又惧怕自己伟大的一面。其实对自我优势的压抑，就是对自我能力的束缚和捆绑。简单地说，就是对成长的恐惧。它来源于心理动力学理论上的一个假设：“人不仅害怕失败，也害怕成功。”它反映了一种“对自身伟大之处的恐惧”，这是一种情绪状态，并导致我们不敢去做自己能做得很好的事，甚至会逃避发掘自己的潜力。人做自己擅长的事情才会轻松，才会快乐和幸福，也才更容易成功。一个人只有把自己最优秀的一面发挥到极致，才能最大限度地发挥出自身的生命力。人类改造世界，不就是需要人类自身这些最优秀、最旺盛的生命力吗？

柏拉图、亚里士多德等伟人也都曾经对自己的伟大产生过怀疑，后来他们突破了自己的防线，最终他们走向了人生的辉煌。

为什么一定要经常对自己说："你不行，这样做肯定不行，那么多人都失败了，你也可能会失败。""你失败后会成为人们的笑柄，还不如现在这样呢，现在不是很好吗？"为什么不能对自己说："我行，我一定要坚持把这件事做到底。""失败有什么呢，所有成功的人都是在失败后才成功的，我需要坚持。"

在前进的道路上，除了我们自己，还能有谁能够打败我们呢？那些伟大的事业、发明、创造都是经过无数的失败才成功的，成功的基础需要勇气与艰苦卓绝的努力来支撑。

在古代印度，一个聪明人发明了棋盘，就是今天的国际象棋。棋盘一共有 64 个格子，象棋的游戏非常有意思。国王就想奖赏发明者，问他需要什么奖励。

聪明人告诉国王：我现在不想要什么奖励，能否在第 1 个格子上放一粒大米。第 2 个格子上放两粒大米，第 3 个格子上放前面的两倍 4 粒大米，将 64 个格子全部放满。国王听后说：很简单，可以！国王让随从去摆放大米……

如果将那 64 个格子摆满，最后一格大米数量估计要覆盖全部的地球表面……

人们总是低估了自己推动事物和改变事物的能力，因为人们低估了指数函数的增长速度。许多人缺少改变的勇气，缺少展示自我优势的坚定性。

人活着是为什么？为的是了解更多的未知，为了生活得更幸福。人生在世，只有拿出足够的勇气，去展现你自身最优秀的一面，才能在人生的舞台上精彩亮相。

第四章

化解压力，拥抱幸福

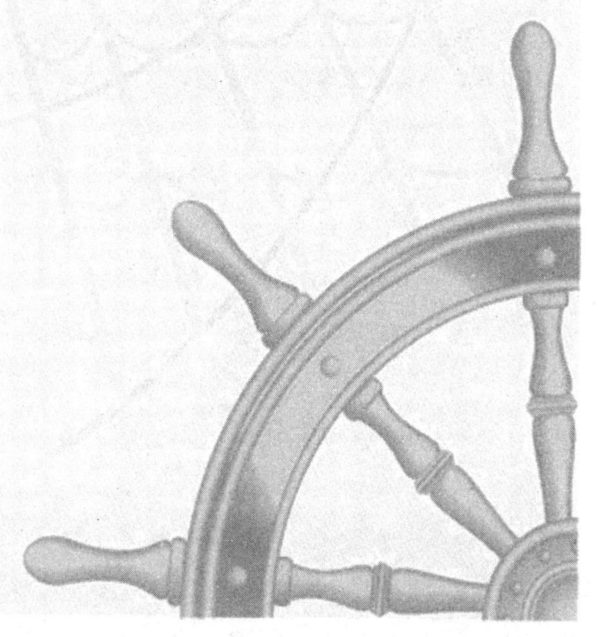

1. 压力——心灵不能承受之重

其实压力是一种过程，简单的定义是：不管是真实的或想象的，只要我们在生理或心理上遭遇令人感到困扰的刺激，觉得不愉快，或是受威胁、需要改变时，在这些刺激结束之前，主观的认知评估可能会觉得自己无法应付，身体或心灵都会感受到压迫，这就是压力。

生活发生改变时，不论是好的、坏的，只要需要重新适应，就会带来压力。对于压力的适应反应有三个阶段：警觉阶段后，进入抗拒阶段，产生生理、心理反应，并且采取行动；长期受到压力后，进入衰竭阶段，此时可能因为受压太久而产生疾病症状。

当我们警觉到改变与新刺激带来的压力或危机时，第一个反应是会准备应付，或是逃避压力。这时因为能量用在适应压力上，所以个体的抵抗力会降低，面对重大压力或危机时特别明显，可能会出现各种身心症状，例如呼吸急促、头痛、胃痛、失眠等等，假如抵抗力降得太低，就有可能在生理、情绪上造成个体的退缩、崩溃、失去功能。

如果能够渡过第一阶段，个体可能会开始实际行动、尝试适应改变，不断调整自己、适应环境时，能量和抵抗力会比平时还要高，用以面对改变或刺激。此时因为压力在我们能够承受、适应的范围以内，我们的表现会因为压力与刺激提升了我们的成就动机、期望水准，反而表现得比较好；但是当个体自己主观评估无法适应刺激，或是已经长期面对压力，主观认知评估觉得自己能量已耗尽时，个体的表现水准反而会因为压力过大而降低。

当我们主观评估身心受到压迫时，不论这个是真实的，或是因为不

当评估想象而来的，都是压力。那么压力感的大小，与压力来源、刺激的类型没有直接关系，而与个体面对压力时的认知评估有关。认知评估的意思是：当面对刺激或改变时，我们会主动评估这个改变或刺激；评估它是否会影响我们的安适；评估当我们尝试适应这个改变或刺激时，需要多少资源；评估自己是否有足够应付的能力。如果认知评估认为刺激或改变对个体没有影响，或几乎不需要适应，就不会有压力感；而当评估的结果显示适应所需求的能量大于我们所拥有的资源或个体的能力，压迫感就会出现，因而产生压力。也就是说，当面对刺激时，认知评估主观认为自己能应用的资源，或自己的能力越少，个体感受到的压力就越大。

一般情况下，认知评估的结果可以是合理的，依据真实情况合理地评估目前的状况。我们会同时评估这个刺激或改变对我们的意义，例如初级评估改变是否正向有益、无关紧要，或是可能会耗费心神、感到压迫；也会进一步地次级评估自己和这个刺激的关系，例如自己能力是否足够、是否有相关资源、是否会失去控制等等。如果我们的认知评估历程忽略了具体事实，或受到自己非理性信念影响，产生扭曲现实或不合逻辑的内在对话，错估了刺激的意义或与我们的关系，就容易因为想象的威胁感而产生过于沉重的压力。

在现实生活中，我们与环境的互动结果会很自然地回馈到我们的认知系统。感觉到正在面对压力后，个体会在各方面对刺激产生反应，例如：心理上可能会采取自我激励的策略，或启动防卫机制保护自己；生理上可能肾上腺素分泌会增加、体力会增加、耐力也可能增加；行为上可能会开始努力学习、改变原来的模式，或是积极消除压力源。

做出这些反应的同时，认知评估会持续不停地进行，继续评估自己的资源、能量和面对的刺激所造成的威胁。如果主观评估发现威胁感逐渐降低，有能力面对改变，或者能够维持现状继续适应，压力感就会减少；而当认知评估发现自己的反应能力无法应对刺激和改变的要求时，压力感就会持续增加。

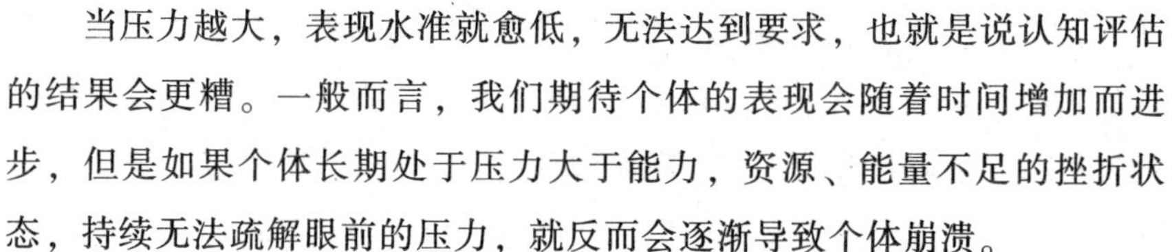

当压力越大，表现水准就愈低，无法达到要求，也就是说认知评估的结果会更糟。一般而言，我们期待个体的表现会随着时间增加而进步，但是如果个体长期处于压力大于能力，资源、能量不足的挫折状态，持续无法疏解眼前的压力，就反而会逐渐导致个体崩溃。

2. 学会化解来自你身边的压力

生活中，压力无处不在。在与这些压力交锋时，我们总是很容易感到忐忑不安，身心疲惫脆弱，这些压力就在无声无息中慢慢地消磨着我们的生命，很多人习惯忍受这些压力，却不知其实很多压力都是我们可以自行化解的。事实上，打倒你的不是挫折，而是你面对挫折时所抱的态度。对待压力也是同样道理，真正重要的是你的态度，不管是哪一方面的压力，只要你学会坚强，充满信心，敢于行动，就能起到化解压力的效果。

1. 化解来自上司的压力。多数人感到上司的压力，大多都是因为工作不被上司认可，也就是说，更多时候，来自上司的压力源于工作本身。要解决这个问题最重要的就是想方设法让上司欣赏你的工作，你可以试着多与他沟通，尤其是当你对做某些事情没有把握时，必须要及时沟通，知道他对某事的想法，并尝试着按他的方法去做。别碍于面子不敢开口，要知道，良好的沟通是走近上级最好的方法。

2. 化解来自同事的压力。同事是与我们相处时间最长的人，因此也是给我们带来影响比较大的人，因此同事关系多少会影响到我们的心情，而同事之间的竞争多少会带来一些矛盾，压力也就随之而来。化解的方式就是：第一，不要对同事的期望太高，他们并没有“对你好”的

义务；第二，不要过于亲密，你们之间可能会存在“不是你死就是我亡”的竞争关系，如果对方对你了解太深可能会对你不利；第三，包容同事不同性格或处世风格，求同存异，只要大原则没问题就不要苛求其他方面一致，有时候，为了大局，你得做出小妥协；第四，不要嫉妒比你强的同事，尤其是不要背地里使坏。因为这种想法会让你越加地感到自己低人一等，万一你被拆穿，你的形象将被无情的毁掉。

3. 化解来自下属的压力。俗话说，官有官的难处，民有民的难处。作为上司也会时常感到下属的压力，下属的能力强于你又不服从你的管理，你会感到压力；下属的各项能力太差，你事事要担心，也是巨大的压力；他们对你口服心不服同样是压力……怎样消除下属带来的压力，实际上是许多管理者最为重要的功课。首先，你得树立自己的形象，既要有严肃、坚持原则的一面，又要表现出自己的亲和力，时常关心一下下属，让下属对你又爱又怕；其次，淡化自身高高在上的感觉，虚心听取下属提出的意见，如果是自己出了错误最好主动承认，不要强加给下属或者硬着头皮撑下去；第三，修炼自己的处事能力，并时时注意锻炼自己的工作能力，一定要让下属心服口服。

4. 化解来自家庭的压力。家庭的和谐是我们在外打拼的动力，家庭成员的良好关系是这一切的基础，千万不要以为家人之间有着亲密的关系就可以疏于维护，对家人你依然应该、并且有义务去关心、尊重他们，不管你在家庭中充当什么角色，都不能只行使权力，而不去尽义务，要懂得谦让、理解，在互相帮助中让他们感到你的爱。如果你的家庭正处在某种非常时期，你不能坐视不管，更不要为此而抱怨他人，你应该尽自己的努力改变这种糟糕状况。

5. 化解来自同学、朋友的压力。友谊是与亲情、爱情同样珍贵的感情。世界上没有比友谊更美好、更令人愉快的东西了，没有友谊，世界就仿佛失去了太阳。然而，许多友情依然会给我们一些压力，比如，某个同学赚的钱要强于你许多倍；某个朋友说话总是以教训你的口吻；某个朋友说话口无遮拦，把你的秘密宣传得尽人皆知。对于让你感到

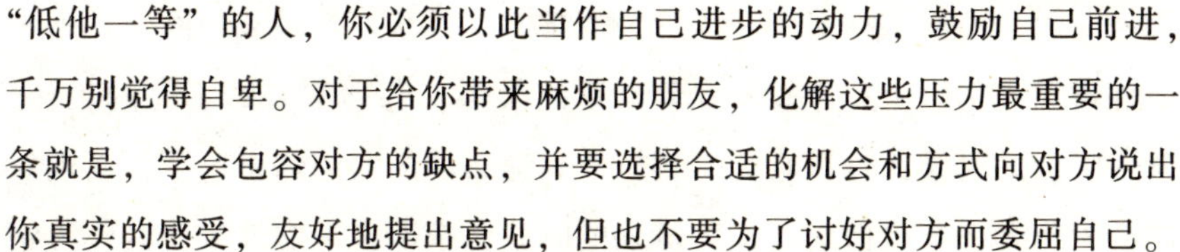

“低他一等”的人，你必须以此当作自己进步的动力，鼓励自己前进，千万别觉得自卑。对于给你带来麻烦的朋友，化解这些压力最重要的一条就是，学会包容对方的缺点，并要选择合适的机会和方式向对方说出你真实的感受，友好地提出意见，但也不要为了讨好对方而委屈自己。

3. 远离持续紧张感的折磨

齐氏效应是一个非常著名的心理效应，指由于工作压力过大而造成的心理上的长期紧张状态。

齐氏效应源于法国心理学家齐加尼克所做过的一次非常有意义的实验——“困惑情境”。齐加尼克先把一批受试者分成甲乙两个组，然后让他们同时完成 20 项工作。其间，他对甲组受试者进行干预，让他们不能继续工作而没能完成任务，而让乙组顺利完成所有工作。实验结果表明，尽管每个受试者在接受任务的时候都呈现出一种紧张状态，但顺利完成任务者的紧张状态随之消失，而没完成任务者的紧张状态继续存在，他们的思绪总是被那些没能完成的工作所困扰。后一种情况就被叫做“齐氏效应”。

齐氏效应告诉我们这样一个事实：在接受一项任务的时候，人会产生一定的紧张心理，只有完成任务，这种紧张感才会消除。在没有完成任务之前，紧张感会一直持续下去。

随着现代科学技术的高速发展以及知识信息量的飞速增长，我们要承担的工作量和要学习的知识量也相应地大大增加，工作和生活节奏越来越快，心理压力也日益加重。

比如，小学生的书包越来越大、越来越沉，眼镜镜片也越来越厚，

业余时间只能转战于各种“英语学习班”、“奥数培训班”以及“钢琴训练班”；都市白领的工作节奏也日趋紧张，永远都有做不完的工作，就连吃饭的时候，也很难让一直持续高速运转的大脑休息一下；新闻媒体的工作者在节目播出前、上班外的时间，依旧会考虑编排和制作等情况；置身于某一攻关项目的科研人员，哪怕休息时也会是“身在曹营心在汉”；另外，企业家、医务人员以及作家等，大部分人也都避免不了“齐氏效应”的困扰。

大多数时候，那些没有得到解决的问题或者没有完成的工作，犹如影子般困扰着人们。这些人主要以脑力劳动者居多，由于脑力劳动是以大脑的积极思维为主的活动，它的特点就是大脑的积极思维是持续而不间断的活动，因此紧张也常常是持续存在的。

在日常生活中，紧张的学习工作节奏、高负荷的工作量及各种竞争的增加，让脑力劳动者容易产生紧迫感、压力感与焦虑感，如果处理不当或者无法适应，就会对许多心理和生理疾病的发生和发展起着推波助澜的作用。所以，脑力劳动者一定要学会调适自己的心理，以缓解精神上的紧张状态。

克服齐氏效应的关键就是找到一种方法，让人们认为自己拥有某种程度的控制力，虽然在现阶段实际上是无法加以控制的。这就表示有时需要人为制造控制，例如，走到盥洗室中冲厕所。这种行为能打破持续不断的齐氏效应的循环，让目前应激物所产生的影响分散到别的事务中去。这种方式有助于把压力导向可以利用的水平，在此水平上，人能得到控制感，可以将不良压力转化为良性压力。

1888 年，在美国第 23 届总统竞选当天，候选人本杰明·哈里森十分平静地在等候最终的结果。但是，他的票仓主要设在印第安纳州，而那里宣布竞选结果时已是晚上 11 点了。后来，有一个朋友打电话祝贺他，却被告知哈里森已经上床睡觉了。

第二天上午，那位朋友问他，选举结果快要出来了，他为什么睡得那么早。哈里森解释说：“睡不睡觉并不能改变选举的最终结果，就算

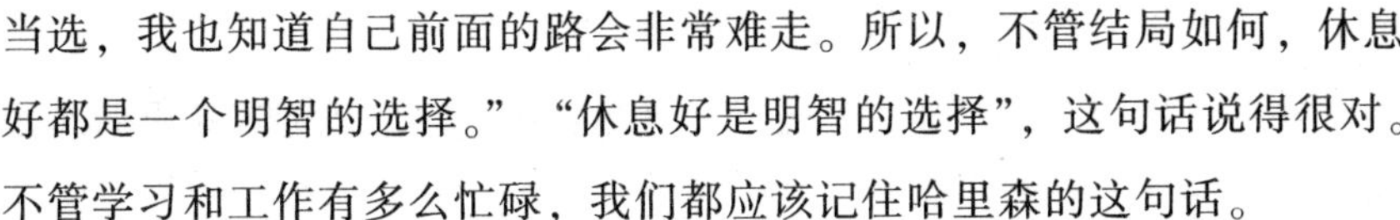

当选，我也知道自己前面的路会非常难走。所以，不管结局如何，休息好都是一个明智的选择。”“休息好是明智的选择”，这句话说得很对。不管学习和工作有多么忙碌，我们都应该记住哈里森的这句话。

紧张是一种有效的反应方式，是人应对外界刺激和困难的一种准备。有了这种准备，便可产生应付瞬息万变的世界的力量。因此紧张并不全是坏事。然而，持续的紧张状态，则会严重扰乱机体内部的平衡，并导致疾病。所以我们应该学会自我消除紧张状态。

当在生活或工作中出现了紧张的情绪反应时，我们应该怎么调适呢？

对于这种情况，人们习惯上常常会劝慰当事人“别紧张”、“没有什么大不了的”，而当事人也通常会同样告诫自己“别紧张”、“没什么了不起的”。但非常不幸的是，这种办法几乎是行不通的，实际上这反而会使人感到更加不安。因为这是在和自己过不去，在给你制造更大的紧张。情绪如潮，越堵越高。

当紧张的情绪反应已经出现时，有效的调适方法主要有：

1. 坦然面对并接受自己的紧张。我们应该想到自己的紧张是正常的，很多人在某种情境下可能比自己更紧张。不要与这种不安的情绪对抗，而是体验它、接受它。要训练自己像局外人一样观察自己的害怕心理，注意不要陷入到里边去，不要让这种情绪完全控制住自己。“如果我感到紧张，那我确实就是紧张，但是我不能因为紧张而无所作为。”此刻我们甚至可以选择和自己的紧张心理对话，问自己为什么这样紧张，自己所担心的最坏的结果可能是怎样的，这样就做到了正视并接受这种紧张的情绪，坦然从容地应对，有条不紊地做自己该做的事情。

2. 可做一些放松身心的活动。

第一，找一个空气清新、环境安静、光线柔和、不受打扰和可以活动自如的地方，选择一个自我感觉比较舒适的姿势，站、坐或躺下。

第二，活动一下身体的一些大关节和肌肉，活动的时候速度要均匀缓慢，动作不需要有一定的标准，只要感到关节放开、肌肉松弛就行

了。

第三，做一下深呼吸，先慢慢吸气然后慢慢呼出，每当呼出的时候在心中默念“放松”。

第四，将注意力集中到一些日常物品上。比如，看着一朵花、一点烛光或任何一件柔和美好的东西，细心观察它的细微之处。

第五，闭上眼睛，着意去想像一些恬静美好的景物，如蓝色的海水、金黄色的沙滩、朵朵白云、高山流水等。

第六，做一些与当前具体事项无关的而且自己比较喜爱的活动，比如游泳、洗热水澡、逛街购物、听音乐、看电视剧等。

要想有效消除紧张心理，从根本上来说，首先要降低对自己的要求。

一个人如果十分争强好胜，事事都力求完美，事事都要争先，自然就会经常感觉到时间紧迫、匆匆忙忙。而如果能够认识到自己能力和精力上的局限性，放低对自己的要求，凡事从长远和整体考虑，不过分在乎一时一地的得失，不过分在乎别人对自己的看法和评价，自然就会使心境轻松一些。

其次，要学会调整节奏，劳逸结合。

在日常生活中要注意调整好节奏。工作学习时要思想集中、心无杂念；休息时要暂时把工作放在一边，痛痛快快地去玩。另外，还要保证充足的睡眠时间，适当安排一些文娱、体育活动，做到有张有弛，劳逸结合。

持续的紧张状态是职场中人的常态，他们似乎停不下来，总是有更重要的事情等着他们去做。长此以往，他们在无奈中承受着生理与心理上的双重压力，如同绷紧了的弦，如不使其恢复原位适当休息，早晚会绷断，这就得不偿失了。

4. 分解减压法：将大化小，赢得轻松

如果给你一杯水，你能拿多久？拿一分钟，谁都能够做到；拿一个小时，恐怕就有点困难了；拿一天，可能就没有人做到了。其实这杯水的重量是一样的，但是你拿得越久，就越觉得沉重。这就像我们承担着压力一样，如果我们一直把压力放在身上，不管时间长短，到最后就觉得压力越来越沉重而无法承担。我们必须做的是放下这杯水，休息一下后再拿起这杯水，如此我们才能拿得更久。

所以感到压力大的人，应该将承担的压力于一段时间后适时的放下并好好地休息一下，然后再重新拿起来，如此才可承担更久。而且还应学会，善于把压力分解，不要让自己在一个时期承担太重的压力。”

1984 年，在东京国际马拉松邀请赛中，名不见经传的日本选手山田本一出人意料地夺得了世界冠军。当记者问他凭什么取得如此惊人的成绩时，他说：“凭智慧战胜对手。”

当时许多人都认为，这个选手是故弄玄虚。马拉松是体力和耐力的运动，身体素质好又有耐性才有望夺冠，说用智慧取胜，好像有点勉强。

两年后，意大利国际马拉松邀请赛在米兰举行。这一次，山田本一又获得了冠军。记者让他谈一谈经验，山田本一还是那句话：“用智慧战胜对手。”

十年后，人们在他的自传中找到了答案。每次比赛之前，他都要乘车把比赛的线路仔细地看一遍，并把沿途比较醒目的标志画下来，比如第一个标志是银行，第二个标志是一棵大树，第三个标志是一座红房子……这样一直画到终点。比赛开始后，他就以最快的速度奋力地向第一

个目标冲去。等到达第一个目标，他又以同样的速度向第二个目标冲去。四十几公里的赛程，就被他分解成这么几个小目标轻松地跑完了。起初，他并不懂其中的奥妙，他把目标定在四十几公里外的终点线上，结果跑到十几公里时他就疲惫不堪了，因为他被前面满场的路程吓倒了。

所以，最好的减压方式，是将压力分解。确实，要达到目标，就像上楼一样，不用梯子，一楼到十楼是绝对蹦不上去的，而且蹦得越高就摔得越惨，所以，我们必须一步一个台阶地走上去。上面的山田本一将大目标分解为多个易于达到的小目标，一步步脚踏实地，每前进一步，达到一个小目标，都使他体验了成功的感觉，而这种感觉更强化了他的自信心，并推动他稳步发挥去达到下一个目标。

有位语文特级教师，他所教的一个班刚开始作文成绩很不好。这位老师很有办法，他对同学们说，作文只要写得整洁就可以得满分。同学们个个书写认真仔细，写得都很整洁，因而也都拿到了满分。此时语文老师又稍提高了些要求，说下次只要写得整洁再加没有错别字，就可拿满分。于是同学们又都奋勇争先，错别字现象大大减少了。

此后，语文老师又分步提出了标点符号、遣词造句、立意布局等项要求。而同学们的作文水平也随着这一项又一项的要求逐步地提高了上来。如果这位语文老师刚一开始，就把上述要求全都公布出来，那效果还会一样吗？可见，把“大目标”化成“小目标”，我们的压力就会被分解了。

5. 呕吐减压法：把压力“说”出来

如果人们内心的苦闷和烦恼长期郁积在心头，就会成为沉重的精神

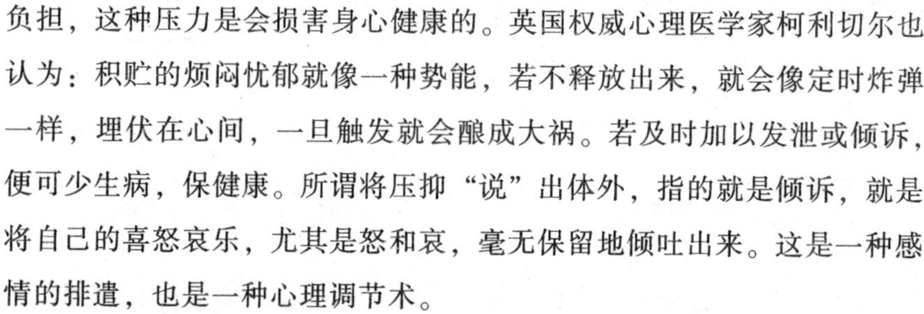

负担，这种压力是会损害身心健康的。英国权威心理医学家柯利切尔也认为：积贮的烦闷忧郁就像一种势能，若不释放出来，就会像定时炸弹一样，埋伏在心间，一旦触发就会酿成大祸。若及时加以发泄或倾诉，便可少生病，保健康。所谓将压抑“说”出体外，指的就是倾诉，就是将自己的喜怒哀乐，尤其是怒和哀，毫无保留地倾吐出来。这是一种感情的排遣，也是一种心理调节术。

《黄帝内经》中也有过这样的记载：“思伤脾，忧伤神，恐伤骨”，“悲哀愁忧则心动，心动则五脏六腑皆摇”。

现代医学研究也发现，癌症、高血压、心血管等疾病的诱发病因很大一部分就是人的抑郁、焦虑等不良情绪在人体内的长期积压。也就是说，当一个人被心理负担压得透不过气来的时候，就容易患上各种疾病。反之，如果有人真诚而又耐心地来听他的倾诉，他就会有一种如释重负、一吐为快的感觉。因为这种心理上的应激反应，可以使内心的感情和外界刺激取得平衡，这就是现代心理学中所说的“心理呕吐”。

心理专家指出，倾诉是缓解压抑情绪、释放压力非常有效的手段，还是防治各种疾病，尤其是防治心血管病和肿瘤的良药。善于倾诉的人，心理往往更趋于健康。

但是，有很多人并不愿意将自己的不快倾诉给别人，在他们看来，向别人诉苦是懦弱、无能的表现，有可能会引起别人的嘲笑；如果对方对你所倾诉的内容不感兴趣、不关心、不理解，你想获得心理安慰的希望也就落空了，不但原有的问题没能解决，还会徒增新的苦恼。他们担心把自己的秘密告诉别人还有安全隐患，说不定有一天倾听者会把你的事情当做茶余饭后的谈资公布于众。

小苏和女友刚刚分手，内心很痛苦，一次同事聚会他喝醉后，和一个同事提起这件事，没想到那个同事竟然嘲笑他把感情看得太重，不是男子汉。还同另一个同事一起笑他。小苏觉得更加愤懑，他从此更不敢对别人提这件事了，不久，他的前女友与另外一个男子结婚了，小苏深受打击，甚至有了轻生的念头。

类似的感情经历很多人都碰到过。小苏的倾诉法不仅没能起到缓解伤痛的作用，反而让他越加苦恼了，其重要的原因就在于，他没有选择好倾诉的对象。并不是所有人都可以成为你的倾诉对象的。相信如果你选对了倾诉对象，结果就完全不一样了。那么，该如何选择合适的倾诉对象呢？

第一，此人必须是值得信赖的，能够为你保密，不会做你的“义务宣传员”。

第二，此人可以不作任何评价，仅仅为你提供一个包容的环境，做一个宽容的听众，他会认真地听你说话，不论你说出怎样的想法，他都认为是可以接受和理解的，这就会让你有一种安全感，可以自由地表达自己的想法，说不定还会引起你自己的思考，有利于你换一个角度看问题。

第三，此人会给你一些真诚的鼓励，比如“没事的，有我在呢”，“不要怕，没有你想得那么难”，“别多想了，爱你的人还有很多”，“千万别这么想，这种困难很快就会过去的”，“再坚持一下，也许过了今天就会好些”。这些看似简单的话，在倾诉者心里能起到意想不到的积极作用。

第四，此人也可以帮你分析产生不良情绪的原因，换一个新的角度来看待你痛苦的经历，并提供一些积极的观点，进而和你一起找出解决问题的办法，这样你的情绪就能得到有效的调节，你也会从中得到成长和超越。

第五，最有效又安全的倾诉对象，就是心理医生。心理医生的职业道德要求他们为咨询人员的隐私保密。而且，心理医生一般情况下是与你的生活圈没有一点重合的陌生人，没有必要去四处宣扬你的隐私。此外，他们还能从专业的角度给你一些指导。在心理咨询时，医生大部分时间是在听。患者在宣泄一顿情绪后，病情就能缓解了一大半，此时医生再适当进行一些暗示和引导，压力就会减小很多。

除了保证合适的倾听者之外，还要注意时机，切不可只顾自己的需

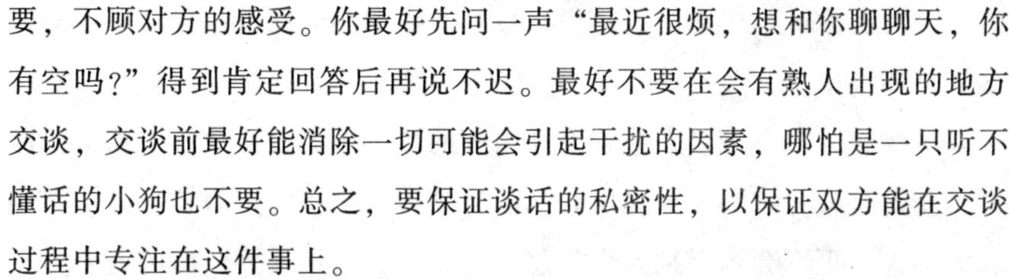

要，不顾对方的感受。你最好先问一声“最近很烦，想和你聊聊天，你有空吗?”得到肯定回答后再说不迟。最好不要在会有熟人出现的地方交谈，交谈前最好能消除一切可能会引起干扰的因素，哪怕是一只听不懂话的小狗也不要。总之，要保证谈话的私密性，以保证双方能在交谈过程中专注在这件事上。

在“宣泄”完毕的时候，你还要记得一定要对对方表示谢意，毕竟你占用了别人的时间，获得了别人的帮助。另外，还有一项非常重要的提示——千万别把自己变成“祥林嫂”。绝不要把自己的痛苦和烦恼廉价地贩卖给每一个人，否则你会遭受同“祥林嫂”一样的命运——旁人的麻木、鄙夷和敬而远之。

总之，你在倾诉时，必须注意以上提示，才能把倾诉的作用发挥到最大，真正地起到缓解压力的积极作用。当你把你的忧愁告诉朋友时，你的忧愁就减少了一半。而分掉的那一半忧愁也并非让倾听者承受了，而是随着你的倾诉化作云烟消散了。

向他人倾诉，是一般形式上的倾诉。另外你还可以自我倾诉，烦心事不一定非要对别人说，很多时候，写日记和自言自语也是很不错的选择。

心理学家让接受试验的人连续写日记，宣泄自己心中的不快。三个月里，这些人看心理医生的次数减少了一半。而且，他们免疫系统的功能有了明显的增强。这些人坦言，当他们把心事写下来后，马上觉得心里轻松多了。当然，写便条、信手涂鸦也有同样的效果，这些小技巧能及时把危险的压力发泄掉，改善你的心理健康进而改善身体健康。

如果你实在懒得写字，对着镜子自言自语也是非常好的情绪宣泄方式。心理学家认为：自己声音的音调有一种令人镇静的作用，能给人一种安全感和人际接触的感受。大声地自言自语可以调整头脑中紊乱的思绪，尤其是在紧张劳累的时候，还可以起到缓解的作用。你可以对着镜子，想说什么就说什么，想怎么说就怎么说，你甚至可以做一些滑稽的动作和表情模仿那个引起你不良情绪的人，让事情向着你希望的方向发

展。这时，你还要经常对自己说些鼓励、振奋心灵的话，让自己重新获得信心和快乐。

自我倾诉不仅可以发泄积聚在内心的情感压抑，释放难以承受的压力，获得心理状态的平衡和协调，而且倾诉者与倾听者都是自己，不用麻烦别人，更不会担心别人会有怎样的想法，也不需要任何的花费，可以算得上是最廉价也最有效的倾诉方式。

6. 大笑减压法：时常逗自己开开心

《黄帝内经》指出："喜则气和志达，荣卫通利。"这说明精神乐观可使气血和畅，生机旺盛，从而有益于身心健康。所以，民间有很多谚语，如"生气催人老，笑笑变年少"，"笑口常开，青春常在"，等等。可见，情绪乐观，笑颜常驻，笑口常开，是人体健康长寿不可缺少的条件。

笑能增加人体的免疫系统功能，是减压的好办法。最新的研究表明，真心的欢笑能减少压力荷尔蒙，而压力荷尔蒙又是抑制免疫系统发挥其正常功能的主要原因之一，所以笑能减少压力，增强免疫能力，对人体生理和心理都大为有益。实验发现，观看喜剧后人体血液中三种和压力有关的荷尔蒙大幅度下降，压力荷尔蒙下降达到70%。可见，笑的确是减压的良药。

德国生物学家隆涅一生从事人体生理机能研究，他在92岁高龄时获得了国家颁发的荣誉奖章。在授奖仪式上，他接过奖章后即席发表讲话，他既不谈获得殊荣的感想，也不向在座的科学家表示感谢，竟然三句不离本行，谈起人体机能结构来了。隆涅的答词是这样的："今天出

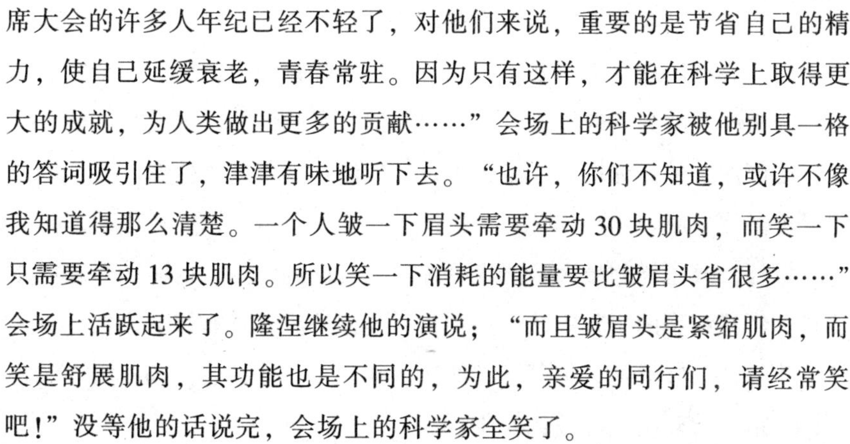

席大会的许多人年纪已经不轻了，对他们来说，重要的是节省自己的精力，使自己延缓衰老，青春常驻。因为只有这样，才能在科学上取得更大的成就，为人类做出更多的贡献……”会场上的科学家被他别具一格的答词吸引住了，津津有味地听下去。“也许，你们不知道，或许不像我知道得那么清楚。一个人皱一下眉头需要牵动30块肌肉，而笑一下只需要牵动13块肌肉。所以笑一下消耗的能量要比皱眉头省很多……”会场上活跃起来了。隆涅继续他的演说；“而且皱眉头是紧缩肌肉，而笑是舒展肌肉，其功能也是不同的，为此，亲爱的同行们，请经常笑吧！”没等他的话说完，会场上的科学家全笑了。

如果我们听到一件引人发笑的事情，就应该尽情欢笑，不要过于计较笑的形式。只要是发自内心、触动真情的笑，不管是开怀大笑，还是微微一笑，都有利于调节自己的情绪，减少压力。

笑是治病的良药，是健身防病的法宝。古代医生早就用笑来治病。

有一县令之妻，患不欲进食之症，并有时高声叫骂，凶若杀人。遍延名医治疗，终不见效。后请张子和诊治，名医张子和请来两个歌舞艺人，化妆新奇，在病人面前歌舞，患者见了大笑。第二天又让两个舞女学动物顶角，相互嬉戏，病人见此更好笑。之后，又找了两个饭量大的妇女，经常在病人身边边吃边夸饭菜香甜可口。病人见此馋意大发，便要来饭菜吞吃。随之，食欲渐增，病已告愈。不久，还生下一个孩子。

科学研究证明，大笑1分钟，全身可以放松47分钟。当你笑的时候，哪怕是微微一笑，也会牵动面部13块肌肉，如果是哈哈大笑，面部、胸部、腹部的肌肉都参加运动。笑的过程中，更多的氧气被吸进来，更多的废气被排出，从而促进了新陈代谢，身体舒服了，心情也会好起来。

笑实际上就是呼吸器官、胸腔、腹部、内脏、肌肉等器官作适当的协调运动。笑除了对呼吸系统具有良好的作用外，还能增强消化液的分泌和加强消化器官的活力；笑还能消除神经和精神上的紧张，调节人的心理活动，消愁解烦，振奋精神；笑也能调节植物神经系统和心血管系

统的功能，促进血液循环；笑还可以使面部颜色由于血液循环加速而变得红润；笑在增强肌体活动能力和对疾病的抵抗能力方面，甚至能起到某些药物所不能起到的作用；愉快的心情可影响内分泌的变化，使肾上腺分泌增加，使血糖增高，碳水化合物代谢加速，新陈代谢旺盛，因此能促进身体健康。

另外，笑还能刺激大脑产生一种叫内啡肽的激素，内啡肽是存在于脑和神经组织里的生化物质，这种物质类似吗啡，具有镇痛作用，是天然的镇静剂和麻醉剂。笑所具有的诸多功能使身体健康，同样的，笑也可以对精神起到很好的鼓舞作用。

我们在生活中遇到困难、遭遇不幸，心情难免会变得很糟糕，如果能鼓励自己笑一笑，缓解一下气氛，还能感染别人，让别人和自己一起共渡难关。

笑是生命健康的维生素，如果你能经常保持微笑，你脸上的笑肌会使你看上去年轻、开朗、友善和亲近。笑是最有效的人际关系调和剂。世界卫生组织对健康确定的十项标准，包含体魄健壮、心理健全和良好的处世态度三大方面，而笑是唯一能覆盖这三个方面的“全能选手”。

在生活中，我们应该把自己置身于笑的包围之中，时时感受，时时体验，让笑充斥身心，充斥时间和空间。我们可以多和爱笑的人在一起，因为欢乐是能够共享的，笑是有感染力的；可以多看一些幽默的笑料，给自己增添乐趣；可以多和天真的孩童在一起，儿童的天真无邪、顽皮活泼，会使你深感人的天性之美；你还应该掌握引起发笑的窍门，时常逗自己开心，让压力在笑声中化解。

7. 哭泣减压法：不要强忍，想哭就哭

人在痛苦时都会有哭的感情冲动，这其实是正常的情绪反应。但一些人由于面子往往压抑自己，强忍着不哭出来。其实，这种强忍着不哭出来的做法，会给身体带来不良的后果。

强忍泪水，只会加重抑郁，憋出病来。强烈的负性情绪会造成你心理上的高度紧张，而当这种紧张被你压抑下去得不到释放时，势必成为一种积累待发的能量，引起机体植物神经系统功能的紊乱，久而久之，会造成身心健康的损害，促成某些疾病的发生与恶化。自然地哭出来，对身体有很多好处。

人体排出眼泪，可以把体内积蓄的导致忧郁的化学物质清除掉，从而减轻心理压力，保持心情舒坦。眼泪可以缓解人的压抑感。测试发现，正常人的泪水是咸的，糖尿病人的泪水是甜的，而悲伤时流出的眼泪，含有更多的荷尔蒙等。人遇到悲伤的事情时，如果能放声痛哭一场，流泪后的心情往往会好受许多，这是由于悲伤引起的毒素通过眼泪已得到排泄的原因。

有一位中年男子，母亲去世，妻子又患了癌症。在数月里，他一直感到胸部疼痛不已，精神抑郁，吃药也不见效，不得不去医院认真地检查。当他把一切告诉医生时，眼里充满泪水，可他还是克制着不让眼泪流下来。医生对他说："你可以在这儿哭，哭出来就好多了。"于是这位中年男子关起门来，足足哭了十多分钟。几天以后，这位男子的胸痛明显减轻了。

由此可见，哭虽然不能从根本上解决问题，但是，适当的哭泣可以

缓解紧张情绪，消除积蓄已久的压力或悲伤。

哭对缓解情绪压力是有益的。哭作为一种常见的情绪反应，对人的心理起着一种有效的保护作用。哭一哭，是一种宣泄，心理上因而会轻松痛快些，并会得到一些宽慰。美国心理学家费雷认为，人在悲伤时不哭有害于人体健康。长期不哭的人，患病率要比常哭的人高一倍。男性胃溃疡病和精神分裂症患者大都是强忍不哭者。如果他们该哭就哭，很可能会避免患上这些病。

只要我们认识了眼泪的化学成分，就会知道哭的好处。眼泪是人体处理体内废物的渠道之一，而且在人因快乐、焦急、沮丧、悲痛、发怒而流泪时，泪液所含的化学成分是各不相同的。女人比男人爱哭，这也与男、女体内所含化学成分不同有关。

由于感情因素流泪和因洋葱刺激流泪，泪液的化学成分是不同的。前一种泪液中对身体有害的物质含量要多一些，这些物质可能就是人体在紧张的情绪活动时制造的。通过哭，把由于不良情绪产生的有害物质从泪液中排出去，对人体的健康有一定的保护作用。

泪液是由眼窝内的泪腺产生的。正常情况下，人平均每分钟眨眼16次，随着眨眼，用泪液润湿眼球表面，与污染物混合后，从内外眼角以眼屎形式把污物清除掉，所以泪液对眼球有保护作用。

泪液不但保护着我们的眼睛，在一定程度上也能保护身体的其他部位。除了以上所说缓解压力与病痛以外，哭泣还可以舒畅脾肺，改善容貌，锻炼眼睛。生活中常有这样的事例：突如其来的巨大悲痛，令人难以排解，这时有人劝“哭出声来吧”，结果痛哭一场，往往就会使人从悲痛中解脱出来。人在哭泣后，其情绪强度一般会降低40%。这便解释了为什么哭后的感觉会比哭前要好许多。

当然，任何事情都不能过度。如果过度地哭泣，则对人体有不好的影响。一个人整天哭哭啼啼，会扰乱人体的生理功能，使呼吸、心跳失去规则。有人在大哭之后，白天不思饮食，夜不能寐，这是很伤身体的。《红楼梦》中的林黛玉就是多愁善感的典型，她的爱哭使本来就羸弱多病的身体更加衰弱，以至加速了她的死亡。所以，哭也是要有节制的。只有这样，才有利于身心健康，否则只会有害而无益。

不哭有很多的害处，哭有很多的好处。如果需要就痛快地哭出来！

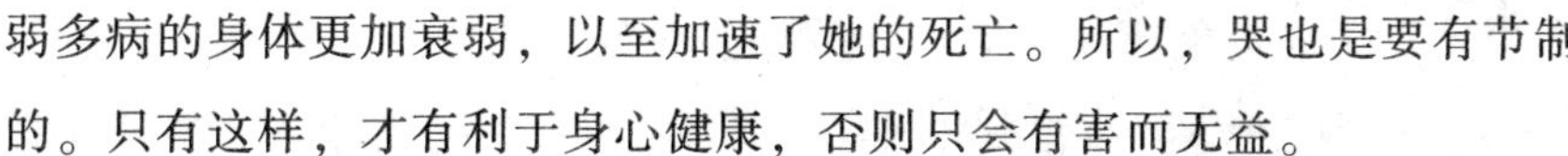

8.想象减压法：借助想象转移注意力

纳斯美瑟少校是高尔夫球爱好者，他曾经在越南的战俘营度过了七年。七年间，他被关在一个只有 4 尺半高、5 尺长的笼子里。绝大部分的时间他都被囚禁着，看不到任何人，没有人说话，更不可能有任何体能活动。七年后，他复出了，当他第一次踏上高尔夫球场时，他竟打出了令所有人惊讶的 74 杆！比他自己以前打的平均成绩还好一些，而他已经七年未上场了。不止如此，他的身体状况也比七年前好。这引起了很多人的好奇，纳斯美瑟少校的秘密何在？大家都想知道他是怎么做到的。

原来，这七年间纳斯美瑟少校为了改变被囚禁的郁闷心情，想出了一种特殊的减压方法。刚开始时，他什么也没做，每天只祈求着赶快脱身。后来他清醒地意识到，他必须发现某种方式，使之占据心灵，不然他会发疯或死掉，于是他尝试着建立“心像”。

他选择了自己最喜欢的高尔夫球，并坚持每天在心里“打”高尔夫球。每天，他在梦想中的高尔夫乡村俱乐部打 18 洞。他在想象中体验了一切，包括平时被忽略的细节。他想象着自己穿着高尔夫球装，戴着太阳镜，呼吸着空气的芬芳和草的香气。他还体验了不同的天气状况——暖洋洋的春天、阴沉昏暗的冬天和阳光普照的夏日早晨。在他的想象中，球杆、草、树、鸣叫的鸟、跳来跳去的松鼠、球场的地形都历

历在目，这些想象让他陶醉，让他感到美好，甚至有点兴奋。不一会儿，他感觉自己的手握着球杆，练习各种推杆与挥杆的技巧。开始打球时，他想象球落在修整过的草坪上，跳了几下，滚到他所选择的特定点上，他为此感到很有成就感。打完18洞的时间和现实中一样，一个细节也不省略。他一次也没有错过挥杆左曲球、右曲球和推杆的机会，这一切每天都在他心中发生。

以前他打得和一般在周末才练球的人差不多，水准在中下游之间，90杆左右。而现在，每周7天，每天4个小时，18个洞。七年后，他打出了74杆的成绩。而他的进步无疑得益于他所创造的“心像”法。

与“心像”法有异曲同工之妙的还有“想象疗法”，精神心理学研究证明，大脑与人体之间存在着某种尚未被人了解的渠道，这个渠道起着思维活动与免疫系统之间互相联系的作用。“想象疗法”能强化免疫系统的功能，能有效地抑制疾病的发展，使疾病好转而痊愈，还能促使人的心情愉悦。

为什么“想象疗法”会有如此神奇的治疗作用呢？

原来，“想象疗法”的秘诀在于让患者转移注意力，建立一种信心，使患者看到希望，增强战胜病魔的勇气。运用“想象疗法”会治愈许多慢性病。在养生方面，想象的作用更是不可低估。想象养生，就是通过想象各种不同的自己喜欢的情境来放松精神，舒缓压力，愉悦身心。比如，想象蔚蓝的天空、悠悠的白云、七彩的霞光、碧绿的草地、清澈的小河、青山幽谷、一望无际的麦田、甘甜的泉水。这些想象，都能给人以温暖、悠闲、安宁和美好的感觉……以上列举只是想象疗法中的一小部分内容，你也可以结合自己的体会，尽量想象能愉悦身心的事物，用来调节情绪和放松精神，达到健康心理的目的。

比如，你可以“假装”对工作有兴趣，想象着自己正在做的是一件非常快乐的事，可别小看这一点点“假设”，它可能立刻让你减少疲劳、忧虑、烦闷之感，还有助你舒解身心的压力。

有一个打字员，对工作很麻木，每天把工作当成“讨厌的任务”，

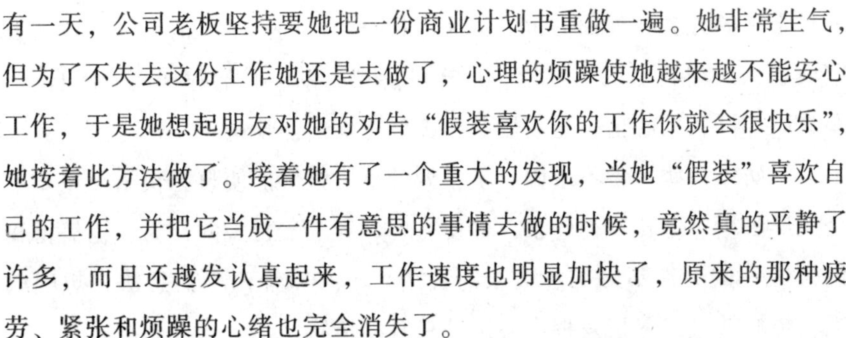

有一天，公司老板坚持要她把一份商业计划书重做一遍。她非常生气，但为了不失去这份工作她还是去做了，心理的烦躁使她越来越不能安心工作，于是她想起朋友对她的劝告“假装喜欢你的工作你就会很快乐”，她按着此方法做了。接着她有了一个重大的发现，当她“假装”喜欢自己的工作，并把它当成一件有意思的事情去做的时候，竟然真的平静了许多，而且还越发认真起来，工作速度也明显加快了，原来的那种疲劳、紧张和烦躁的心绪也完全消失了。

我们生活在这个世界上，不可能事事如意，当我们无力改变既成事实时，就试着放飞自己的思想吧。展开你想象的翅膀，让你的思绪随风飞扬，用正面的“心像”开放你的潜能。想象自己做快乐的事，想象自己是个快乐的人，你的心情会因此轻松起来，你的压力也会变得轻了许多。

总之，你的一切都可能因此好起来。久而久之，你一定会得到一些意想不到的收获。

9. 放纵减压法：偶尔放纵一下自己

人不是机器，如果日复一日重复单调性的例行公事，必会将我们的热情慢慢耗尽。即使从一个地方跳槽到另一个地方，如果心境不改变，外在的景物再怎么变，自己依然还是那个枯燥而提不起劲的人，生活得永远没有激情，总会觉得压力很大，活得很累。紧张和琐碎充满了生活的每个角落，人们更渴望一份超然的解脱，处于单调、呆板的生活节奏和进程中，人们也更憧憬心灵的享受。我们应该适时地让生活偶尔脱轨，适时地放纵自己、宠爱自己一下，让平日压抑的情绪得到释放，用

一种全新的方式和外面的世界沟通，把一个不同于平日的自己展现在大家面前，展露自己的真性情，这样可能更有助于我们找回真正的自己，释放压抑许久的心情，重新燃起对美好生活的热情。

不妨做一些平常不敢做、不会做的事，只要能使自己快乐，只要不是违反法律、违背道德的事，即使有些“异”于常人的行为，也值得我们去试一试。你不必在意他人的看法，不必掩饰内心的想法，想唱就唱，想喊就喊，尽情发挥内心深处最真的情感。

一般来说，“放纵”可以分两种，一种是行为放纵，一种是心理放纵。

所谓行为放纵，就是会做一些你平时很想做，却又因为各种原因不能做的事，比如给自己买件礼物，一束花、一条披肩、一套舒服的内衣，一双价格不菲的鞋子，也可以是一顿讲究可口的菜肴。

偶尔放纵的行为，真实地宠爱自己，足以治愈高压紧张所带来的坏心情；约上三五好友一起出去跳舞、唱歌也是很好的放纵方式。待到工作完毕后去迪厅，跟着节奏蹦蹦跳跳、摇摇摆摆，所有的麻木都不再属于你，新鲜的热情和活力马上就会重新回到你的身上；去 KTV 或是随便什么地方放声歌唱吧，把压抑了许久的压力全都释放，唱他个嗓门嘶哑仍旧意犹未尽，脑中还在拼命地搜索自己能唱想唱的歌曲，这时候，就算是五音不全、嗓音不好，全都不管，只要狠狠地叫喊。

玩游戏也是很好的选择，完全沉浸在另一个世界，暂时的忘我能大大缓解平日的疲劳和压抑；奢侈一次，去看看自己喜欢的明星的演唱会，或是一部很有意思的电影；忙了一天，洗一个泡泡澡，尝试一下牛奶浴，东方传统的药草浴，抑或是清新的水果浴，你可以完全沉浸在其中，体会放松、放纵的滋味，在清香氤氲的热气里，你的美丽心情将再度鲜活。

所谓心理放纵，通俗点说就是假想的过程。

如果你每天忙得团团转，没有一丝轻闲的时候，可以假想自己飘逸似神仙，每天无牵无挂、悠哉快乐地生活；如果你因容貌不佳心情不

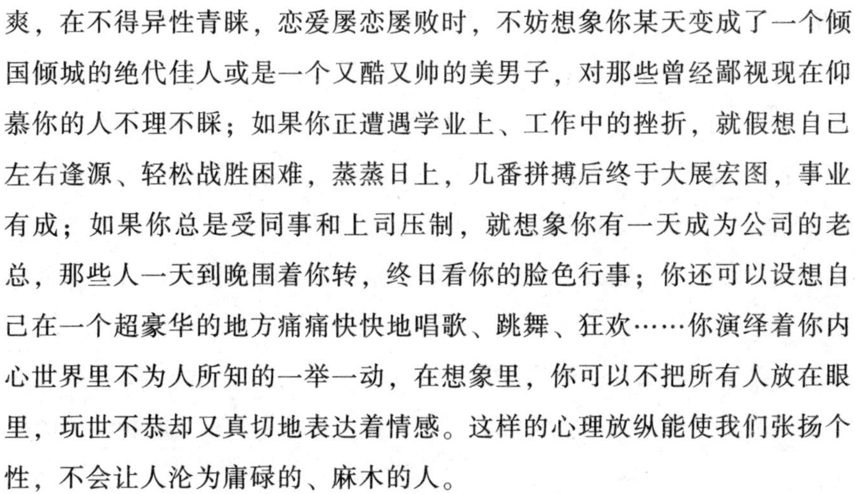

爽，在不得异性青睐，恋爱屡恋屡败时，不妨想象你某天变成了一个倾国倾城的绝代佳人或是一个又酷又帅的美男子，对那些曾经鄙视现在仰慕你的人不理不睬；如果你正遭遇学业上、工作中的挫折，就假想自己左右逢源、轻松战胜困难，蒸蒸日上，几番拼搏后终于大展宏图，事业有成；如果你总是受同事和上司压制，就想象你有一天成为公司的老总，那些人一天到晚围着你转，终日看你的脸色行事；你还可以设想自己在一个超豪华的地方痛痛快快地唱歌、跳舞、狂欢……你演绎着你内心世界里不为人所知的一举一动，在想象里，你可以不把所有人放在眼里，玩世不恭却又真切地表达着情感。这样的心理放纵能使我们张扬个性，不会让人沦为庸碌的、麻木的人。

偶尔的放纵使我们的生活似乎不那么沉重了，好像忽然平添了几许鲜活俏皮的滋味。当然，这样的放纵也是有前提的：那就是不过分沉溺、不过分迷恋，否则天天宠爱自己、天天做白日梦，就违背了心理放纵的初衷。别忘了，放纵是为了更好地回归。放纵是感情的极端体现，但人的大多数时间终究要平淡地生活，放纵不过是为了体验生活中的另一种滋味，就是要把日常工作生活积蓄的压力排解掉，再用一个全新的、充满激情的自己去迎接新的生活。

所以，隔上一小段时间就让自己好好放纵一下吧！不一定非要惊世骇俗或违反常规，只需踩出别样的舞步，或朝另一条路出发，让自己按照内心所想勇敢地“秀”出真我！

10. 戏谑减压法：借助玩笑调节身心

略微有点过火的玩笑能使人的心情得到发泄而感到放松，尤其是关

系很亲近的亲人和朋友之间，带有一定攻击性的玩笑的解压效果非常明显。同时，这种表示出亲近的玩笑不但不会伤害彼此之间的关系，相反还会增进彼此的感情。比如，我们日常生活中给别人取绰号，如果是关系一般的人或是陌生人，那无论你是不是带有恶意，对方都可能会感觉到不快。相反，如果是关系非常近的亲人或者朋友，那称呼绰号则能让你感到非常有趣，也会让对方感到非常亲近，有时候还可作为交流情感的一种方法。

这类攻击性比较强烈的玩笑，可以称之为戏谑性玩笑，这种幽默的亲切感也更强些。民间就流传着不少关系亲密的文人雅士互相戏谑的故事。

佛印和尚与苏东坡是莫逆之交，一天，苏东坡去找好友佛印和尚下棋，刚走进寺庙，苏东坡高喊一声："秃驴何在？"只听见佛印和尚应声回答："东坡吃草。"旁边的人都一愣，他们两个人却哈哈大笑起来。

东坡是笑话佛印的秃头，所以喊"秃驴何在？"佛印回他：东坡吃草，既借了东坡之名，又可以理解成在"东坡吃草"呢，作为"秃驴何在"的回复，堪称绝妙。双方都无恶意，只是朋友之间的调侃罢了。

烦闷的心情和心头的压力在这大笑中也就随之散去了。

佛印和东坡两人经常一道游山玩水，吟诗作对，而且均不乏幽默机智，为人们所津津乐道。佛印虽然做了和尚，但是仍然非常洒脱，常与东坡一块儿饮酒吃肉，无所禁忌，不受佛门清规戒律的束缚。

苏东坡喜欢吃烧猪，他任杭州太守时，佛印和尚住金山寺，常常做好烧猪等待东坡来吃。一天，佛印一早就派人买了几斤上等好肉，烧得红酥酥的，还打了几瓶琼花露名酒，等东坡前来，好痛痛快快地美餐一顿。

谁知等东坡应邀来到时，烧好的猪肉竟不翼而飞。佛印甚感不快，抱歉地说：" 烧肉真的吃不成了。"苏东坡当即便作了一首游戏诗，安慰佛印："远公沽酒饮陶潜，佛印烧猪待子瞻；采得百花成蜜后，不知辛苦为谁甜。"两个好朋友之间的互相体谅让人感动，一切的不快都随着

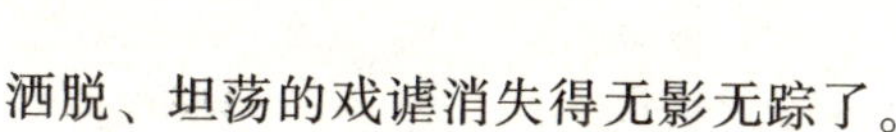

洒脱、坦荡的戏谑消失得无影无踪了。

每个人都要面对生活的压力，这些压力需要一个出口得以释放，而适当的玩笑或者戏谑则可以突破正常情况下人们之间相互具有的心理防御；同时，它有时也是一种表达爱慕、亲昵或者愤怒、批评等情绪的特殊方式，所以，不妨适度地开个玩笑，借此调节身心。

苏小妹是个才女，但相貌不大好看，尤其是她的额头特别大。苏东坡常拿自己的妹妹开玩笑，苏小妹也从不示弱，常与哥哥比才斗口。尤其是针对苏东坡的满腮胡须，肚突身肥，穿着宽袍大袖的衣服，不修边幅，不拘小节，更是她斗口的对象，于是二人整天在家战个不休。

一天，苏东坡拿妹妹的长相开玩笑，形容妹妹的凸额凹眼是："未出堂前三五步，额头先到画堂前；几回拭泪深难到，留得汪汪两道源。"

苏小妹额头凸出一些，眼窝凹进一些，苏轼以此来调侃，可苏小妹并不生气，嘻嘻一笑，当即反唇相讥："一丛哀草出唇间，须发连鬓耳杳然；口角几回无觅处，忽闻毛里有声传。"

这诗讥笑的是苏轼那不加修理、乱蓬蓬的络腮胡须。苏小妹想了想，觉得只说苏轼的胡须似乎又还没有抓到痛处，自己没有占到便宜，便再一端详，发现哥哥额头扁平，又是一副马脸，长达一尺，两只眼睛距离较远，当即喜滋滋地再作一诗："天平地阔路三千，遥望双眉云汉间；去年一滴相思泪，至今方流到腮边。"

兄妹之间的玩笑，虽然看似有攻击性，却没有丝毫的恶意，完全是为了调节气氛而为，也许故事中的两人互相调侃并不是以释压为真正明确的目的，但其方式却可为我们所参考，用于亲近的朋友之间，为转移你的注意力，为你的压力找到发泄口。

作为夫妻，亲近关系自然可见，二人如果也能常常互相愉快地戏谑，便能有效地避免压力积累，所以说，这也是非常好的减压方法。

在一次宴会上，丘吉尔和他的夫人面对面坐着。丘吉尔的一只手在桌面上来回移动，两个手指头向着他夫人的方向弯曲。旁人对此十分好奇，就问他的夫人："您丈夫为何这样若有所思地看着您？他弯曲的手

指，来回移动又是什么意思呢?”

“那很简单,”丘吉尔的夫人回答道，“刚才在离家之前我们俩发生了一点小争执，现在，他可能意识到自己的错误，你看，他那两个弯曲的手指表示他正跪着双膝向我道歉呢!”

丘吉尔夫人对平常事物的出乎意料的解释立即引来了旁人的笑声，此举丝毫没有损害她丈夫的高大形象，反而显示出两人之间的亲密关系，不难想象两人的生活是多么的有趣。你也可以常和你的伴侣开开玩笑，做一对快乐的夫妻，让对方每每想起来都会轻松地笑笑，赶走那一天到晚的发愁样。

运用此法减压时，有一点需要注意：戏谑与揶揄在大多数情况下会多多少少带有一些揭对方短的意味，对此，一定要掌握好分寸，过与不及都可能达不到预期的释压和制造快乐气氛的效果。

第五章

要幸福，先排除病态思维

1. 自我强迫：欲罢不能的烦恼

小云的男朋友个性温和，待人真诚，人也长得非常帅，总之，小云对男朋友非常满意。然而，小云却是一个敏感又有点多疑的人，她总是对男朋友的过去非常好奇，也非常在意。男朋友曾诚恳地告诉小云，他过去所接触的女孩子，都是一般意义上的好朋友。可是小云总是胡思乱想，总是瞎怀疑男朋友花心，小云也知道自己很无聊。但是小云总是管不住自己，总觉得自己在男朋友心里并不重要，男朋友不是真的爱自己。

因此，小云动不动就突然情绪低落，找男朋友的茬，男朋友非常烦恼，就劝小云不要胡思乱想，自寻烦恼，瞎想出一个什么事情来折磨自己。总之，小云总给自己臆想出一个“情敌”折磨自己。小云的心理问题，心理学上称为“强迫症”。

的确，小云是在自寻烦恼。每个人都有七情六欲和喜怒哀乐，烦恼也是人之常情，是人人避免不了的。但是，由于人对待烦恼的态度不同，所以烦恼对人的影响也不同。一个人若有以下心理或做法，必定会促使其自寻烦恼，无事生非：

1. 盯着消极面。牢牢记住自己有多少次受到不公正的待遇，或者记着有多少次别人对你说话的态度不友善。如果你把注意力集中在那些不好的事情上，就会运用这种消极的思维方法来给自己制造烦恼。

2. 蠢人的黄金定律。把其他人都看得一钱不值。运用这条定律的关键是首先嫌弃自己，一旦贬低了自己的价值，接下来就会觉得其他人也同样浅薄，于是对他们不屑一顾，使自己陷入孤独的境地。

3. 以殉难者自居。母亲们过度地承担家务劳动，然后对自己说："没有一个人真正心疼我，对我们家来说，我不过是个仆人而已。"当父亲的也能采取同样的方法："我的骨架都累散了，谁也不把我当回事。"经常这样想，必定会使人烦恼异常，而且还能使周围的人感到讨厌，令人烦恼不已。

4. 滚雪球式地扩大事态。当问题第一次出现时就正视它，它就很容易解决。反之，如果让问题像滚雪球一样不断地扩大下去，最后滚雪球的人总是遵照一条简单的规则行事：如果错过了解决问题的时机，索性再往后拖拖。这样，只会使问题变得更糟，必定会导致愤怒和苦恼长时间埋在心底。

那么，我们该怎样克服这样病态思维呢？

1. 自我鼓励法。用某些哲理或某些名言安慰自己，鼓励自己与痛苦、逆境作抗争。这样会使你的情绪好转。

2. 语言暗示法。当你为不良情结所压抑的时候，可以通过言语暗示的作用，来调整和放松心理上的紧张状态，使不良情绪得到缓解。比如，你在发怒时，可以用言词暗示自己不要发怒，发怒会把事情弄糟的。当你陷入忧愁时，提醒自己忧愁没有用，还是面对现实为好。在松弛平静、排除杂念、专心致志的情况下，进行这种自我暗示，对情绪的好转将大有益处。

3. 环境调节法。环境对人的情绪、情感同样起着重要的影响和制约作用。素雅整洁的房间，光线明亮、颜色柔和的环境，使人产生恬静、舒畅的心情。相反，阴暗、狭窄、肮脏的环境，给人带来憋气和不快的情绪。因此，改变环境，也能起到调节情绪的作用，当你在受到不良情绪压抑时，不妨到外面走走，看看大自然的美景，能够让你旷达胸怀，欢娱身心，这对于调节你的心理有着很好的效果。

4. 注意力转移法。请你把注意力从消极方面转到积极、有意义的方面来，心情自然就会变得豁然开朗。当你遇到苦恼时，你可以将它抛到脑后或找到光明的一面，则苦恼自然就会被消除了。

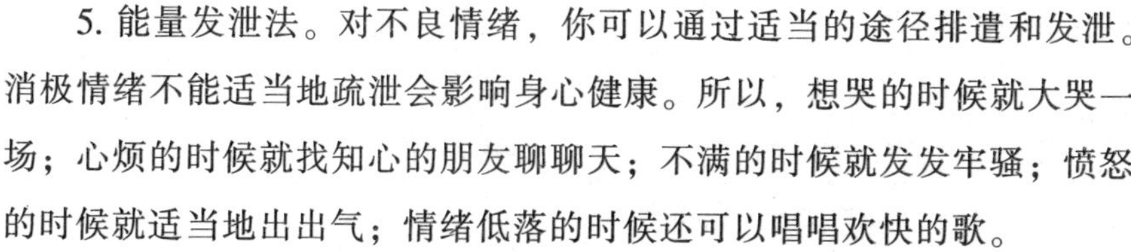

5. 能量发泄法。对不良情绪，你可以通过适当的途径排遣和发泄。消极情绪不能适当地疏泄会影响身心健康。所以，想哭的时候就大哭一场；心烦的时候就找知心的朋友聊聊天；不满的时候就发发牢骚；愤怒的时候就适当地出出气；情绪低落的时候还可以唱唱欢快的歌。

2. 小心眼儿：小人小在“心”上

冯军的大男子主义非常严重，还很小心眼，一直因为妻子的第一个男朋友不是他而耿耿于怀。冯军对妻子的穿衣打扮严加管教，妻子只要稍微穿得漂亮点，他就问妻子想勾引谁，想博得谁的欢心。还不准妻子与异性朋友交往，要是妻子和哪个男同事多说几句话，冯军就会吃醋。妻子像是一只困在笼子里的鸟，完全失去了生活的自由。冯军要求妻子在别人面前给足他面子，可在别人面前他毫不顾及妻子的颜面。冯军和妻子在一起除了争吵就是沉默。家里只有电视机的节目声音，妻子和他一整天不说一句话。

以上这个案例中的冯军是一个典型的“小心眼”。其实，小心眼儿的人，多半是由于神经系统过于敏感引起的，他们有些人甚至老爱杞人忧天，喜欢小题大做。

小心眼指的是气度过于狭窄，不宽宏，经常猜疑他人，容易为他人的一句话、一件事生闷气，斤斤计较，有时还会无事生非。从心理学角度看，小心眼是个人由于某些生理缺陷及其他原因而产生的轻视自己、认为自己在各方面不如他人的情绪体验。小心眼是影响人际交往的严重心理障碍，它直接阻碍了一个人走向社会，去与他人交往。

心理学专家认为，自我认识不足和过低的期望值是形成“小心眼”

的主要原因。“小心眼”的人在认识自己时，通常是建立在不正确的社会比较上，他们习惯于拿自己的短处与别人的长处相比。“小心眼”者在活动中对自己的期望也过低，他们常有一种“我很难成功”的消极自我暗示，从而抑制了能力的正常发挥，结果只会失败。

内向性格是形成小心眼的一个重要原因。性格内向的人会多愁善感、胆小，嫉妒心很强。挫折的经历和不恰当的归因也会导致“小心眼”形成。有些人在交往活动中屡战屡败，得到的尽是消极的反馈，挫伤了交往的锐气；有的人遭遇挫折之后，只认为自己“缺乏能力”。这样的归因会使得一个人不再相信自己的能力，从而限制了自己潜能的发挥，且不再期望以后会成功。那么，如何才能改掉小心眼的病态呢？

1. 不再自私。要消除小心眼儿，首先必须改掉自私的心理，要心胸宽广、宽以待人，凡事应该想得远点儿、想得通点儿、想得开点儿，不要事无巨细都往心里装。一个人能够容人之过、念人之功、助人之短、扬人之长，就能取得他人的信任和友爱，在生活中左右逢源、如鱼得水、称心如意。

2. 缩小“自我”。现在的人普遍以自我为中心，总是希望别人来关心、照顾自己，所以在他们的观点里从不会想到别人也同样需要关心和照顾，一旦他们的需求得不到及时满足，他们就会勃然大怒或是暗自伤心。小心眼的人往往特别计较别人的一言一行，都是在针对自己。即使确是针对你而来，那就不妨“左耳进，右耳出”，权当听不进，倒也免得烦心。

3. 主动改变自己。人生在世，万事不求人是不现实的。不妨主动地刻意改变这种性格，特别是在大家印象较深、较为敏感的问题上作出较高的姿态。如果你过去怕同宿舍的人用你的信封、信纸、墨水等而把它们统统藏起来的话，那么现在不妨主动在人家需要时给人家用用。

4. 放宽心胸。遇事先想“不能急躁”或者“要宽以待人”之类的话，给自己积极的心理暗示。多看开些，人的心胸与其知识修养有密切关系，急躁的时候试着做做深呼吸。

3. 钻牛角尖：牛角尖里闷死人

在现实生活中，我们常常会遇到一些喜欢认死理、钻牛角尖的人。这种人有一个特点，就是不管在什么场合或对什么人，都喜欢表现出与众不同，好像要专门与人作对似的，你说东他偏说西，你说南他偏说北。比如，你说做人要讲道德，要有良心，他就会说："良心多少钱一斤？"你要说谨慎做人，小心做事，他就会说："撑死胆大的，饿死胆小的，宁让撑死也不能做个饿死鬼。"无论你说什么，他都会找出一些例子来反驳。你明明说的是普遍现象，他就找出一些个别的事实来对付你；你要说已经成为事实的例子，他就找出一些可能发生的事情对付你。

对这种性格特点的研究表明，这些人的这种性格可能源于他们体内一种变异基因。这种基因变异叫 A1 变异，大约 30%的人体内有基因变异现象。A1 变异能使人体大脑中多巴胺 D2 受体减少。多巴胺作为神经传递质，不仅负责传递大脑中有趣和快乐的信号，还能帮助人学习。人体大脑中多巴胺 D2 受体下降，意味着当人的决定或行动被证明错误时，他仍然不会善罢甘休，因此他会重复先前犯下的错误。当人体大脑中多巴胺 D2 受体增多时，人们会在第一次发现错误后就不再心存置疑，从而不会有重复错误行为的意愿。

我们都应该克服这种病态思维，那么我们应该怎么做呢？

1. 从多个角度考虑问题。钻牛角尖就是遇到事情，首先受思维定势的影响，单纯地从自己的经验或者目前的想法出发，考虑事物的一个方面或者仅仅一个侧面，认定了这个想法就具有相对的稳定性和不容改

变性。

例如：你很远就看见一个熟人走下山坡，你马上向他挥挥手，可是他却没有对你作出任何回应，也没有向你招手，毫无反应地走了，你心里就觉得这个人看不起你，这个人很骄傲，这个人没有礼貌，等等。然后，你就会钻牛角尖，你会去想很多人讨厌你，很多人看不起你，很多人不喜欢跟你做朋友，等等。但是，你试着从另外一个角度去想这个问题，站在朋友的角度去想，你可能会发现原来你的朋友走下山坡的时候，太阳正照着他的脸，他感觉到很刺眼，根本没有看到你，你背向着太阳，他看见的只是你的影子，你就好像一团黑色的影子站在他的面前，所以他就毫无反应地走掉了。另外一个可能就是他很烦恼，很苦恼，有一些他解决不了的问题，他满脑子都想着这些问题，想着他的烦恼，什么事情都好像看不到似的。还有一个可能就是你站的地方充满着人，人山人海，他看不见你一点也不奇怪了。

2. 当发现自己钻牛角尖时，要立即从反方向来考虑问题。摆脱这种状况，就应该努力朝着与它相反的方向前进。既然钻牛角尖是做事从一个角度出发，那克服的方法就是多角度思维，注意培养自己思考问题的多元化。考虑周全就需要具备全面的知识，只有我们对事物的背景资料了解多了，才有可能找到一条解决它的最佳途径。

3. 多做一些脑筋急转弯的题目。要学会打破自己的思维定势，让自己僵化的脑筋多转几个弯，不要局限在固定模式中走不出来。做一些脑筋急转弯的题目，应该对“钻牛角尖”的人有一定的帮助，因为它就要求我们打破自己往常的某些习惯性的看法和想法，培养自己灵活的解决问题的能力。多看看这样的题目，既不枯燥又可以锻炼自己的思维，岂不两全齐美？

4. 孤僻心理：与世界隔绝的异形人

长期的自觉或不自觉的自我封闭，极容易形成孤僻心理。孤僻即我们常说的不合群，一种不能与人保持正常关系、经常离群索居的心理状态。孤僻是孤寡、怪癖而不合群的人格表现的缺陷，给人一种内向的感觉。孤僻症患者通常表现为独来独往，离群索居，对他人怀有厌烦、鄙视的心理；凡事与我无关，漠不关心，与人交往缺少热情，显得漫不经心，敷衍了事。他们通常将自己与外界隔绝开来，缺少社交活动，除了必要的工作、学习、购物以外，大部分时间将自己关在家里，不与他人来往。

孤僻症患者都很孤独，没有朋友，甚至害怕社交活动，因而是一种环境不适的病态心理。

孤僻对人的身心健康十分有害，这种消极情绪长期困扰，也会损伤身体。心理专家指出，孤僻症的心理有如下特点：

第一，普遍性。即各个年龄层次都可能产生。儿童有电视幽闭症，青少年有性羞涩引起的恐人症、社交恐惧心理，中年人有社交厌倦心理，老年人有因“空巢”和配偶去世而引起的孤僻型心理障碍。

第二，非沟通性。有封闭心态的人不愿与人沟通，很少与人讲话，不是无话可说，而是害怕或讨厌与人交谈。他们只愿意与自己交谈，如写日记、撰文咏诗，以表志向。

第三，逃避性。有些人在生活、事业上遭到挫折与打击后，精神上受到压抑，对周围环境逐渐变得敏感和不接受，于是出现回避社交的行为。

那么，孤僻症是怎样形成的呢？

首先是幼年的创伤经历。父母离婚是威胁当代儿童精神健康的重要因素之一。此外，父母的粗暴对待，伙伴欺负、嘲讽等不良刺激，使儿童过早地接受了烦恼、忧虑、焦虑不安的不良体验，会使他们产生消极的心境甚至诱发心理疾病，缺乏母爱或过于严厉、粗暴的教育方式，儿童得不到家庭的温暖，进而使儿童变得畏畏缩缩，自卑冷漠，过分敏感，不相信任何人，最终形成孤僻的性格。

其次，交往中的挫折。由于缺乏必要的社会交际能力和方法，使得他们在人际交往中遭到拒绝或打击，如耻笑、埋怨、训斥，使他们的自主性受到伤害，便把自己封闭起来。越不与人接触，社会交往能力就越得不到锻炼，结果就越孤僻。

对于已经有孤僻心理的人，可以尝试以下方法进行自我调整：

1. 正确地认识和评价自己与他人。孤僻者一方面要正确认识孤僻的危害，敞开闭锁的心扉，追求人生的乐趣，摆脱孤僻的缠绕；另一方面正确地认识别人和自己，努力寻找自己的长处。孤僻者一般都不能正确地认识自己。有的自恃比别人强，认为不值得和别人交往；有的倾向于自卑，总认为自己不如人，从而把自己紧紧地包裹起来，拒绝与外界交流。这两种人都需要正确地认识别人和自己，要多与别人交流思想，沟通感情，享受朋友间的友谊与温暖。

2. 学习交往技巧，优化性格。孤僻者可看一些有关交往的书刊，多学习一些交往技巧，同时多参加正当、有益的集体活动，如郊游、跳舞、打球等，在活动中逐步培养自己开朗的性格。孤僻者要敢于与他人交往，虚心听取他人的意见，特别是多与性格开朗的人在一起活动，情绪受到感染，也会使自己变得开朗起来。长此以往，孤僻者就会喜欢交往，喜欢结群，性格也开始变得随和了，孤僻就会离他而去，孤僻带来的种种烦恼也会随之消失。

3. 要有恒心和毅力。改变孤僻性格还需要有一颗恒心和一股坚忍不拔的毅力。通过调整，改变生活环境和自己的行为，自觉地克服不利

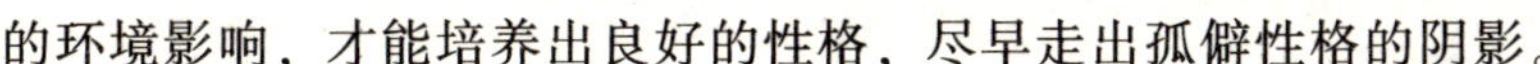

的环境影响，才能培养出良好的性格，尽早走出孤僻性格的阴影。

5. 猜疑心理：缺乏根据的盲目想象

李小娇在别人眼里很优秀，但是她总觉得自己有些奇怪，好像有疑心病：比如说，别人碰她一下或是拍她一下，她就会想对方是不是把什么东西弄到自己身上了，是什么她也说不清，或许是虫子、有毒的东西、可以窃取别人思想的机器，总之她就认为别人是不怀好意。每当这时李小娇就会忧虑起来，时不时的把她刚才被碰过的地方拍几下。而且李小娇还总担心自己说什么话、做什么事会引起别人的误会，让别人对她有不好的看法。有时要是发生了什么不好的事情，其实根本与她毫无关系，但她却会认为别人会把那不好的事情与自己联系起来，这样自己竟真的不自在起来。

李小娇想自己是太在乎别人的看法了。与人相处时，她总会有隐隐的胆怯，害怕别人认为自己很落后，很孤陋寡闻，总之担心别人瞧不起她，她很讨厌这种感觉，可就是摆脱不了。因为这些问题，她没有特别要好的朋友，同事们和她关系都比较疏远。

多疑是人际交往中的一种不好的心理品质，可以说是友谊之树的蛀虫。正如英国哲学家培根说的：“多疑之心犹如蝙蝠，它总是在黄昏中起飞。这种心情是迷陷人的，又是乱人心智的。它能使你陷入迷惘，混淆敌友，从而破坏人的事业。”具有多疑心理的人，往往先在主观上设定他人对自己不满，然后在生活中寻找证据；带着以邻为壑的心理，必然会把无中生有的事实强加于人，甚至把别人的善意曲解为恶意。这是一种狭隘的、片面的、缺乏根据的盲目想象。李小娇的表现在心理学中

称为“猜疑症”。

多疑心理的产生有以下几个原因：

首先是因为人缺乏自信心。有些人在某些方面总感觉不如别人，怀有自卑心理，因而总以为别人在议论自己，看不起自己，算计自己，如果别人在说话时对自己投来了不经意的一瞥，他就会想别人是不是正在说自己的坏话；别人开了一个善意的玩笑，他也会认为是在故意挖苦、讥笑自己。

其次是因为认知方式的偏差。以点概面、以偏概全、循环论证的认知方式使得个体在认识周围事物时产生知觉、归因等偏差。

第三是因为对挫折的防御心理。多疑心理的产生还可能是挫折引起的一种心理防御。有些人以前轻信别人，轻视自己所面对的事物，结果遭受了巨大的挫折，并长期保留着对挫折经历的深刻体验。使得自己矫枉过正，从一个极端走向另一个极端，不敢相信任何人和事。

第四是长期自我封闭。不与外界接触、打交道，使得自己对外部世界感到更加陌生，在这种情况下，个体在与外界打交道时难免比常人有更多的疑虑、戒心和防备。

要治好“猜疑症”，走出这一病态思维，我们不妨从以下几方面做一些努力：

1. 增强自信心。这对于医治多疑非常重要。增强自信心意味着培养个人适应社会环境的各种能力。

2. 要学会豁达，与人交往以诚相待。任何人不可能每次都如愿以偿地得到自己想要的东西。尺有所短，寸有所长，一个人在一两个方面有所特长就不错了，没必要事事争强好胜。人与人之间应该坦诚相处，对他人不要过分苛求，与之交换意见，坦率地、诚恳地把猜疑提出来，心平气和地谈一谈，只要你以诚相见，襟怀坦白，相信疑团是会解开的。只有对别人的宽容才能迎来别人对自己的宽容。

3. 学会自我暗示法，厌恶猜疑。当你猜疑别人看不起你，在背后说你坏话，对你撒谎的时候，你心里可以不断地反复默念“我和他是好

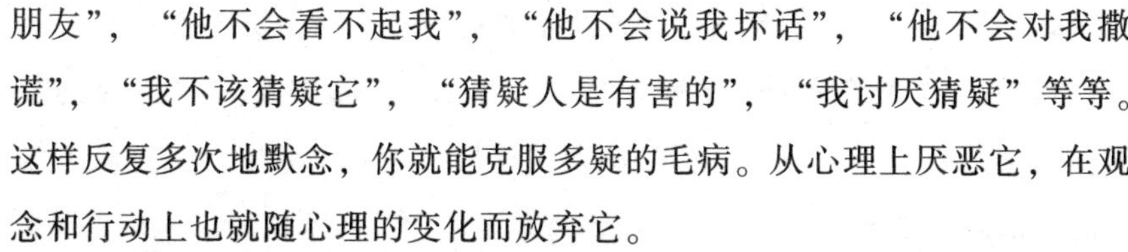

朋友”，“他不会看不起我”，“他不会说我坏话”，“他不会对我撒谎”，“我不该猜疑它”，“猜疑人是有害的”，“我讨厌猜疑”等等。这样反复多次地默念，你就能克服多疑的毛病。从心理上厌恶它，在观念和行动上也就随心理的变化而放弃它。

4. 改变一下思维方式，克服偏见思想。对于周围的人或事，必须要善于观察，保持客观冷静的态度进行分析，当然，要做到这一点会比较难，这时，可以请自己的朋友或亲属帮助自己参谋分析，消除一切荒唐可笑的想法。另外，要保持一个积极乐观的心态，并且更多的给予自己正面的心理暗示。在心情愉悦的时候，不往坏处想，也可以避免多疑心理的产生。

6. 嫉妒心理：幸福经不起妒火燃烧

嫉妒是人以多种形式表现出来的一种感情。它包含着忧虑和疑惧、羡慕和憎恶、愤怒和怨恨、猜嫌和失望、屈辱和虚荣以及伤心和悲痛……嫉妒不同于其他情感，它使人表现出超常和夸大事实的自我感觉，造成人暂时的精神错乱，甚至精神病。嫉妒是人的一种烈性情感，因此，对它决不可掉以轻心。

小洁一直是很自信的女人，对自己所选择的人生道路非常自豪。她从小没遇过什么不顺心的事，生活一帆风顺，在校成绩好，毕业顺利，很快找到高收入的工作，遇到理想的男人，25 岁便结婚生子，不到 30 岁就过上有房有车、夫妻双白领的优质生活。

小蒙一直活在小洁的生命里，她们的感情比姐妹还要好。她们闲时一起逛街，一起憧憬以后的生活。小蒙失落的时候小洁陪在她身边，她

们彼此都庆幸拥有这份友谊。即使小洁婚后也和小蒙感情不变，丈夫开玩笑地说，小洁和小蒙前生就是情人。小洁很享受她们之间淳朴的友谊，而她由衷地喜欢小蒙。但是小蒙的运气总不如小洁好，早年谈了几次恋爱都以失败告终，快30了还一直单身。

小蒙经常到小洁家做客，羡慕小洁的温馨生活，关于感情的事，小洁比小蒙的父母还要急，自己活得好，也希望小蒙能找到她的幸福。小洁到处给小蒙张罗找个好男人。

一次小蒙出差，在飞机上邂逅了一个钻石王老五，两人彼此心生好感。小蒙告诉小洁她爱上了他，但怕抓不住他，面对这么难得的机会，小洁比她更紧张，给她出了不少管用的主意。

三个月后，小蒙终于和对方确定了关系。一年之后，盛大的婚礼就在最高级的酒店举行了，小洁真心的替小蒙高兴，小蒙终于嫁人了，而且嫁得非常风光，了却小洁的心愿。

小蒙的丈夫是个非常有钱的企业家，年轻，能干，人品好，英俊，真诚，是任何女人一看便会爱上的男人。小洁替她高兴之余，也会暗地里把自己的丈夫跟他比较。这一比较，让小洁大吃一惊：在各方面，小蒙的丈夫什么都比自己的丈夫强很多！小洁心里开始隐隐觉得有点不对劲儿。

婚后小蒙和小洁还像从前一样定期约会，她们还是逛街喝茶吃饭，但地点都提高了档次。以前她们专注寻找打折衣服，而现在小蒙只买当季的新款；她们以前会在年底去香港血拼，而小蒙现在只去巴黎购物了；她们一起做SPA的女子会所小蒙也不去了，她可以为一款发型，专门去日本找知名的理发师。这一切的改变，无形中让小洁有了压迫感。

小洁会悄悄问自己："我什么都比她优秀，为什么嫁得最好的不是我，而是她？为什么最好的会留给她？"其实，小洁很讨厌自己有这样的想法，可就是不能自拔地感到黯然，突然发现，小蒙离自己很远，已不再是最亲近的朋友了。小洁隐隐感到心理不平衡，原本比自己平凡的

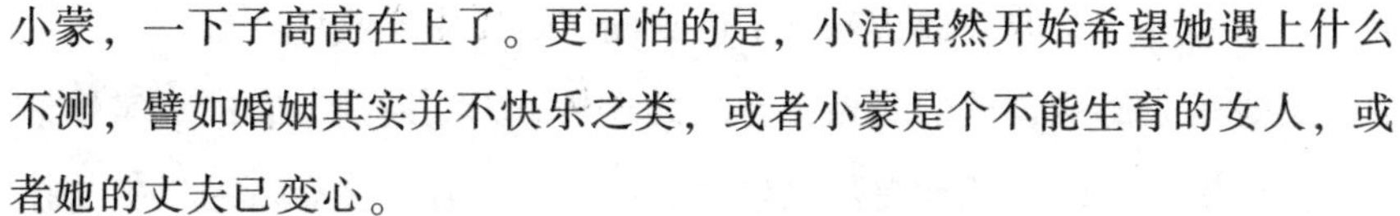

小蒙，一下子高高在上了。更可怕的是，小洁居然开始希望她遇上什么不测，譬如婚姻其实并不快乐之类，或者小蒙是个不能生育的女人，或者她的丈夫已变心。

小洁开始自责："怎么我的心会想出这样恶毒的东西来？她不是我最好的朋友吗？"小洁感到自己很可怕。

案例中小洁的表现就是嫉妒。其实，嫉妒是人的一种难以公开的病态心理，它常对人们造成严重的心理危害。

嫉妒是一些人心态不平衡的表现。嫉妒者也往往自高自大，认为自己是"最优秀的"，从来看不起别人，置别人成绩于不顾。当别人取得一些成绩时，他的心理便会失去平衡，总要千方百计地给那些优于自己的人制造种种麻烦和障碍——或打小报告，无中生有，唯恐天下不乱；或制造扩大散布小道消息，闹得满城风雨。嫉妒会让人终日郁郁寡欢，唉声叹气。只有别人倒霉降到比他更低的位置，他才能消除嫉妒之气。

凡缺乏才能和意志的人，最容易产生嫉妒。嫉妒者对他人的成就和幸福，是永远高兴不起来的，因为他忽略了开发自己心中快乐的源泉。嫉妒是对别人行为感到不满的一种思维方式，它产生于自信的缺乏，嫉妒会导致情绪上的低落。真正自信自爱的人，并不会嫉妒，更不会允许嫉妒让自己心烦意乱。

另外，还有许多人因为技不如人，就只能用嫉妒的心理去排解心中的不平。一旦任嫉妒心理自由发展，他们就会疏远那些比自己强的人，这样一来不仅孤立了自己，还会阻碍自己的进步。

我们还可以把嫉妒的规律概括为：只要双方存在相互代替的可能性，嫉妒就可能发生，一个战士不可能嫉妒他的连长，但他可能嫉妒他班里一位与他同期入伍的战士；一个乞丐不可能去嫉妒他的国王，但他可能会嫉妒路边的另一位乞丐。遥远的距离产生羡慕，而相互靠近则产生嫉妒。

嫉妒和羡慕主要区别是：羡慕包含了向往、倾心和赞美，但不存在取而代之的动机。而嫉妒的真正危险就在这里，嫉妒背后隐藏着强烈的

冲动——夺取对方的一切，甚至不惜为此而毁掉对方或牺牲自己。

嫉妒是人的最自然的弱点，它的出现几乎无法遏制，它的真实性谁也无法质疑，它的敏感性超过最精密的仪表，而且往往有一种卑劣的指向性——它很少指向自己不认识的人。天生没有嫉妒心的人恐怕很少有，有过嫉妒心但能够使其波及范围限于最小、消失得最快，这已经算得上是高尚之士了。其实，嫉妒只要不引向仇恨，不让其破坏心理的平衡，那它恰好是一种真实的赞美，可以成为提升自己的动力。

要学会真诚地为别人的幸福祝福，即便你的理由只是为了避免嫉妒的刀刃在自己的额上刻下难看的皱纹。既然嫉妒人人皆难避免，也许就不宜把它看做病或者恶，而应该看做中性的东西。只有当它伤害自己时，它才是病，只有当它伤害别人时，它才是恶。嫉妒是许多错误的根源，它给别人及自身都造成严重的危害。

三国时代吴国统兵都督周瑜，算得上中国古往今来嫉妒的典型了。他嫉妒盟军军师诸葛亮，不顾大局，不择手段地多次加害于他，但总是计逊一筹，最后因嫉妒含恨而死，给后人留下深刻的教训。

嫉妒心理强烈时会产生一种报复心，大则走向刑事犯罪，小则把嫉妒对象作为发泄的目标，使其蒙受巨大的精神或肉体伤害。嫉妒行为除了暂时平衡人的心理之外，不但毫无任何收获，自身反受其害。一方面，被嫉妒者会远离这个“作恶多端”的嫉妒者，旁观者也会对嫉妒者的小人行径不满，嫉妒者以前建立的一些人际关系，也可能由此而失去和谐。另一方面，嫉妒者也不是个胜利者，他自己也将承受巨大的心理痛苦，在以后的交往活动中也会裹足不前，不敢与那些能力比自己强的人交往。

过强的嫉妒心对人的危害很大，它很容易引起头痛、高血压、胃痛、心脏病等。观察统计：因嫉妒而患心脏病死亡的人，占患者的14%。嫉妒之心不知伤害了多少人！

什么样的人生才是真正有光彩有意义的？面对别人的辉煌时刻，又该如何正视自己的平庸？其实，在大千世界中，每个人都有适合自己的

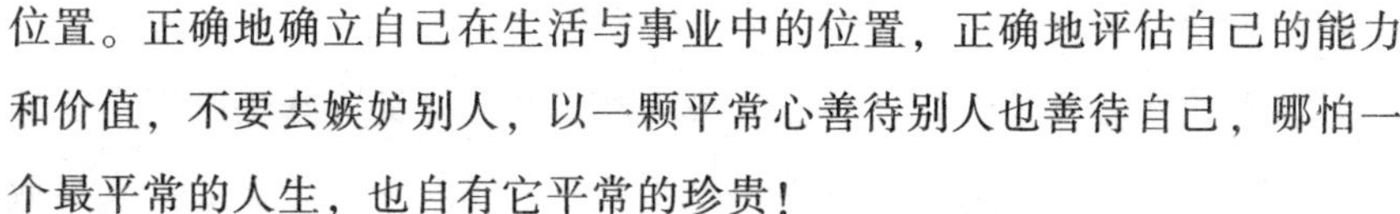

位置。正确地确立自己在生活与事业中的位置，正确地评估自己的能力和价值，不要去嫉妒别人，以一颗平常心善待别人也善待自己，哪怕一个最平常的人生，也自有它平常的珍贵！

另外，嫉妒不宜参与竞争。竞争有两种形式：一种是追赶式的竞争，另一种是拽拉式的竞争。这两种竞争的运动形态、运作方向是不一样的——追赶式的竞争表现为“你行我比你更行”，它通过奋斗去超越别人；拽拉式的竞争则表现为“你行我不让你行”，它通过拆台、使绊子来搞垮对手。

后者就是嫉妒：你一旦稍富，他就眼红，嫉妒之心火中烧，你有了才华和成绩，他就在那里说风凉话、泼冷水，你要被提拔任用，他就打小报告，甚至造谣中伤。这样使得竞争者每前进一步，都要承受巨大的压力，步履维艰。

人为什么在竞争中要互相拆台呢？这是因为嫉妒的原因。生活在竞争社会中，人人都会遇到竞争者。对于竞争者，人们应当如何看待呢？这是一个必须认真对待的大问题。从鼓励一个人发挥干劲和提高能力来说，竞争为你提供了机会，所以，竞争者的存在是必要的。如果没有竞争者，就不会取得优秀的成果，就没有飞跃的进步。竞争者和敌人的概念是不同的。竞争者是在同一个平台上，和敌人就不一样了，他们既不在一个平台上，比赛规则也有差别。所以，不要把竞争对手当做敌人，而完全可以化做挚友。

人在社会上行走，都需要有一个圆满通透的个人形象，这样才能赢得人缘，才能赢得大家的帮助和支持。然而，维护个人形象的努力常常毁于个人嫉妒心理和嫉妒行为。嫉妒会给你带来极大的危害，它是一股祸水，会使你头脑发昏、丧失理智，并招来别人的厌恶。因此，要时时提醒自己，嫉妒别人就是在自毁自己的良好形象。

人除了希望自己幸福之外，还喜欢看到别人的不幸。这句话不仅道出了人类容易嫉妒的心理，对人类幸灾乐祸的想法也是一针见血。嫉妒往往源于私心。如果真正大公无私，能全方位地考虑问题，人就不会产

生嫉妒心理。

嫉妒使你放弃了对自己利益的关注，别人的优势恰好映照出自己的不足。想要完成一个健康的自我形象塑造，必须要为自己加油，去拖拽别人的后腿只会使别人和自己一样庸俗，而不会使自己进步。

那么，我们应该怎样克服嫉妒的心理呢？

1. 见贤思齐。一个有道德的人，一个思想纯正的人，一个能积极进取的人，当他发现有人比自己做得好，比自己有能力时，从不会对别人心生不满，而是从别人的成绩中找出自己的差距所在，振作精神，向他学习。当他发现别人的缺点或错误时，不是幸灾乐祸，而是警惕自己，避免犯类似的错误。人只有在一种积极进取的心理状态下，才能迸发出创造性，赶上或超过比自己强的人，不犯别人曾经犯过的错误。

2. 调整好心态。嫉妒是一种不良的心态引起的，原因多种多样。只要能调整自己看问题的视角，便会发现嫉妒别人是完全没有必要的，也是毫无意义的。嫉妒别人，既有害于别人，也有害于自己，使自己的生活陷入阴暗中不能自拔。

3. 克服虚荣心。虚荣心是一种扭曲的自尊心。自尊心追求的是真实的荣誉，而虚荣心追求的是虚假的荣誉。嫉妒者不愿意别人超过自己，这是一种虚荣心理的需要。单纯的虚荣心与嫉妒心理比较，还是比较好克服的。但两者又是紧密相连的，所以克服一分虚荣心，就少一分嫉妒。

7. 羡慕心理：痛苦是由比较造成的

生活中的痛苦，多半是因为比较而造成，而不是本身有多么痛苦。就像人每天吃粗茶淡饭，也能吃得有滋有味。如果看见别人吃鱼吃肉，

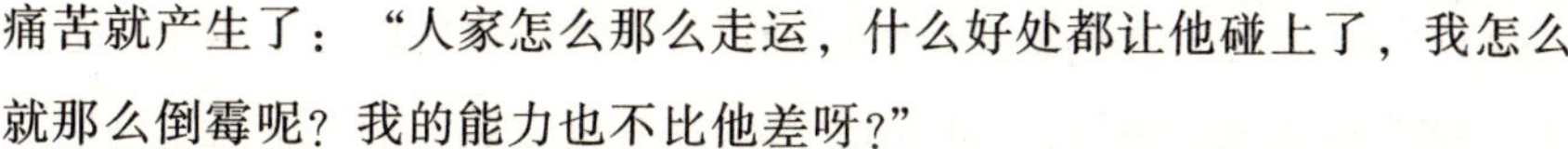

痛苦就产生了："人家怎么那么走运，什么好处都让他碰上了，我怎么就那么倒霉呢？我的能力也不比他差呀？"

如果抱着淡泊的心理去做人做事，人生可能会更幸福。即使与功名富贵无缘，至少幸福指数会比一般人高。不要撇开自己的个性和能力特点，一味地去攀比或羡慕别人，你要成为你自己。别人能成为什么，那是别人的造化。很多时候，葡萄的确是酸的，因为我们吃不到，但我们可以转到别处去吃荔枝或苹果，因为这符合我们的个性和能力特点，何乐而不为呢？人应该是弹性的和变通的。

现实生活中，穷人的内心世界或多或少会有一些不平衡心理。某人赚了钱，某人升了官，某人买了车，某人出了国，某人盖了别墅……，于是人的心理就失衡了："我的能力本来比他们强，可人家现在活得多风光！"对比使人产生了心理不平衡，而这种心理不平衡又驱使着人去追求一种新的平衡。倘若在追求新的平衡中，我们能够做到不昧良知、不损害别人，自觉接受道德的约束和限制，通过正当的努力、奋斗去实现人生的自我价值，达到一种新的平衡，倒也是值得称道和庆幸的。如果在追求新的平衡中，不择手段，丧失道义，膨胀贪欲，让身心处于一种失控的状态中，那么就必然会产生一些可怕的后果。

张先生原先曾是个表现不错的干部，因政绩突出不断受到提拔。但在最近这几年，当他看到过去的同事、同学通过各种途径都富起来的现实，想想自己能力至少不比他们差，而且在职位上也比他们高，然而，金钱却比他们少得多。特别是到年终评比考核，在台上给厂长经理发奖金，每个人少则几万，多则十几万，而自己作为一地之长，担子比他们重，责任比他们大，工作也比他们辛苦，却两手空空，囊中羞涩，于是张先生的心理开始不平衡起来。张先生由此也就有了"何不捞点钱"的想法。于是他在最后的任职期间，大肆收受贿赂。这样，他思想上警惕的闸门在不平衡心理的驱动之下终于倾斜了，欲望的洪水顿时倾泻而下，一发不可收拾。

一位优秀的老师眼见身边的一些人通过各种手段富起来时，心理也

不平衡起来。单位要集资建房，口袋里没有钱，眼巴巴地望着别人搬进了宽敞明亮的三室两厅，自己却仍然要住在低矮破旧的小平房里，对比之下倍感自己的寒酸清贫。于是，靠山吃山，靠水吃水，靠学生就吃学生。这样，他先是暗示学生家长节假日送礼，接着便是公开的索要，再后就干脆勒令班级几十名学生晚上到家里补课，每人每月收取几十元补课费，收入既可观又合情合理。白天课堂上尽量少讲，学生有什么问题晚上到家里去补课，一年下来，腰包鼓了，高档家具置了，名牌时装穿了，住房集资款几万元筹齐了。然而正当他得意之时，学校却把他开除了。

那么，面对日益明显的贫富差距，我们该怎样做到以平常心处之呢？以下几点值得你思考：

1.要懂得如何比较

不平衡心理缘于比较，缘于比较方式的不当，缘于比较“参照系”选择的失误。没有比较便没有鉴别。我们总是在比较中发现了自己的失衡。但与谁比，比什么，这是决定失衡与平衡的关键之点，我们平常所说的“比上不足，比下有余”，即是说向上比则失衡，向下比则平衡。案例中的老师所选择的比较“参照系”自然是那些富人，自认为能力才华不比他们差，而收获却比他们少，这是多么不公平啊！其实，只要我们多想一想那些普通工人、农民、个体劳动者，我们的心理又何尝有这样多的焦灼、急躁与失落，甚至是愤愤不平呢？

2.不要因为欲望变得疯狂

在种种诱惑面前，一些人忘记了做人的起码标准，在追求心理平衡的过程中，向腐败、堕落的目标迈进。在他们身上缺少的是一种圣洁的信念、奋斗的理想，缺少的是一种世界观、人生观的持续刻苦的改造，不能够自重、自省、自警、自励，不能够达到一种高尚人格的修炼。

生活中，其实你所看到的某个人，你所羡慕的某个人，表面上又威

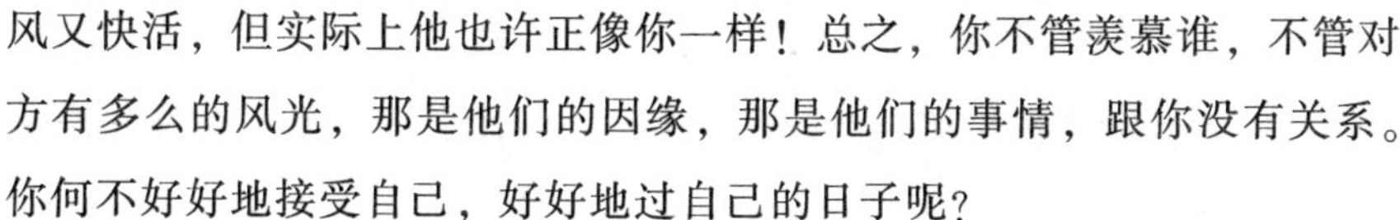

风又快活，但实际上他也许正像你一样！总之，你不管羡慕谁，不管对方有多么的风光，那是他们的因缘，那是他们的事情，跟你没有关系。你何不好好地接受自己，好好地过自己的日子呢？

8. 自私心理：时刻以自我为中心

自私是人类谋求生存的一种本能心理。自私并不可怕，可怕的是私欲太盛，利令智昏，时时处处以自我为中心，以损公肥私和损人利己为乐事，一切围着自己想问题，一切围着自己办事情，在满足其一己之私的过程中，不惜损害公益事业，不惜妨害他人利益。

自私是人的本能心理，很多行为就以此为中心点而形成；而依据性格、教育及生活经验的不同，自私表现在行为上也有不同的形式。

一种是“善”的形式。“善”的形式是利人又利己，例如上班，一方面为老板做事，间接服务了消费者，一方面赚了钱，可以养活自己及一家大小，满足生存上的需要。不过也有一些人只求利人而不求利己，像有些传教士深入不毛之地，为的只是帮助一些需要帮助的人。这种人实在值得钦佩。

另外一种形式则是“恶”的形式。这种形式的自私是只求利己而不求利人的，如果只利己但不损人，那么这种自私还不算是恶，有一些人的自私是通过损人来利己，这才真的是恶！这种行为譬如抢夺、欺诈、陷害、背叛，更严重的还杀人放火甚至危及他人的生命。

危及生命的事并不常见，但人的自私行为你却不时会碰到，你不必对此太在意，反而要有这样的想法：“我要如何应对这些自私的行为，以营造双方和谐的关系？或得到他的协助与合作呢？”

其实很简单，满足对方就行了。这里所说的“满足”并不是任其予取予求，无限制地满足他，你如果这么做，反而会害了他，因为人的欲望是无止境的。

不能一次就给对方充分的满足，可以由少而多，逐渐增加，不可由多而少，否则对方不但不感激你反而会怨恨你。

点燃别人的房子，煮熟自己的鸡蛋。这句话形象地揭示了那些妨害他人利益的自私心理。

自私自利的人不管是以偷盗、贪污、索贿或挪用等手段把公共或他人的财产变成自己的财产，还是以权势捞取地位和荣誉，无疑都是阴暗的。

你如果是这样的一个人，你的心灵是不会安宁的，你所拥有的人生便是一个卑鄙的人生。

你在损公害人的时候，只是在利益上肥了自己，暂时得到了一点实惠，而你付出的却是人格和灵魂的代价。由此你失去了纯洁美好的心灵，你从本来幸福的人生境界跌到了一堆垃圾上，你将不时嗅到发自你灵魂深处的臭气。这是你的根本性的损失，也是永远无法挽回的损失。即使你以后觉悟到了而迷途知返，但那心灵上的污点是永远抹不去的，它将伴随着你的终生，你终归是得不偿失的。所以，自私者的算计和耍弄小聪明到头来仍是卑鄙和愚昧的。

损人利己式的聪明，是一种卑鄙的聪明，是那种打洞钻空了房屋；是那种欺骗熊为它挖洞，洞一挖成便把熊赶走的“狐狸式的聪明”；是那种在即将吞吃猎物时，却假充慈悲流泪的“鳄鱼式的聪明”。

没有私欲是不正常的，有私欲而无度则更是不正常的，不损人利己，不损公肥私，这是最基本的私欲标准。

9. 依赖心理：依靠别人站立着的人

肯尼迪很小的时候，跟父亲出去游玩，马车行至一个拐弯处时，由于速度太快，使得小肯尼迪被甩了出去。当马车停住时，小肯尼迪以为父亲会下来把他扶起来。但是却看到父亲坐在车上悠闲地吸烟。

小肯尼迪叫道："爸爸快来扶我！"

"摔疼了？"

"是的，我感觉已经站不起来了。"小肯尼迪带着哭腔说。

"那也要坚持站起来，重新爬上马车。"

无奈之下，小肯尼迪只好挣扎着自己站了起来，摇摇晃晃地艰难地爬上马车。

父亲摇动着鞭子问："知道为什么让你这么做吗？"

小肯尼迪摇摇头。

父亲说："人生就是这样，跌倒，爬起来；奔跑，再跌倒；再爬起来，再奔跑。在任何时候都要靠自己，不要想着依靠别人去扶你。"

多年以后，约翰·肯尼迪当上了美国的总统。在一次与朋友聊天的时候，约翰·肯尼迪说，自己之所以会有今天的成就，是与父亲教给他的那些人生的法宝分不开的，那法宝就是自立，而不要依赖任何人。

依赖心理是生活中较为常见的一种心理表现，主要特征是在自立、自信、自主方面发展不成熟，过分依赖他人，遇事犹豫不决，缺乏自信，很难单独进行自己的计划或做自己的事，总是依赖他人为自己作出决策或指出方向。依赖别人，意味着放弃对自我的主宰，这不利于形成自己独立的人格。依赖性太强的人容易失去自我，往往人云亦云，易产

生盲目从众的心理。

人都有依赖心理，有些人依赖心理很强，而有些人依赖心理较弱。依赖和惰性是共存的。有些人因为自己身上有某种缺陷，以为自己缺乏劳动能力，就对社会或是别人产生依赖心理。依赖心理是一种消极的心理状态，影响一个人独立人格的完善，制约人的自主性和创造力。新生命的诞生是从剪断脐带开始的，所以生命中所受到的最大的束缚也就是来自于对脐带的依赖。我们要想自立，首先就要消除依赖心理。

这个世界没有救世主，只有自己才能拯救自己。别人可以向你伸出援手，但是最终能够帮助你的还是你自己。所以，别企图依靠他人，要做一个自信、独立、坚强、能干的人。只有这样，才能处变不惊，对生活中突如其来的变故应付自如，不再是他人避之不及的拖油瓶。要知道，在这个世界上最坚强的人是孤独的、只靠自己站着的人。

美国心理学家洛埃曾用 5 年的时间对 5000 多名科学家进行了调查研究，得出这些科学家的共同特点是：创造力超强，善于独立思考，不喜欢被束缚住思想，好奇心强，对任何事物都要追根寻底，有很强的自我意识，并且严于律己，有对社会作贡献的责任感，爱挑毛病，好批评等。

上述这个调查研究给我们这样一个信息：成功者所具有的基本素质之一就是独立自主。

对任何一个人来说，他的前途永远取决于自己，成功与失败，也都只能靠自己来掌握；人生中的风风雨雨只有靠自己来体会，来感受，这样你才能够为自己找到庇护的场所。驾驶生命的航船，舵手永远是你自己，前进的航向也永远在你的掌握之中。

克服依赖心理，并不是一件非常难的事情。在心理学上，依赖心理常表现出以下主要特征：

第一，如果没有他人大量的建议和保证，对日常事情不能作出决策，总是希望别人为自己作大多数的重要决定。

第二，由于害怕被别人遗弃，明知他人错了，也随声附和。

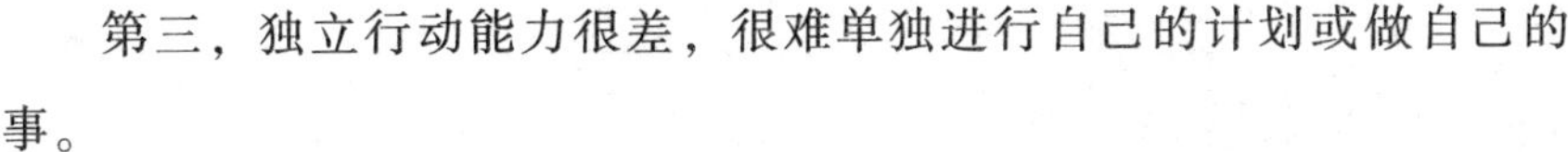

第三，独立行动能力很差，很难单独进行自己的计划或做自己的事。

第四，为讨好他人过度容忍，甚至放弃原则和自尊做自己不想做的事。

第五，害怕孤独，独处时有不安和无助感。

第六，当亲密的关系中止时，感到无所适从，难以接受分离。

针对依赖心理的这些特点，我们可以借助一下方法消除依赖心理：

1. 克服依赖习惯。当依赖成为一种习惯时，对人心理的影响就会达到根深蒂固的地步。你应该分析一下自己的行为中哪些应当依靠他人，哪些应由自己决定和把握，从而自觉减少习惯性依赖心理，增强自己作出正确主张的能力。

2. 增强自信心。有依赖心理的人往往缺乏自信，自我意识低下。

3. 树立奋发自强精神。当今社会是开放竞争的社会，每个人都要在激烈的竞争中求生存、谋发展。要及时调整自己的心态，拥有健全的人格和良好的社会适应能力。

4. 培养独立的人格。谁若不能主宰自己，谁就永远是一个奴隶。独立自主的人格是克服依赖心理的重要保证。

10.伤悲情结：守住悲痛不放的人

在茫茫人海中，很难找到一个一辈子都优哉游哉、没有任何伤痛的人。凡是人都有自己无法预知的痛楚，身体的也罢，精神的也罢，感情的也罢，心灵的也罢，这是世界对我们最起码的礼遇。

花有缤纷凋零，月有阴晴圆缺。而人比花鸟虫鱼更具有灵性和智

慧，因此也更容易被细小的事物所打动，被细微的情思所羁绊，敏感的神经也更容易被挫伤。

有的人自始至终都身陷在一种美好的想象中，而现实里却充满难言之隐，既不能超越自己，也不能完全逃脱。而越是负责任的人，越是承受着巨大的心理压力。

有一位母亲无法治愈心灵的创伤，因为她认为：儿子的死亡是自己直接造成的。在一家人外出旅游的时候，先生说很累了，想停车休息一下。她说已经看到路标了，很快就到了，不要休息了。没想到在接下来的几分钟里，汽车轮胎的车轴突然掉了，车子左右颠簸起来，最后翻车了。这对夫妻从汽车残骸中爬了出来，拼命地想救出困在残骸中的小孩。没想到孩子被救出后，不到几分钟就在母亲的怀里永远闭上了眼睛。

这位母亲认为自己要对这次事故负全部责任，她感到非常难过。“全都是我的错，”她说，“假如我同意先生的话，先停下来休息，那么我们的孩子现在还好好活着。”

已经发生的事故深深地折磨着这对夫妻，他们无法正常生活下去。最后，他们加入了基督教，希望用神的恩典去医治他们心灵的创伤。

或许，你的内心挣扎是受他人伤害所致，那些人可能是你心爱的人，也可能是一些你从没想过会伤害你的人。

李女士的丈夫曾经与另一个女人产生了一些感情，李女士原谅了丈夫。但此后只要丈夫晚归一小时，李女士就会觉得他又去那个女人那里了。李女士试着再次相信丈夫，为此也读了许多帮助她处理这些问题的书籍，但始终无法解决问题。因为心里总有疙瘩，他们最后还是离婚了。

相信每个读到这里的人，都会引起一些受伤的回忆，是朋友使你失望，背信弃义，使你内心无比痛苦；或者与儿女有过一场激烈的争吵；或者你的行为无意中伤害了你的亲人或朋友……这些往事像是一个个伤痕，深深地伤害你。

也许你不原谅别人，也可能你不能原谅自己。无论怎样，这些往事都是对你的伤害，都使你不快乐。

人要愈合受伤的心灵，除了爱，没有什么其他东西比宽容更有用。在我们日常生活中，因为人性的弱点和不完美所引致的愤怒，会产生有害的影响。一粒沙进入贝壳内会形成一颗珍珠，但是进入人体内却会引起溃疡。要珍惜每一分真情，珍惜身边每一个爱你的人，不要等到一切都无法挽回后空留悔恨。

在婚姻方面，宽容是一堵阻止大风吹倒房屋的防风墙。你越爱某人，就应该越宽恕他。没有一个人是完美的，没有人不需要别人的宽容。

如果有人活在世上从不冒犯别人，也不被别人冒犯的话，那么他永远不用说："很抱歉，请原谅我。"一个清楚自己弱点的人，会很乐意将宽容这种无价的品德推广到别人身上，因为他知道自己的过失和错误同样也需要别人的宽容。在宽容别人的同时，人也必须原谅自己，往往宽容自己比宽容别人还难。

时间具有疗治心伤的效果和威力。然而，用时间治疗心灵的创伤也有前提，时间只有一分一秒的长度，只有日日月月年年的数字距离，时间的回春妙手看不见、摸不着，全在自己的心灵感触中。如果人们总是在感情上斤斤计较，在物质和身体的享乐上纠缠不休，就根本体悟不到时间正在以高明的医术，对每一个受伤者所施放的探穴银针和点点露珠的药力。唯有那些与时间心有灵犀的人，才能体会到时间大师精湛绝妙的医伤技巧，获得新的快乐。

生命来到人世，就是时间的一种恩遇，仔细地体味和珍惜这种恩遇，你就会深深地感受到爱的源头，并不在别人的身上，而是在自己心里。你不用煞费苦心地去赢得别人的青睐和赞美，而是用智慧使自己迅速成长，成为一棵挺拔伟岸的参天大树。

也许你觉得自己的心都碎了，但世界仍将继续旋转。生活就是这样，它不会因为你的心破碎了就停止运行，所以不要因为自己被伤害

过，就停止对幸福的追求。

你一定要把悲痛丢得远远的，才能迎接你的新生活。当你终结悲伤，才可以开始新的生活。当你愈合了心灵的创伤，展望未来，你会发现你有各种各样的机会。虽然你不知道自己是否会像以前那样快乐，但至少你把自己放到一种有理由微笑的环境中。一路上，你会感到一切都会好起来，未来是光明的，因为你学到了经验，在痛苦中成长了。随着时间的推移，你会开始感觉良好，展现在你面前的将是一个更幸福的人生。

11. 自我封闭：死守在自己的城堡里

现代社会，由于生活节奏、家庭模式、人伦关系的不断变化，越来越多的人患上了自闭症，包括一些母亲父亲忙得不可开交而只剩下一个呆在房子里孤单的孩子。某女大学生刚上大学，人生地不熟，由于她性格内向，不善交往，加上一口常被人笑话的乡音，于是她把自己封闭起来：没有朋友，被人误会，内心充满矛盾和烦恼，甚至感到迷惘和失望。

自我封闭正如慢性自杀一样吞蚀着一个人的身心。人是社会的动物，其社会性决定了人必须与自己的同类进行灵与肉的交流。正如印度出现的狼孩具有狼性而无人性一样，自我封闭的人实际上把自己与社会隔绝起来，必然的结局即他的非人性因素越来越多，他也就越来越和这个社会对立，呆在自己的城堡里，那城堡极类似一个坟墓，这也是很多自闭者之所以选择死亡的一个很大原因。

自我封闭者主要有以下三个特点：

第一，很难接受新思想和新观点。由于自闭者缺乏与外界的沟通和

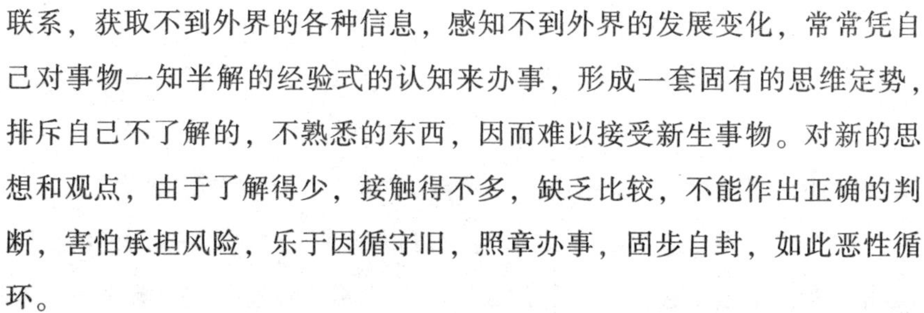

联系，获取不到外界的各种信息，感知不到外界的发展变化，常常凭自己对事物一知半解的经验式的认知来办事，形成一套固有的思维定势，排斥自己不了解的，不熟悉的东西，因而难以接受新生事物。对新的思想和观点，由于了解得少，接触得不多，缺乏比较，不能作出正确的判断，害怕承担风险，乐于因循守旧，照章办事，固步自封，如此恶性循环。

第二，缺少协同配合的精神。自闭者往往画地为牢，拒绝和外界联系和合作。自我封闭必然要脱离团体，你将大家拒之门外，别人也不可能帮助你，想一想，一个人能干什么？

第三，缺乏责任感和同情心。自闭者往往以自我好恶和自我利益为中心，对己之外的人和事不愿关心，常常表现出一种视而不见的冷漠。这当然不是说他们本身性情冷漠，这实为他们的一种处世原则或者称之为他们的生存哲学。一旦遭遇困难和挫折，也很少有朋友真诚地关心帮助他们，向他们伸出援助之手。

事实上，现代社会是一个相互依赖、相互合作、相互竞争的时代，一个人或一个团体将活动范围限定在自己认定的天地里，想当然地“自给自足”，“万事不求人”是根本不可能的。

在现代社会生活中，自我封闭的人，往往自毁前程。我们所处的时代，信息瞬息万变，每个人更应该走出去融入社会大熔炉中，从求职就业到招商理财，每一件事情都离不开信息，缺少信息沟通，我们就像瞎子摸象，只见一斑。

自我封闭，自大自满，拒绝协调合作，在越来越激烈的商战中，也往往会犯轻敌的错误，招致不幸。一条信息可以左右一个企业的命运，市场经济下，每个经营者都明白，谁掌握了最前沿、最准确的信息，谁就能取得最后的胜利。

告别自我封闭吧，因为作为一个现代人，必须接触不同类型的人，因为不同类型的人会带给你不同刺激，不同刺激会带给你不同的启迪，不同的启迪会让你想出新的点子，开创幸福的人生。

1. 环境转移法。遭受巨变的人可以尝试此方法，亲人去世之后，你完全可以换一个环境，比如，去外地旅游散心，看看俊美山川、风土人情，陶冶在自然的怀抱里。不要整天把自己关在房子里，房子里的一切都会让你睹物思人，痛不欲生，都会破坏、影响你的正常情绪。

2. 忙忙碌碌法。破产的老板完全可以重找一份工作一心扑在上面，从头再来，争取把你自己忙得团团转，让你根本没有时间去想先前如何如何。台湾的企业主破产之后便在街道拐角处摆一擦皮鞋摊，重新开始。如果你不想工作，那你可以去整修草地、花木，给鱼喂食，去老年协会和一帮老头打牌下棋钓鱼散步，你唯独不要把自己关在屋子里“面壁思过”。

3. 宗教解脱法。如果你确实承受不了突如其来的打击，你觉得自己要崩溃了，必须与世隔绝才能舒服一些，但与世隔绝无法解决你的问题，你最好去找一个朋友，把你的痛苦告诉他。

4. 培养兴趣法。有些人之所以自我封闭，关键在于没有一个可终生为之奋斗不息的事业，自我封闭者通常都是那些无所事事或感到自己无所事事的人。培养自己的某个爱好或兴趣，可以转移注意力。一位离了婚的男人，发现自己整天无所事事，下班回家便窝在家里，为离婚而痛苦，偶尔他翻到上高中时的集邮册，他少年时的热情又迸发出来。后来，他又开始集邮，因而还认识了一大帮集邮迷，整日在邮市里互相交流，这个男人便从自我封闭状态中摆脱出来。

12. 完美主义：越求“完美”越不完美

古时候有个少年叫那喀索斯，他长得非常俊美，足以让所有见到他

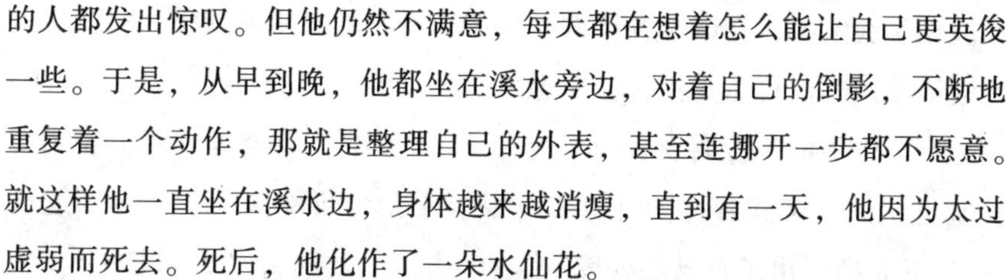

的人都发出惊叹。但他仍然不满意，每天都在想着怎么能让自己更英俊一些。于是，从早到晚，他都坐在溪水旁边，对着自己的倒影，不断地重复着一个动作，那就是整理自己的外表，甚至连挪开一步都不愿意。就这样他一直坐在溪水边，身体越来越消瘦，直到有一天，他因为太过虚弱而死去。死后，他化作了一朵水仙花。

倘若一个人总是纠缠于自己的种种不足，总是懊恼自己为什么不做得更好，就会犯下“一叶障目”的错误，使自己裹足不前。过度地追求完美只会取得截然相反的结果。你都渴望完美，但现实却要求你必须时常面对不足。

乔布斯曾经是一个有着“完美主义”情结的人。在读中学的时候，他是学校里的佼佼者，也许是成绩太过优秀的缘故，他对自己的要求一直很高，总希望自己做到最好。每天晚上睡觉的时候，别人都已经熟睡，他却一遍一遍地回忆白天说过的话、做过的事，有一点点不对都会让他非常懊悔。这种性格一直伴随了他很久。

上大学的时候，乔布斯生活在著名的“硅谷”附近，邻居都是一些精通电子技术的科技精英，在这些人的影响下，乔布斯迷恋上了电子学。一个惠普的工程师看他如此痴迷，就推荐他参加一家名为“发现者”的俱乐部。这是个专门供年轻工程师交流的组织，每星期二晚上在公司的餐厅中举行。在一次聚会中，乔布斯第一次见到了电脑，他非常感兴趣，一个人在它旁边钻研了许久。

20 岁那年，有一天，刚念大学一年级的乔布斯突发奇想：“我为什么不能设计出一款世界上最完美的电脑呢，从外形到内部结构，从软件到硬件?”他是一个急性子的人，一旦有了想法就一定要开始做。第二天，他跑到电子市场购买来了电子元件、存储器、显示器、电源等配件，开始设计他的第一台电脑。过了两个星期，他的电脑终于开始运行了，只不过，所谓的“电脑”，只不过是一些电子配件拼装在一起的，简单而且丑陋。

一向追求完美的乔布斯当然无法对自己的设计满意。他一连几星期

都泡在实验室里，尝试着各种方案，从结构布局到外形设计，电脑在被逐渐地改进，但仍然无法让他满意。

一天，他的一位朋友听说了他在设计电脑，就好奇地来看，看到实验室里摆满了各式各样的计算机样品，不禁惊讶地问："为什么这么多？"乔布斯说出了自己的处境。

这位朋友听了不禁笑了："如果你这样下去，就永远也得不到你想要的东西！"

听到朋友的话，乔布斯恍然大悟。于是，并不完美的、外形略显粗糙的"苹果一号"正式诞生了，这也是世界上第一台供个人使用的电脑。虽然苹果一号并不出色，但以它为起点，设计更加合理、外形更加漂亮的"苹果二号"很快地诞生了，并且成了历史上最受欢迎的一款个人计算机。

成功后的乔布斯在回忆自己的这段经历时，也不禁感慨说："如果我一直在追求那款最完美的'苹果'，也许现在我还在对着一堆零件和图纸发愁！"

如果你确实对自己所做的事情不满意，甚至影响了你的自信心，不妨从以下几个方面入手：

1. 尝试着去面对不完美。任何事情都难以做到尽善尽美，我们所要做的不是把事情做到最完美，而是要尽自己最大的努力去做每一件事。再者，事情是不断变化发展的，你现在做得并不好，但是有了这样的经历，下一次才可以改进。要用全面的、发展的眼光看自己，要相信自己一定可以做得更好，这样你就可以放下包袱，全身心地投入到自己的事业当中，实现自己的目标。

2. 学习别人的长处。既然你觉得在某些方面做得不够好，那么何不向那些做得好的人学习？与其毫无意义地反复责备自己，还不如去学习成功者的经验。把他们的长处学来，你也会成功，改进他们的不足，你就能胜过他们！

3. 不断地去暗示自己。你要不断地告诉自己："我能行，即使我现

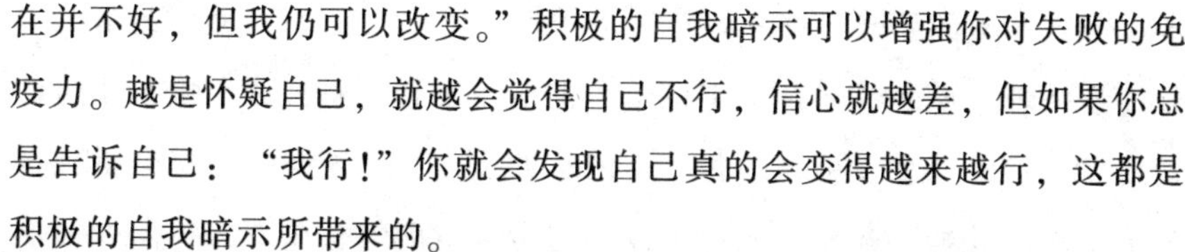

在并不好，但我仍可以改变。”积极的自我暗示可以增强你对失败的免疫力。越是怀疑自己，就越会觉得自己不行，信心就越差，但如果你总是告诉自己：“我行！”你就会发现自己真的会变得越来越行，这都是积极的自我暗示所带来的。

4. 学会放弃。如果我们确实无法实现的东西，不如暂时放弃。放弃是一种智慧，也是一种策略，人们常说“退一步海阔天空”，放弃了某些暂时无法得到的，你反而会得到更多。

5. 要广交朋友。与朋友们推心置腹地谈话会给你增加许多鼓励。任何人都不能够独自面对失败的焦虑，让朋友分享你的孤独，从他们热切的鼓励中汲取动力，你就会变得信心十足，精神百倍。

13. 挑剔心理：硬在鸡蛋里挑骨头

吹毛求疵心理是指在与人交往中过分注重或“较真”一些毫无价值的小事。心理学研究表明，吹毛求疵者在心理上具有两个显著的特征：一是爱挑剔。对人、对事乃至对物，他们都是严厉审视，横挑鼻子竖挑眼；二是眼光狭隘。他们只顾眼下，不管将来；只计较细小事情，心中无大事也无大量；只图自己一吐为快，从不考虑别人的感受。婚恋过程中，吹毛求疵心理为不少真爱男女带来了麻烦。

2008 年，年轻漂亮的蓉蓉偶遇到了一个叫黄金华的青年男子，黄金华从小桀骜不驯，母亲去世之后，他就离家出走了。他四处飘零，尝尽人间疾苦，后来终于通过打工攒了些钱，并做起了小本生意，没想到以后生意越做越大，很快就成为当地有名的富翁。得知黄金华的经历，蓉蓉钦佩不已。认识不到两月，约会也就寥寥几次，两人竟然闪婚了。

像大多数闪婚者一样，婚后两人矛盾不断。但总的来说，黄金华十分疼爱蓉蓉，而蓉蓉对黄金华也十分仰慕。每天清晨，黄金华起床后都会看见可口的早餐，那是蓉蓉一大清早的杰作。而蓉蓉呢？总会得到黄金华送来的礼物。起初，彼此都以为这份真爱能够长久下去，然而他们错了。

蓉蓉十分挑剔，而黄金华虽然现在十分阔绰，但骨子里是个随意的人，不修边幅，低调为人。他经常一件衣服穿上三天，回到家后，鞋子乱扔，衣服乱放。这些行为，蓉蓉都十分看不惯，她经常为了这些琐事唠叨个不停，要求黄金华每天换一次衣服，鞋子、衣服放回原处，然后立即去洗手。很多次黄金华都生气地说："这是我家，不是公众场合，我可以随心所欲。"但蓉蓉却不依不饶，认为在家更应注重生活习惯。

蓉蓉年轻漂亮，曾经不乏男孩追求，追求她的男孩什么浪漫的招数都试过。而黄金华追求她的时候，仅仅只给她买了一只钻戒。尽管这枚钻戒价值不菲，但是，终究没有鲜花和甜言蜜语诱人。再加上黄金华平时工作很忙，几乎每天晚上七八点才到家。作为全职太太的蓉蓉，难免觉得整个大白天都充满孤独。渐渐地，她开始不断索求黄金华的陪同，很多时候，甚至一连往公司打几个电话，为的只是让黄金华陪她走一走。

出于对蓉蓉的爱，黄金华一一忍耐了下去。可不想，蓉蓉的毛病越来越多，她又开始嫌黄金华喝酒。要知道，黄金华是公司的头，不喝酒怎么可能？黄金华每一次喝完酒回家，蓉蓉都会捂着鼻子让他立即洗澡，也不管他累不累。黄金华洗完澡后，两人还不能一起睡。因为蓉蓉说男人酒后身上有一股味儿。

就这样，黄金华终日生活在蓉蓉的挑剔之中，曾经的那份真爱逐渐消逝，取而代之的是两人无休止的争吵，最后甚至分居。当善解人意的女人主动靠近黄金华时，黄金华的心一下子回归到单身时候，他彻底离开了曾经心爱的蓉蓉。

而蓉蓉呢？终日以泪洗面，像祥林嫂一样对每个朋友讲述着黄金华

的负心。

这个故事中，黄金华不能说没有错，但更多的错误是蓉蓉导致的。心理学家认为，每个人都有自己的生活习惯，二三十年的习惯并不是说改就能改的。如果一定要对此过于挑剔的话，会让对方感觉不到自己的爱。最终分手也是必然。

梁敏和吴伟是一对恋人，两人在地铁口一见钟情。梁敏很爱吴伟，她甚至想到了与吴伟结婚，想到了和吴伟一起慢慢变老。尽管吴伟目前还是一个月光族，但梁敏还是喜欢他，要和他永远在一起。后来，两人决定同居。可是同居后，梁敏发现，吴伟对自己的要求越来越多。比如，吴伟常常拿她与自己妈妈相比，说梁敏一点儿也不会收拾屋子，做的菜不如妈妈做的好吃，甚至说梁敏洗的衣服不干净，自己还要重新洗一遍。这些，梁敏都默默忍受着，她太爱吴伟，甘心为他改掉自己的缺点，甘心为他付出。

可是，吴伟并没有因此而领情，相反，他挑剔得越来越过分。一次，梁敏剪了一个头，看上去并不是很难看，只是长发变成了短发。结果回到家，吴伟为这事儿磨磨叽叽大半天，说梁敏最迷人的地方就是那头长长的秀发，这下可好，擅做主张剪掉了，看上去既不淑女也不可爱，反而显得老气、土气。为了这次剪发，吴伟来回数落梁敏无数次。终于，梁敏再也忍不下去，头也不回地冲出了屋子。

朋友们都劝吴伟，说这样对梁敏其实有些过分了。没想到吴伟却不以为然，他说："我妈妈把家收拾得一尘不染，天天拿着抹布擦地，擦好几遍。梁敏一天拖一遍，拖完后，地面还有灰尘……"

从心理学的角度来讲，像吴伟这样的男子，实际上已经将自己的精神世界局限于一个极小的范围内，且逐渐变得自私、冷漠、吝啬、苛刻了，特别是在日常生活中，女朋友与他的一点生活习惯的不合，以及一些小小的疾病、挫折，财物上一点小小的损失，别人对自己说话一点小小的不尊，都很容易对他们的心理活动产生极其深远的影响，甚至陷溺其中而无力自拔。这样的人，经常会错失真爱。

人要改变这种心理，最好的方法是努力改变自己。心理学家推荐了以下几种方式：

1. 要有一个正确的价值观念

要知道在人的一生中，真正值得重视的是那些足以改变命运的事件、机遇和挫折。人没有必要处处留神一些无关大局的小细节，这样只会增加自己的精神负担。

2. 要学会忘却

岁月会淘洗掉许多生活琐事的痕迹，自己没有必要为它付出过多的精力。

3. 要培养豁达的胸怀

爱吹毛求疵的人常常是这也看不惯，那也不顺眼。只有心胸豁达了才能看到别人的优点。

4. 善待他人

要正确地评价和对待他人，要善用模糊概念。

只有做到了这几点，才能从吹毛求疵的心理中走出来，才不会错过一个个真爱你的人。

第六章

解读幸福的实质，拓展心理的宽度

1. 心一放宽就没有仇恨

水是宽容的，因为这种宽容，才产生了生命。因为这种宽容，它容纳了这个世界所有肮脏的东西，并以宽阔的胸怀包容了世间万物。在为人处世中，我们也要效法这种精神，扩宽自己的心理容量。

在生活中，难免会发生这样的事：亲密无间的朋友，无意或有意做了伤害你的事，你是宽容他，还是伺机报复？有句话叫“以牙还牙”，分手或报复似乎更符合人的本能心理。但这样做了，恨会越结越深，仇会越积越多。如果你在切肤之痛后，宽容对方，表现宽广的襟怀，你的形象瞬时就会高大起来；你的宽宏大量、光明磊落使你的精神达到了一个新的境界，也会让你的人格折射出更高尚的光彩。宽容，作为一种美德受到推崇，作为一种人际交往的心理因素也越来越受到人们的重视和青睐。

宽容是解除仇恨的最佳良药，宽广的胸襟是交友的法宝，宽容能使你赢得友谊。

一般人总认为，做了错事得到报应才算公平。但每个人都有缺点，在他最薄弱的方面，每个人都能被切割捣碎。每个人都有弱点与缺陷，都可能犯下这样或那样的错误。作为肇事者，要竭力避免伤害他人；但作为当事人，要以博大胸怀宽容对方，避免怨恨等消极情绪的产生，则更有利于身心创伤的愈合。

美国第三任总统杰弗逊与第二任总统亚当斯从对手到宽恕就是一个生动的例子。

杰弗逊在就任前夕，到白宫去想告诉亚当斯说，他希望针锋相对的

竞选活动并没有破坏他们之间的友谊。但杰弗逊还来不及开口，亚当斯便咆哮起来："是你把我赶走的！是你把我赶走的！"从此，两人没有交谈达数年之久。直到后来杰弗逊的几个邻居去探访亚当斯，这个坚强的老人仍在诉说那件难堪的事，但接着说："我一直都喜欢杰弗逊，现在仍然喜欢他。"邻居把这话传给了杰弗逊，杰弗逊便请了一个朋友传话，让亚当斯也知道他的深重友情。后来，亚当斯回了一封信给他，两人从此开始了美国历史上最伟大的书信往来。

宽容是一种多么可贵的精神、多么高尚的人格。宽容意味理解和通融，是融合人际关系的催化剂，是友谊之桥的紧固剂。

宽容还能将敌意化解为友谊。一位名人在电台上介绍《小妇人》的作者时心不在焉地说错了地理位置。其中一位女听众就写信来骂他，把他骂得体无完肤。这位名人当时真想回信告诉她："我把区域位置说错了，但从来没有见过像你这么粗鲁无礼的女人。"但他控制了自己，没有向她回击，他鼓励自己将敌意化解为友谊。他自问："如果我是她的话，可能也会像她一样愤怒吗？"他尽量站在对方的立场上来思索这件事情。他打电话给她，再三向她承认错误并表达歉意。这位女士终于表示了对他的敬佩，希望能与他进一步深交。

宽容就是具有这么巨大的力量，那么，我们怎样扩宽自己的心理容量，去理解别人呢？

1. 减少和尽量避免偏见。一位心理学家曾做过一次实验。他对自己学生说，即将有一个教授来给他们讲课，这个教授平易近人、为人热情、对学生和蔼可亲。接着，他到另一个班级，对那里的学生说，即将有一个教授来讲课，这个教授为人冷漠、对学生很严厉，而且心理有些变态。

这样宣布之后，第二天，果真来了一个教授，对这两个班级的学生讲课。讲完课之后，教授和学生进行攀谈，结果发现，前一个班级的学生对他非常热情，谈话热烈，相处融洽；而后一个班级的学生对他却非常冷淡，似乎跟他无话可说。

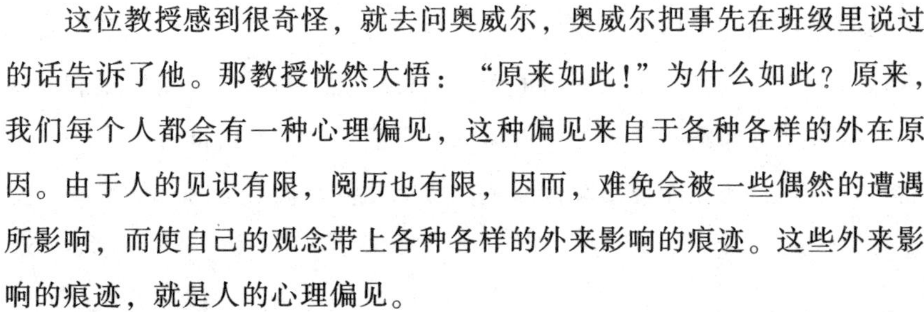

这位教授感到很奇怪，就去问奥威尔，奥威尔把事先在班级里说过的话告诉了他。那教授恍然大悟："原来如此！"为什么如此？原来，我们每个人都会有一种心理偏见，这种偏见来自于各种各样的外在原因。由于人的见识有限，阅历也有限，因而，难免会被一些偶然的遭遇所影响，而使自己的观念带上各种各样的外来影响的痕迹。这些外来影响的痕迹，就是人的心理偏见。

案例中那两个班级的学生，他们由于听了奥威尔的话，就在心理上形成了对即将来讲课的一个教授的心理偏见。前一个班级的偏见是：这个教授是宽厚的、平易近人的、可爱的；后一个班级的偏见是：这个教授是严厉的、不近人情的、冷漠的。而这个教授到底是什么样的人，他们根本不知道；他们也无法从这个教授的一节课里得到完整的认识。所以，这两个截然相反的看法，两个不同的心理偏见会一直留在学生们的心中。

为了克服自己的心理定势，你要告诫自己：一时的看法，不一定适用于所有时候，自己要有灵活的态度。只有这样，在时间、地点、人物发生变化的时候，才不会死抱着原有的看法不变。

2. 善待那些伤害过你的人。宽容是一种博大，是一种境界，是一种优良的人格体现，对曾经有意无意伤害过自己的人要有宽容的精神。这样做虽然困难，但更能反映出你的宽大胸怀和雍容大度。用你的体谅、关怀、宽容对待曾经伤害过你的人，使他感受到你的真诚和温暖。也许有人会说，宽容别人是否证明自己放弃原则，太软弱了？其实，宽容是坚强的表现，是思想的升华。

3. 容忍并接受他人的观点。人们都希望和那些懂得容忍自己的人相处，而不希望和那些苛刻的人待在一起。没有人愿意和动辄教训别人的"批评家"打交道。而那些能容忍和喜欢别人的人，往往具有感人和促使人积极向上的力量。当你想和朋友友好相处时，要尊重对方的人格和优点，容忍对方的弱点和缺陷，千万不要试图去指责或改变对方。

4. 发现和承认他人的价值。容忍他人的不足和缺陷比较容易，而

困难的是发现和承认他人的价值，这是一种更为积极的人生态度。每个人只要乐于寻找，一定能找出他人身上许多优点和长处，能发现和承认他人的长处，那就实现了人生价值的全部意义。只有既能容人之短，又能容人之长，才更能显出胸怀的宽阔和人格的高尚。

2. 化敌为友，心宽则无敌

世上没有永远的朋友，也没有永远的敌人。朋友可能会变成为敌人，敌人也可以变成朋友。“化敌为友”实质上就是把敌人消灭掉了。

首先，当你决定打败敌手的时候，对手也想着打败你。他既然能成为你的对手，就一定跟你实力相当，不好对付。退一步来说，就算你历尽艰辛终于将他打败，可是谁能保证某天他就不会东山再起？到时候你又要提起十二分精神，积极备战。

所以，最好的办法不是打败他，而是友好地站到对手的身边，把他变成自己的朋友，实现双赢。

一家服装公司的总裁决定在自己四个助手中挑选一个出任总经理。他提出的要求是，谁在短时间内战胜了一家更强大的服装公司，谁就有机会坐上总经理的位置。总裁的命令一出四位跃跃欲试的助手便各自想办法去了。可是，另一家公司多年来一直是他们的强大对手，要想在短时间内战胜对方，谈何容易？

第一位助手的办法是加强本公司的产品质量，另外，从价格上再向客户让利 10%。市场反馈很快表明虽然在公司经营上略有起色，但还谈不上战胜对方公司。对方公司的实力不在他们之下，不论是技术力量，还是经济力量，所以这招起不到实质性作用。

第二位助手的办法是制造一批劣质产品，然后打上对方公司的商标，假冒对方公司的工作人员向客户推销，以此来损害对方公司的声誉，让对方公司无法在市场上立足。刚开始时，确实给对方的产品销售带来了一些麻烦，在经济上也造成了不小的损失。可是，不久，对方公司便与工商部门联合起来查清了那批劣质产品的来源，并顺藤摸瓜抓住了幕后人。第二个方法不但没战胜对方公司，各大媒体还给对方公司做了一次免费广告，最惨的是自己也背上了坏名声。

第三个助手的办法是挖墙脚，将对方公司的人才挖过来，将对方公司的先进技术偷过来。只有知己知彼才能百战百胜，如果掌握了对方的先进技术和人才，还怕战胜不了对方？哪知对方公司有一帮铁杆技术人才，即使有愿意过来的也都是些平庸之辈，而且还满天要价，这些人没干多久就跳槽了。

令人意外的是，第四位助手被总裁任命当上了总经理。因为只有他的方法最直接最有效。他的方法是找到对方的总裁真诚地提出与对方公司合作。共同研制出最好的产品，这样的合作在商界中称为强强联手，共同获利。总裁在任命会上激动地说："真正战胜对手的办法就是与之合作，将敌人变成朋友。"

在复杂的市场与人际关系中，如果将对手变成了朋友，又何愁事业不能成功，人生不能成功呢？

林肯在南北战争中实现了国家的统一和黑人奴隶的解放，备受美国人的尊崇。然而，即便是伟大的林肯，也有忍无可忍的时候。有一次，他与另一位政治人物因政见不和而反目，当时，林肯气得大骂；"这个混蛋，他是我的死敌，我要干掉他。"

令人惊讶的是，几天后，人们发现那个让林肯恨得咬牙切齿的政治家居然与林肯谈笑风生，就像好友一般。

于是，有人问林肯："他不是你的政敌吗？你不是要干掉他吗？"林肯泰然自若地说："不错，我是要干掉这个敌人。现在，我把他变成朋友，那个'敌人'不就等于被我'干掉'了吗？"

林肯趁对手还未成为对手之前，快步上前，站到他的身边，把他变成自己的朋友，从而使自己又少了一个政治劲敌，还能体现出自己的宽大胸襟。

生活中有人是你憎恨的对象吗？也许有人彻底激怒了你，让你感到愤怒和痛苦？如果有的话，你为此感到骄傲吗？它使你快乐吗？

从上面的故事可以看出：把敌人变成自己的朋友，你会更幸福，更快乐。如果你心中因为敌人充满了愤怒和怨恨，即使你不是总想着它，但它总有浮现的时候。这会让你不快乐。这种憎恨也会影响你身边的人，比如你爱的家人，当你生气时，他们在某个方面最受影响，即使你的愤怒并不是针对他们。消除这种愤怒是一件好事，会让你彻底快乐起来。

把对手变成自己的朋友，这样你又能交上一个朋友。而和你的对手斗争时，对你也会有反作用，但交一个新朋友对你的生活只有好处。比如说，他们会助你取得成就。一个新朋友，而不是敌人，会有难以置信的差别。而且如果这个对手原本是你的一个家庭成员或是以前的朋友，那么你们的和好就显得更重要了。

向对手敞开自己的心扉，把其变成自己的朋友吧！这样你的人生会更幸福！

3. 不要苛求别人与你相同

“水至清则无鱼，人至察则无徒”这句话出自《汉书》。其意思是说：河水太清澈了，鱼儿就没法生存；一个人太苛刻了，就很难交到朋友，没人敢与他打交道。

凡事都有利弊，从一方面来说，水清本来是个好事，因为混浊的水会让鱼窒息。但水太清了，就不是好事。这需要从生态学角度分析。大鱼需要吃小鱼，小鱼需要吃更小的水生物，最小的水生物需要吃水藻，而水藻类的微生物存在是不会让水非常清的，也就是说如果水非常清了，就没有水藻，而作为上级食物链的鱼也就没有食物吃了，没有食物自然也就无法生存了。

在这个世界上，谁又能保证自己不犯一点错呢？人与人之间总会有看法和思想的区别，对方不可能跟你的行为举止一模一样。毕竟，谁也不是谁肚子里的蛔虫！我们不能抱着自己那套标准严苛地去要求他人，总得容忍一些不符合自己价值观的事物。

美国的乔布和沃兹是“苹果Ⅱ”微电脑的开发者，他们一个重要的合作者是马克库拉。其实，最早认识乔布和沃兹两位年轻人的并不是马克库拉，而是乔布的老板介绍来的一个名叫唐·瓦尔丁的人。

当唐·瓦尔丁来到乔布的家中，看见乔布穿着牛仔裤，散着鞋带，留着披肩长发，蓄着大胡子，不管怎样看都不像是一位企业家。于是，唐·瓦尔丁就把这两位奇怪的年轻人介绍给了风险投资家马克库拉。

马克库拉原来是英特尔公司的市场部经理，对微电脑十分精通。他并没有在乎乔布和沃兹的外表，而是先考察了乔布和沃滋的“苹果Ⅱ”样机。最后，马克库拉问起了关于“苹果Ⅱ”电脑的商业计划，而乔布和沃兹只精通技术，对商业买卖一窍不通，所以二人面对马克库拉的提问，面面相觑，无言以对。但马克库拉并没有因此失望，而是决定和这两位年轻人合作，并出任董事长。

唐·瓦尔丁因为对乔布和沃兹的外表形象过于求全责备，而丧失了一个最重要的机会。而马克库拉却与他相反，没有对乔布和沃兹求全责备，而是与他们进行了深度的接触了解，所以他成功了，他抓住了人生中重要的机会。

我们总会遇到各种各样的人，有与我们不同路的人，无论是志趣还是性格都与我们不合，甚至格格不入。但这些都不要紧，要紧的是他对

我们的事业发展是不是有用。在这个时候，再苛求完美就不行了。

不要强求别人跟自己相同，更不必要求人人都顺从自己的意思。我们每个人都是被上帝咬了一口的苹果，带有各种各样的残缺，都有这样那样不如意的地方。确实如此，你必须让自己接受这个事实。如果你过于追求完美，对人求全责备，那一定会影响你的人际关系，没有一个人愿意跟你交朋友，你也将因此错过成功和幸福的机会。

古代有位禅师，一日晚上在禅院里散步，突见墙角边有一张椅子，他一看便知道有位出家人违犯寺规越墙出去溜达了。老禅师也不声张，走到墙边，移开椅子，就蹲在那里等。过了一会儿，果真有一小和尚翻墙，黑暗中踩着老禅师的背跳进了院子。

当他双脚着地时，才发觉刚才踏的不是椅子，而是自己师父的背。小和尚顿时惊慌失措，张口结舌。但出乎小和尚意料的是，师父并没有厉声责备他，只是以平静的语调说："夜深天凉，快去多穿一件衣服。"

一个人的心能包容一个家庭，就能成为一家之主；能包容一个城市，就能成为一市之长；能包容一个国家，就能成为一国领袖。在现实世界中，几乎每个成功人士都有容人的雅量，从而交到各个层面的朋友。当他遇到麻烦时，到处都有人主动帮忙，从来不会陷入孤立无援的境地。这样的人实在是太幸福了。

所以，朋友的缺点，你要宽容；伴侣的缺陷，你要容忍；同事的缺陷，你要宽容。要知道，世间并无绝对的真理，没什么东西一定就是对，或者一定就是错。所谓的对错，只不过因为立场不同、角度不同，得出的观点也就有所区别罢了。我们眼中看到的缺点或不可理解的事情，如果站在对方的立场看，很可能就是理所当然的。朋友对你说了谎，应先思量他是不是有什么为难之处？或许就能体谅他了。若是不加思考就把丑话说出口，朋友想必是做不成了。对你，对他，都没好处。

芸芸众生，性格各异，你不可能喜欢每一个人，也无法让所有人喜欢你。在现实生活中，很多人对自己不喜欢的人嗤之以鼻或敬而远之，

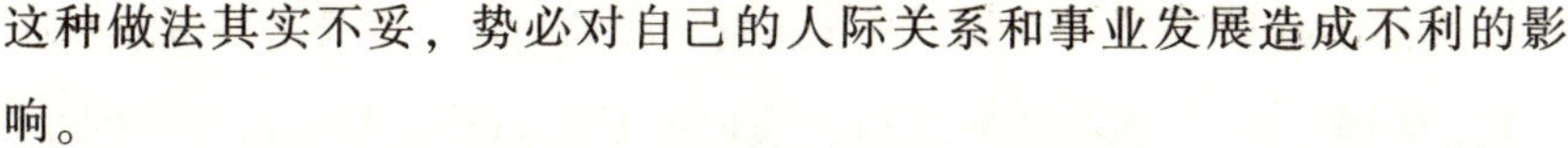

这种做法其实不妥，势必对自己的人际关系和事业发展造成不利的影响。

如果你想获得更多的朋友，就不要过于苛求完美，以下几点需要注意。

1. 对朋友生活、工作中的习惯要给予尊重。每个人都有自己独特的作息方式、家庭背景，而在此基础上形成的习惯也不可能与你相同，所以，尊重别人的习惯应当是最起码的要求。

2. 不念人恶。不要对朋友过去的错误耿耿于怀。朋友之间的矛盾，总会随时间的流逝而减淡，抓住过去的恩怨不放是不明智的。忘记以前的不愉快，以后还是朋友。

3. 不责人过。不要责难对方犯下的小错误。攻人之恶毋太严，要思其堪受。这句古语告诫我们，攻击别人的错误不可太严厉，一定要考虑对方的承受能力，否则虽然泄了一时之愤，但也破坏了人际关系。这样做就不明智了。

4. 提升自己的心理抗挫力

在一座山上，有两块相同的石头，几年后它们发生截然不同的变化，一块石头受到很多人的敬仰和膜拜，而另一块石头却受到别人的唾骂。这块石头极不平衡地说道：“曾经在几年前，我们同为一座山上的石头，今天产生这么大的差距，我的心里特别痛苦。”另一块石头答道：“你还记得吗？曾经在几年前，来了一位雕刻家，因为你害怕痛，你就告诉他只要把你简单雕刻一下就可以了，而我那时想象未来的模样，不怕痛，所以产生了今天的不同。”

生活中这样的事情很多。原来还是儿时的伙伴、同校的校友、一个单位的同事，可是就在几年之后，我们会发现原来儿时的伙伴、同学、同事都变了。有的变成了成功人士，而有的还是一文不值的人。两者的差别就在于一个是关注着要实现自己的梦想，不在乎经历挫折和苦难磨砺，而另一个则是在关注苦痛，惧怕的是苦难。

我们每个人出生的时候，就像一张白纸，没有是非观念，缺乏应对各种困难的能力。人生旅途的风风雨雨和坎坷经历，使我们在经受挫折和失误的考验中，增添奋进的力量，在经历生活磨砺的考验中变得坚强和成熟起来。

挫折有助于人的成长和成熟。挫折是每个人在生命中求之不得的宝贵财富。“玉不琢，不成器”，有人将挫折比作磨砺青春与生命之刀的砺石。

《周易》中说：“天行健，君子以自强不息。地势坤，君子以厚德载物。”君子应该像天宇一样运行不息，即使颠沛流离，也不屈不挠；如果你是君子，接物度量要像大地一样，没有任何东西不能承载。挫折不仅能使一个人认识到自身的不足和缺点，并且还能使这个人更加坚强。

铁块要炼成好钢，需要经过火烧、锤打、淬火这三道工序。任何人只有身处逆境，经历风风雨雨，最后才能到达成功的彼岸。

当人们遇到挫折时，高达九成以上的人会选择五种反应：攻击、退化、压抑、固执与退却，而正面思考者的比例低于10%。

挫折就像抗病毒疫苗，克服了它，人体就能产生抗体，就会变得坚强。但是有的人在遇到挫折时，很容易陷入负面情绪，总是将失败的想法归咎到负面的事物上，习惯对自己一味地责备和否定，不懂得如何去调整负面情绪。

那么，我们应怎样培养抗挫的能力呢？

1. 培养良好的心理素质。我们在遇到挫折时要冷静，不过分去放大自己的挫折感，这是克服挫折的重要因素。要随时暗示自己：困难谁

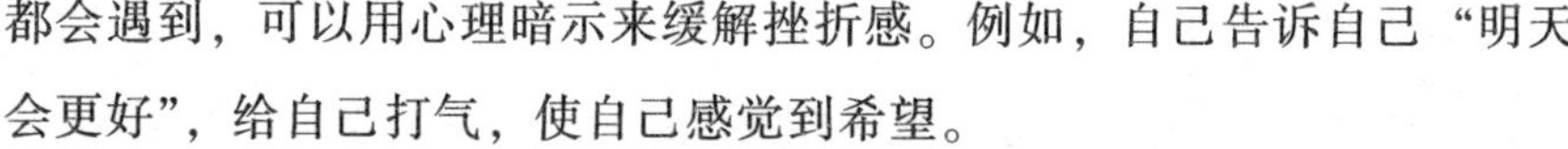

都会遇到，可以用心理暗示来缓解挫折感。例如，自己告诉自己“明天会更好”，给自己打气，使自己感觉到希望。

2. 确定合理目标。我们要学会认识自我，能认清自己的优点和长处，觉得自己是个有价值和有用的人。不要将自己的目标定得过高，而是要把自己放到最适合自己的地方去，肯定自己，激发自信心。

3. 学着与人沟通，并向成功榜样学习。我们要学会提升自己的沟通能力，把自己心中的苦闷宣泄出来，解除心理压力，进而形成自我抵御挫折的坚强心理后盾。在面对困难和挫折的时候，学会用那些鲜活的成功人士的事迹，作为学习和自我激励的榜样。

德国天文学家开普勒，从童年开始便多灾多难，在母腹中只待了7个月就早早来到了人间。后来，天花把他变成了麻子，猩红热又弄坏了他的眼睛，导致一只手残疾。但他凭着顽强、坚毅的品德发愤读书，学习成绩遥遥领先于他的同伴。后来因父亲欠债使他失去了读书的机会，他就边自学边研究天文学。在以后的生活中，他又经历了多病、良师去世、妻子去世等一连串的打击，但他仍未停下对天文学的研究，终于在59岁时发现了天体运行的三大定律。他把一切不幸都化作了推动自己前进的动力，以惊人的毅力，摘取了科学的桂冠，成为“天空的立法者”。

心理抗挫能力决定一个人事业的成败。心理学家把轻度的挫折比作“精神补品”，也就是说，一个人每战胜一次挫折，就已经为自己更好地面对挫折增添了力量，为应付下一次挫折提供了“实战的准备”。人生只有在逆境中才能激发出潜力。

如果遇到小小的挫折便怨天尤人，自暴自弃，这样的人只能平庸一生。一个要成就大业的人，必先苦其心志，劳其筋骨，才能有所作为。

5. 宽恕别人也是给自己松绑

第二次世界大战期间，一支部队在森林中与敌军相遇，激战后两名战士与部队失去了联系。他们来自同一个村庄，两人在森林中艰难跋涉，相互鼓励、互相安慰，他们仅剩下一点鹿肉可以吃了。第二天，他们在森林中又一次与敌人相遇，还好被他们巧妙地避开了，就在他们自以为安全时，突然一声枪响，走在前面的年轻战士中了一枪，幸亏他把鹿肉绑在肩膀上，伤得不是很重。后面的战士惶恐地跑过来，抱着战友的身体泪流不止，并赶快把自己的衬衣撕下包扎战友的伤口。

那天晚上，尽管饥饿难忍，可他们谁也没动过身边的鹿肉。第三天，他们得到了部队的援救。事隔30年，那位受伤的战士说："我知道谁开的那一枪，他就是我的战友。当时在他抱住我时，我碰到他发热的枪管。当时我不太明白他为什么对我开枪？但我还是宽恕他了。后来我才想明白，原来他想独吞我身上背的那块鹿肉。我们都有母亲和家庭，都想要活着走出困境，我是这样，他也一定是这样。所以，此后30年，我假装根本不知道此事，也从不提起这件事。战争太残酷了，不能怪他。他之所以打的是我的肩膀，说明他的心还是仁慈的。这件事已经过去了，我相信以后不会再出现了，我们又做了几十年的好朋友。"

善待朋友，体现了一个人的美德，宽容朋友，则更见一个人的胸襟。有时候宽容引起的道德震动比惩罚更强烈。怨恨如同捆绑在心灵上的一道道绳索，让我们的生活异常沉重。宽恕与快乐紧紧相连，宽恕是所有美德之中的"王后"，也是最难拥有的。

宽容是脱离种种烦扰，减轻心理压力的一大法宝。如果没有了宽

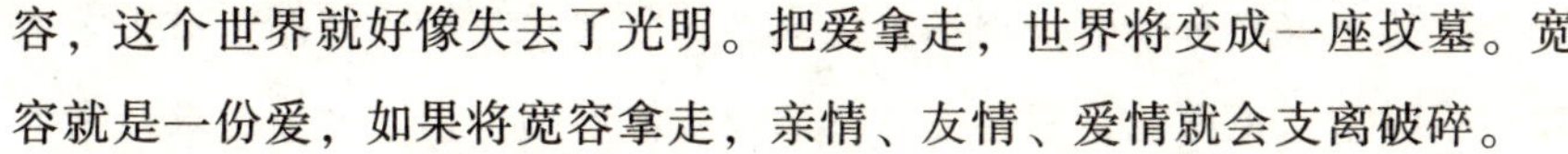

容，这个世界就好像失去了光明。把爱拿走，世界将变成一座坟墓。宽容就是一份爱，如果将宽容拿走，亲情、友情、爱情就会支离破碎。

以恨对恨，恨永远存在；以爱对恨，恨自然消失。宽容是一种智慧、一种仁爱、一种境界。人的一生在社会交往中吃点亏、被误解、受点委屈，总是不可避免地会发生，懂得宽容的人，就如同在自己的心理上安装了一个调解阀，让理解和宽容，让气度和胸怀来平息心中的不满和怨恨情绪。

有一次，阿拉伯名作家阿里和吉伯、马沙两位朋友一起旅行。三人行至一个山谷时，马沙失足滑落，幸而吉伯拼命拉他，才将他救起。马沙就在附近的大石头上刻下了："某年某月某日，吉伯救了马沙一命。"三人继续走了几天，来到一处河边，吉伯与马沙为了一件小事吵起来，吉伯一气之下打了马沙一耳光，马沙就在沙滩上写下："某年某月某日，吉伯打了马沙一耳光。"当他们旅游回来之后，阿里好奇地问马沙：为什么要把吉伯救他的事刻在石上，将吉伯打他的事写在沙上？马沙回答："我永远都感激吉伯救我。至于他打我的事，随着沙滩上字迹的消失，我会忘得一干二净。"

人有两颗心，一颗心是用来流血，另一颗心是用来包容。宽容会使一个人的精神达到一个自由的境界。幸福的人生应该是：记住别人对我们的恩惠，洗去我们对别人的怨恨。

6. 幸福的实质是给予

一个人无论生活在怎样的环境里，他的利他行为，将决定他一生是否幸福。

积善之家必有余庆，积不善之家必有余殃。我们要遵循正道去求取功名、财富，正道就是积善去恶。如果我们不顾一切，过分贪求，做下恶事，必会受到报应。

有一位公司的老板，当他的公司财源广进的时候，他的汽车撞死了邻家的鸡鸭，他家的狼犬自由散步，对着邻家的小孩子露出可怕的白牙；他修房子时把建材乱堆在邻居的门口。他在邻居中间没有什么人缘，邻居对他都很反感。

后来，公司因周转不灵而停业，他和邻居们经常在街巷中相遇，邻居步行，他也步行。他的脸上有笑容了，他经常弯下腰摸一摸邻家孩子的头。可是他仍然没有什么人缘。

一天，一个老友跟他闲谈，谈到人世烦忧和恩怨。老友随口说："人在失意的时候得罪了人，可以在得意的时候弥补；在得意的时候得罪了人，却不能在失意的时候弥补。"言者无心，听者有意，他若有所悟地点了一下头。

这位老板总结了失败的教训，专心改善公司的业务。终于，公司起死回生。他又有小车可坐，不过他从此不再按喇叭叫门，并且在雨天减速慢行，小心防止车轮把积水溅到行人身上，他仍然时不时地摸一摸邻家孩子的头。再后来，他搬走了，邻居们依依不舍地送他，非常真诚地和他道别。

人与人之间，只有平时善待他人，才能获取别人对自己的善待。这就是因果轮回的道理，你善待别人，别人也会善待你。

追求幸福的开始，就是从身边行善的小事做起：公交车上的礼让座位、良言一句、一个欣赏肯定的眼神、每月百元零花钱支助失学的儿童、孤儿院的定期义工、还有那些成人之美、劝人为善、救人危急、敬重师长、爱惜动物生命的行为，等等。许多的幸福就是在这些微不足道的举手之劳中获得的。

幸福的实质就是给予。一个人给予别人的幸福和快乐越多，那么自己得到的幸福和快乐将会越多。如果你待人友善、行善施爱，别人必定

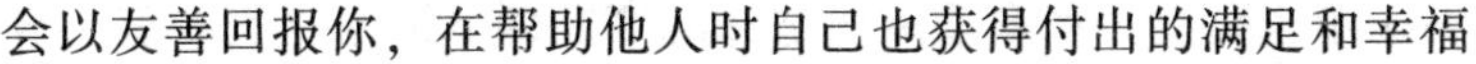

会以友善回报你，在帮助他人时自己也获得付出的满足和幸福。

行善的方式不只局限于物质方面的资助，还包括精神方面的支持和引导。那些积极向上的人生价值观、积极健康的心理行为和乐观的生活态度都是感染和影响那些消极忧郁者的最佳施爱。只有学会行善，才能消除那些狭隘人生观所造成的不愉快，才会获得真正的幸福和快乐。

幸福和至善是一对孪生兄弟。当你帮了一个人，看到对方感激的笑容，心里会有一种安慰，这种幸福的慰藉会让你终生受益。

7. 敬人者，人必敬之

生活中，任何人都不可能完美无缺，面对别人的缺点和错误，我们该如何是好呢？最好的方法就是尊重。

有一个人十分富有，但无人尊重他，为此他苦恼不已，每日总是想着如何才能得到众人的敬仰。一天在街上散步，他看到街边蹲着一个衣衫褴褛的乞丐，为了得到这个乞丐的尊重，他在乞丐的破碗里丢了一枚亮晶晶的金币。

谁知乞丐头也不抬地仍在忙着捉虱子，富翁非常生气，就问：“你瞎了眼吗？你没看见我给你的金币吗？”

乞丐仍不看他一眼，说：“给不给是你的事，不高兴你可以要回去。”

富翁较起真来，又在乞丐的碗中丢了十个金币，心想他这次一定会趴着向自己道谢，但不料乞丐仍是不理不睬。

富翁气得几乎跳起来：“难道你连道个谢都不会，你要看清楚，我可是给了你十个金币，我是有钱人，好歹你也该尊重我一下。”

乞丐懒洋洋地回答："有没有钱是你的事，道不道谢是我的事，这不可强求。"

富翁急了："那么，如果我将我财产的一半送给你，你会不会尊重我呢？"

乞丐翻着白眼看着他："给我一半财产，那我不是和你一样有钱了吗？为什么要我尊重你？"

富翁气急败坏地说："好，我将所有的财产都给你，这下你可愿意尊重我了。"

乞丐大笑："那你就成了乞丐，而我成了富翁，你凭什么让我尊重你？"

尊重是用金钱买不到的。尊重别人才能得到别人的尊重，如果你想得到别人的尊重，你或许应该反省自己：我是否尊重过别人呢？

尊重的欲望是人性中最深刻的冲动。没有人不希望自己被尊重的。得到别人的尊重，是对自己的一种肯定。自尊是一个人力量的源泉，因此在任何时候我们都不能伤害别人的自尊，这是我们应该把握的做人底线。

尊重别人，而不要轻视别人。比如去拜访朋友，大家已经约好了晚上 8 点，可你 8 点半没到，9 点没到，结果 9 点半才到。大家心里自然会不高兴，会觉得你不够尊重他们。相反，如果你 8 点要见的是一个领导，你会迟到吗？会因为还有别的事而迟到吗？说不定你 7 点就在附近等着呢？这是为什么？就是因为我们常常会觉得领导很重要。

其实，为人处世，尊重他人不但表现为一种胸怀，也表现为一种睿智。

有位青年大学毕业后被分到一家大型企业。初来乍到，他踌躇满志，准备大展拳脚，却被安排到车间，因为企业规定：新分来的大学毕业生必须先下基层劳动一年后才落实具体岗位。学业一向不错的他对这条规定极为反感，觉得大材小用了，但无奈寄人篱下，只能熬着。

在车间，听到隆隆的机床声，他很是心烦；平时也很少与工人们交往，回到家中把更多的时间放到对业务的钻研上，他知道自己迟早一天要走上管理岗位，因为他学的就是企业管理。

一年后，青年并没有走上什么管理岗位，而是被安排到宣传科当一名宣传员，主要工作就是下车间体验生活后写一点小文章和宣传稿，一次科长要求他写一篇反映一线生活和劳动的报告文学，他把自己关在书房整整写了一个星期，才完成任务，文稿交上去后，科长责备他说："你在车间待了一年多就写出这么个东西，实在叫人失望。"这是他这些年来第一次听到别人对他如此低的评价。

敬人者人必敬之。每个人都有可取之处，能站在舞台上参赛肯定唱得不错，能把文章写出来发表也一定有闪光点。一个从来不会从别人身上发现优点，从来不知道尊重他人的人是很难获得幸福和快乐的。

一个人一味地贬低别人并不能显示其伟大，真正高尚的人往往是在对待别人的错误中，显示出他们伟大的人格。你守住了自己最后的底线，也就减少了对别人的伤害，事情的结果就会发生根本的变化。

美国空军著名战斗机试飞员鲍伯·胡佛经验丰富，技术高超，在漫长的飞行生涯中，成功地试飞了许多机型。

一次，他参加完飞行表演后飞回洛杉矶，途中飞机突然发生故障，问题十分严重，飞机的两个引擎同时失灵。他临危不惧，果断沉着地采取了措施，奇迹般地把飞机迫降到机场。飞机降落后，他和安全人员检查飞机，发现造成事故的原因是用油不对，他驾驶的是螺旋桨式飞机，用的却是喷气式飞机用油。

负责加油的机械工吓得面如土色，见了胡佛便痛哭不已。因为他一时的疏忽可能会造成机毁人亡。胡佛并没有对他大发雷霆，而是上前轻轻抱住他，真诚地说："为了证明你干得好，我想请你明天帮我做飞机的维修工作。"

这位机械工后来一直跟着胡佛，负责他的飞机维修。以后，胡佛的飞机维修从来没有发生过任何差错。

尊重能让他人愉快，也会让自己快乐。幸福的人生，从尊重他人开

始！敬人者，人皆敬之；爱人者，人皆爱之。我们只要以一颗真诚的心去面对别人，就能够得到对方同样的回报。

8.带着“同理心”与人交往

同理心就是站在对方的立场上思考问题的一种方式。同理心其实就是要求学会换位思考，换位也叫移情。所谓移情，就是指站在别人的立场上，设身处地地为别人着想，用别人的眼睛来看这个世界，用别人的心来理解这个世界。当一个人能积极的参与他人的思想，并意识到自己也会有这样的时候、自己遇到这样的事情会怎么样时，才能实现与别人的真正交流。

有两个妇人在聊天，其中一个问道：“你儿子还好吧？”

“别提了，真是不幸呀！”这个妇人叹息道，“他实在够可怜，娶个媳妇懒得要命，不做饭、不扫地、不洗衣服、不带孩子，整天就是睡觉，我儿子还要端早餐到她的床上呢！”

“女儿呢？”

“那她可就好命了。”

妇人满脸笑容：“他嫁了一个不错的丈夫，不让他做家事，全部由先生一手包办，做饭、洗衣、扫地、带孩子，而且每天早上还端早点到床上给她吃呢！”

生活中，因为这些问题经常引起家庭矛盾。同样，当我们从自己的角度去看待时，就会产生不同的心态。

将心比心，如果我们站在对方的立场上看一看，或是站在对方的角度去想一想，很多事情就不一样了。只有付出更大的包容，才会拥有更

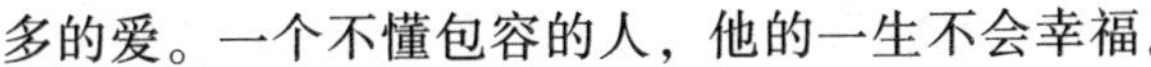

多的爱。一个不懂包容的人，他的一生不会幸福。

在日常生活中，当我们做错了一件事，或是遇到挫折时，我们特别期望朋友能说一些安慰或者是鼓励的话，如果他们在一旁泼冷水或者幸灾乐祸，我们会更难过，甚至在心里会怨恨朋友不能理解我们的处境。

我们会发现自己身旁那些人缘很好、朋友众多的人，都是一些很富有同理心的人。每当朋友遇到问题和困难时，他们总是可以暂时放下个人的得失而尽力予以帮助。他们习惯站在对方的角度去思考问题、富有包容性。他们会照顾到周围其他不同朋友的特点，大气豪爽地处理问题，这类人很少会为了一些小事与朋友斤斤计较。我们需要这样的朋友，我们也需要做这样的人。

9. 做人要有宽阔的胸襟

为人处世不能太过清高，对于污浊、屈辱、丑恶的东西要能够接受；与人相处不能太过计较，对于善良的、邪恶的、智慧的、愚蠢的人都要能够理解包容。做人要有宽阔的胸襟、宽容的雅量。能容纳一切的荣辱冷暖，才能体验人生的幸福。

战国时期，齐相靖郭君很善于辨别人才。当时他门下有一门客叫齐貌辨。此人表面上看似毛病很多，其他门客也都不喜欢他，唯独靖郭君对他格外尊敬。齐威王死后，齐宣王继位。齐宣王很不喜欢靖郭君的处世方式，靖郭君被迫辞官，回到家中仍跟齐貌辨在一起，齐貌辨就请求让他去拜见齐宣王。齐宣王问："你就是靖郭君言听计从，甚至为了你而丢了官的那个人吧？"齐貌辨回答说："有两件事说给您听听，第一件事是，当初大王作太子的时候，我曾私下里劝靖郭君说：'太子耳后

见腮，下斜偷视，恐非善貌，一旦掌权就会背理行事，不如趁现在废掉太子免除后患。’靖郭君流着泪说：‘不行。我哪忍心这样对待太子？’如果靖郭君当初听从我的话并这样做了，一定不会有今天的结局。第二件事是，靖郭君回到封地之后，没过多久楚国的人就来请求用大于薛地几倍的地方交换薛城。我对他说：‘这件事的确很划算，应该答应他。’靖郭君不同意，坚定地表示：‘我从先王那里蒙受恩惠，继承了薛地，现在虽在后王那里失去宠信，但我忠于先王的心永远不会改变，我如果将薛地换给别人，怎么对得起先王呢？’这两件事就足以看出靖郭君对您的忠心。”

齐宣王听后长叹，非常感动就说：“靖郭君对我忠心竟到如此地步，都怪我年幼无知。务必请您替我把靖郭君请来！”于是，靖郭君又重新回到了国都。齐宣王亲自来到郊外，流着眼泪迎接靖郭君，并请他出任齐国宰相。靖郭君能东山再起，要得益于他对齐貌辨的包容。

拥有了一颗宽容的心，就拥有了无法比拟的人格魅力，就拥有温暖的阳光，就拥有了永远的晴天，也就拥有了整个世界。人在这个世界上，都不可能独立的活着，都要跟人发生千丝万缕的联系。生活是一张网，我们身在其中。谁都有自己的生活和个性，谁都有自己的想法和做法。有时候，即使你不赞同，你也应该试着去接受。多给身边的人宽容与理解，一切就会更美好。

1. 人际交往需要宽容的心

宽容就是容忍别人不经意的触犯，包括态度上的不恭谨，接受和自己观念相左的意见，常常想到他人的优点等等。有了宽容，就可以在许多时候互相通融，使人际关系更加和谐。

但宽容也有一定限度，那就是对朋友要宽容，对自己要严于律己。我们看到一些朋友，常常会利用大家的宽容，误用宽容。他们总是指责别人不喜欢自己的缺点。别人凭什么要喜欢你的缺点呢？为什么不改正自己的缺点之后再让别人喜欢呢？当一个人侵害了另一个人的利益之后，对方一定会批评和反击，这时候别指望别人对你能有所宽容。在人际交往中，如果认为别人都会宽容自己，而无视别人的感受，无异于给自己开了一张胡作非为的通行证。如此一来，一定会碰壁，一定得不到宽容。宽容常常是这样发生的：你对别人宽容，别人在以同样的态度对你，但这是有限度的，如果提前透支了别人的善意，可能就永远没有机会得到宽容。

2. 原谅仇人，感激恩人

乔治在维也纳当了很多年律师，但是在第二次世界大战期间，他逃到瑞典，一文不名，很需要找份工作。因为他能说并能写好几国语言，所以希望能够在一家进出口公司里，找到一份秘书的工作。绝大多数的公司都回信告诉他，因为正在打仗，他们不需要用这一类的人，不过他们会把他的名字存在档案里等等。但有一个人在给乔治的信上说："你对我的生意一点也不了解。我根本不需要任何替我写信的秘书。即使我需要，也不会请你，因为你甚至于连瑞典文也写不好，信里全是错字。"当乔治看到这封信的时候，简直气得发疯。于是乔治也写了一封信，目的是要报复那个人。但接着他就停下来对自己说："等一等，我怎么知道这个人说的是不是对的？我修过瑞典文，可是并不是我家乡的语言，也许我确实犯了很多我并不知道的错误。如果是这样的话，那么我想得到一份工作，就必须再努力学习。这个人可能帮了我一个大忙，虽然他本意并非如此。"

于是乔治撕掉了他刚刚已经写好的那封骂人的信，另外写了一封信说："你这样耐心地写信给我实在是太好了，尤其是你并不需要一个替你写信的秘书。对于我把贵公司的业务弄错的事我觉得非常抱歉，我之所以写信给你，是因为我向别人打听，而别人把你介绍给我，说你是这一行的领导人物。我并不知道我的信上有很多文法上的错误，我觉得很惭愧，也很难过。我现在打算更努力地去学习瑞典文，以改正我的错误，谢谢你帮助我走上改进之路。"没过几天，乔治就收到那个人的信，

请乔治去他家。最后乔治得到一份工作。

我们也许不能像圣人般去爱我们的仇人，可是为了我们自己的幸福，我们至少要原谅他们，忘记他们。

10. 人际交往中的“互悦机制”

1982年，美国威斯康星大学，曾做过如下实验：实验人员让甲、乙两支队伍进行保龄球比赛，两队的第一球各自击倒了7只瓶，这时，甲队教练走过去对自己的队员说：“你们很棒，打到了7只瓶子，继续加油！”而乙队的教练却开始训斥起自己的队员：“怎么打得这么差，平时教你们的全忘了吗？”甲队队员得到了很大鼓舞，随后的比赛中他们越打越好，而乙队队员感到非常的不耐烦，越打越糟糕。甲队最终赢得了比赛。

这个实验向我们传达了这样的信息：对于自己喜欢或亲近的人提出的事情和要求，人们接受起来会更容易，一般不会产生排斥感。

世界上著名的推销大师乔·吉拉德成功的秘诀就是让顾客喜欢他，为了博得顾客的喜欢，他会去做一些在别人看来非常微不足道的事情。比如，每一个节日他都会给他的1.3万名顾客每人送去一张问候的卡片，卡片的内容会伴随着节日的变化而变化，而且在他所寄出的每张卡片的封面上还会写着永远不变的同一句话：“我喜欢你。”乔·吉拉德解释说：“我寄出卡片的最终目的，只是想告诉人们我喜欢他们。”

乔·吉拉德正是借助于这种方式，平均每一个工作日都会卖掉五辆车，使自己每年的收入都超过20万美元，创下连续12年销售第一名的记录，他还因此被吉尼斯世界纪录称为世界上最了不起的汽车推销大

师。

喜欢心理是许多人藏在内心深处的秘密，聪明的人常能设法满足他人的这种心理，从而牢牢地抓住对方，这既不会让人觉得受制于他，又会让对方高高兴兴地为他做事。行为会孕育同样的行为，友善孕育同样的友善，你怎样对待别人，别人就会怎样对待你，你喜欢他人，他人才能喜欢你。的确，在人际关系中，如果你能够时时刻刻对别人表示出关心和爱护，那么别人对你也会有同样的举动，如果你能够首先做到喜欢别人，那么别人还会不喜欢你吗？

你希望他人如何待你，你就应该如何待人。事实上也正是如此，只有表现出你喜欢对方，对方才能同样的喜欢你，进而愿意为你做事情。例如你想让孩子帮你拿垃圾桶，不要直接告诉他，你帮我做什么，你可以说："宝贝，你是个听话的孩子，妈妈非常爱你，你也一定爱妈妈吧！那么爱妈妈的表现之一，就要帮助妈妈做事情对吗？"就在小儿子高兴地回答是的时候，再说出你的要求。

通过互悦机制的心理学效应，我们可以看出这样的道理：人与人相处，就得将心比心，以心换心。一般而言，决定一个人是否喜欢另一个人的主导因素，便是另一个人是否喜欢自己的那颗真挚的心。生活中人们经常会有这样的体会：当自己想得到别人的喜欢，而那个人也喜欢自己时，人们会对那个人的喜欢更多一些。例如，对于某个学生而言，如果他发现自己喜欢一位老师，而老师也恰好喜欢自己，他会越来越觉得老师可亲可敬，从而喜欢老师所教的学科知识。

既然喜欢别人在人际关系中如此重要，那么该如何让别人感受到你对他的喜欢？可以直接说：我喜欢你，但这不是最好的办法，最好的办法是在你的言辞中，对对方的某方面优点表现出称赞、敬佩、羡慕，但赞美要真诚，不要夸夸其谈给人以讽刺之感。平时你还要多关心对方，因为这也是"我喜欢你"的表现。

为人处世，就得将心比心，以心换心。你只有在言辞中通过钦佩、敬仰、赞美之情，传达出喜欢对方的信息，对方才能以同样的方式喜欢

你，进而愿意为你做事。

11. 感恩不只是简单的报恩

幸福的第一步就是先存有一颗感恩的心，时时对自己的现状心存感激，同时也要对别人为你所做的一切怀有敬意和感激之情。于是，一个人在承蒙周围的人帮助时说一声“谢谢”，就显得格外重要了。

世界上每个人在其生命中都有很多值得感恩的人和事。从你呱呱坠地那一天起，你首先是在父母的精心哺育呵护下才能一天天健康成长。当你慢慢懂事，需要接受文化知识教育的时候，又会有很多老师给你灌输宝贵的知识和做人的道理。当你碰到了困难，还会有不少小伙伴热心地帮你排忧解难。当你一天天成长，能够更多地接触社会的时候，自然也免不了接受别人的帮助。

面对这一切，你是否怀有一颗感恩的心呢？所有善良的人都会有一个肯定的答案。我们应该感恩的人很多：自己的亲人、老师、同学、朋友、同事以及社会上所有给予过我们关怀和帮助的人。

有一个富翁想资助贫困山区的孩子，他就给山里的村长写了封信讲了他的意思。村长马上回信告诉他很多孩子的名字和地址，富翁收到后，给每个孩子都寄了本书，书上有他的签名和地址。富翁决定：谁给自己回信，就资助谁。

然后他就在家静静地等，他的子女很不理解地问：“爸爸，你这么有钱，为何不每个孩子都资助，何必在这里等呢?”富翁说：“我的钱，不是天上掉下来的，我要给那些值得帮助的人。”直到新年过后，有个孩子回信了，并在信中表达了自己的谢意。结果富翁就资助这一个孩子，富翁后来告诉他的孩子们："一个不知道感恩的人，就无法要求我来资助。对于懂得感恩的人，为他们付出再多我都觉得值得。"

有人认为，这个故事中的富翁作为赠与方不应该抱着希望受助者感恩的心态，只要感到自己为社会付出就行了。但更多的人还是认为，我们这个社会历来讲知恩必报，讲究受人滴水之恩必当涌泉相报，所以受资助者应该心存感恩之心。

一个人只要有了一颗感恩的心，他才是一个幸福的人。当一个人懂得感恩时，便会将感恩化做一种充满爱意的行动，实践于生活中。一颗感恩的心就是一粒和平的种子，因为感恩不是简单的报恩，它是一种责任、自立、自尊和追求一种阳光人生的精神境界。

对于生活心存感恩，你就不会有太多的抱怨，世上没有十全十美的事物，比抱怨更重要的是自己为改变这一切做了哪些努力。感恩之心足以稀释我们心中的狭隘和蛮横，还可以帮助我们度过最大的痛苦和灾难。常怀感恩之心，我们就可以逐渐原谅那些曾和自己结怨甚至触及心灵痛处的那些人，会使我们已有的人生资源变得更加深厚，使我们的心胸更加宽阔宏远。

人的一生，谁都会遭遇到挫折、失败、不公正的待遇，很多人因此喜欢把自己摆在"受害者"的角色上，难以自拔。但是当苦难过去，我们回头审视过去种种的不幸经历时，我们就能感恩是那些苦难帮助我们成长。其实，顺境、逆境都是人生的一部分，逆境是为顺境做底色，而顺境则是对健康走出逆境的人的奖励。

逆境中感恩，是感谢我们没有处于更糟的境地，环顾世界，一定会有比我们处境更糟的人；逆境中感恩，是感谢逆境让我们真正懂得了什么是幸福，什么最值得珍惜；逆境中感恩，是感谢它让我们了解了生命的真相，学到了更多生存与生活的知识；逆境中感恩，是感谢我们自己仍然心存善良与美好。

同时，我们也应该感恩自己，在我们不断挑剔自己的时候，有没有看到多年来，"自己"为你所付出的一切，"你"绝不只是你自己获得

成功的工具。回顾自己的成功经历，为自己的努力和成长喝彩吧！

最后，再用感恩的心想想其他人。不要忘记感谢给你提供机会的公司，因为他们了解你、支持你。大声说出你的感谢，让他们知道你感谢他们的信任和帮助。你是否曾经想过，用一种特殊的方式告诉你的老板，你是多么热爱自己的工作，多么感谢从工作中获得的机会。这种深具创意的感谢方式，一定会让他注意到你，甚至可能提拔你。感恩是会传染的，老板也同样会以具体的方式来表达他的谢意，感谢你所提供的服务。让我们带着感恩的心工作生活每一天。

当然，感恩也不一定是要感谢某个特定的人，还可以感恩生命中的其他事物，比如感谢每天的太阳都是新的。一位心理学家讲述了一个让心灵充满幸福感的秘密——那就是当你每天醒来时，应该这样想：“我真是个幸运的家伙！今天又能安然地起床，而且还有崭新的完美一天。我应该好好珍惜，去扩展自己的内心，将自己对生活的热情传给他人。我要常怀善心，要积极地帮助别人，让生命里的每一天都有阳光的播撒！”

第七章

幸福的密码在“当下”寻找

1. 全身心地参与到“现在”中

人生是由无数个“现在”组成的。过去的使得“现在”更丰富多彩，将来的幸福可以通过“现在”来感受。因此，我们应该把握住“现在”，用心地体会“现在”，要全身心地参与“现在”，抛弃过去，不想未来。

我们都有这样的体会，当我们与孩子一起玩耍的时候，会沉浸在这种“现在”之中。我们和孩子是将注意力全部放在此刻正在发生的事情上，享受并欣赏着这一时刻。这时我们不会去思索生活问题，只是体验着现在的快乐时光，在面对下一分钟到来前，也不用去想接下来将会是什么，这就是“现在”的幸福人生。

很多人多处于这样的心态：少年时，努力学习的时候就想进入一流的大学。入校读书没多久就希望能尽快毕业找一份好工作。工作之后又面对着升职、结婚、生小孩，这时就盼望孩子快点长大，能减轻自己的负担，他们认为孩子长大后自己才会轻松、快乐。可当小孩长大了，又想着再工作几年，退休之后自己才会有时间去休息和玩耍，那时候才能拥有真正的快乐。

这种心态使人无法专注于“现在”，他们总是若有所想，心不在焉，想象着明天才会快乐、明年才会更好，当他们劳碌一生，真正停下脚步想要好好喘口气的时候，才发现自己的生命已经进入暮年。他们把未来当做重心，结果让自己无法欣赏眼前的风景，也无法享受到“现在”的幸福。

这种心态会让人无法满足于今天。因为他们还没有真正的活在“现

在”这一刻，而是在等待未来的到来。他们不是在享受现在已拥有的，只是在关切将来可能会拥有的。他们不让自己沉浸在此时此刻，而总是喜欢目前还不存在的东西，总是让自己去想着未来或者回忆过去。

很多人习惯把希望寄托在明天，总是想着如果在实现了自己的某些愿望之后，生活才会更美好。其实，当这一天真的来了，他们依然还会感到很不快乐。他们会不知所措，因为他们从不让自己沉浸于现在，从未练习去享受当下的成果。他们过去一贯的思考方法又会从头开始，而情绪也不会有什么好转，常常感受的就是失望和气馁。而只有在这种无休止的循环破除后，他们才能摆脱郁闷。

反复将目光锁定在实现目标上的人更不容易感到幸福。因为不少人相信幸福取决于达到目标，他们相信，幸福只有在未来才会来临。只要目标还未实现，他们就会感受到焦虑和压力，这些人经常会处在失落状态中。为什么人们总是看不见今天的快乐呢？

人们习惯性地去关注下一个目标，而常常忽略了眼前的事情。那些忙碌奔波型的人，错误地认为成功就是幸福，坚信目标实现后的放松和解脱，就是幸福。因此，他们不停地从一个目标奔向另一个目标。

体验“现在”就是让你感受当下的快乐，感受此时此刻的幸福。抛开过去的遗憾与对未来的关切，让自己相信此刻的生命正以最好的方式在延续着。越贴近现在的生活目标，越能保证经验丰富、幸福美好的一生。把握“现在”是一种全身心地投入人生的生活方式。当你活在现在，就不会有过去拖在你后面，也没有未来拉着你往前，你的全部能量都集中在这一时刻，生命因此能爆发强大的力量。你会感受到唯一又持久的快乐，便是你的此时此刻。

我们不要去想太多关于未来的事，因为未来是由现在所产生的。如果我们能够把握现在，那么我们就是把握了未来。未来不会无端地来，它将会从这个片刻产生出来。如果这个片刻很幸福，那么下一个片刻一定会更幸福。

我们的生命只有一次，时间是人生最大的财富。而我们拥有的时间

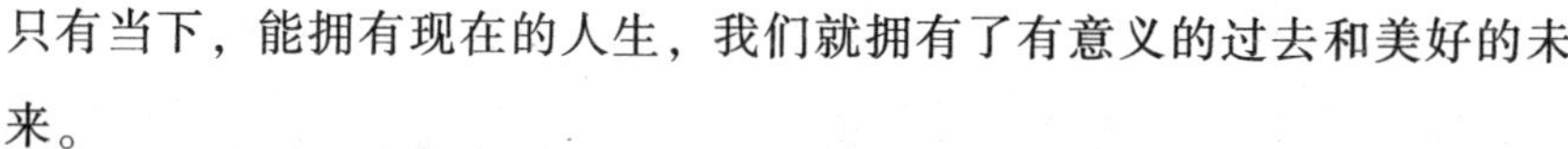

只有当下，能拥有现在的人生，我们就拥有了有意义的过去和美好的未来。

人类的悲剧，就是想延长自己的寿命。我们往往只憧憬地平线那端的神奇玫瑰园，而忘了去欣赏今天窗外正在盛开的玫瑰花。

从当下开始，便下决心去控制寄梦于未来的想法，用心体会“现在”。让自己沉浸于此刻，好好地体验当下的人生。这何尝不是一种幸福？

2. 活在下一刻则会失去此刻

一个禅师在寿终正寝的那一天，躺在床上，告诉大家他晚上就会走了。他的弟子纷纷来到他的住所为他守候。

他的大弟子知道师父即将圆寂的消息时，就匆匆赶下山去。有人问他：“你师父就快过世了，你为什么还要下山？”

大弟子说：“我知道师父喜欢吃一种特别的点心，所以我要去买。”他找了很久，在入夜之前就赶回来了。

老禅师手上拿着点心，先轻轻咬了一口，然后开始津津有味地大口吃起来。这时徒弟忍不住问他：“师父，您有没有什么话要交代的？”师父笑了笑，说：“这点心真好吃！”

“这点心真好吃！”用心感受此刻的禅师，即使死亡即将到来也无所谓，因为，那是还没有发生的事情，而他一直都活在此时此刻。

其实，快乐总是在一瞬间，只是当下的这一刻，它不是来自于我们几年、几月、几天的等待，而是来自于我们对此刻所拥有的满足和愉悦，尤其是我们此刻拥有的时光。其实，生命中最宝贵的就是我们正度

过的此刻。

我们感受到的此刻，不仅是独一无二的，而且也是我们唯一能够把握的。因为过去的已经是一场梦，而未来的只存在于想象之中，我们永远不知道下一个时刻会发生什么事情，既然这样，为什么不好好地感受和体验这一刻呢？

从前，一位充满智慧的老人告诉孩子世上有一个特别的礼物，可以让人生更快乐更幸福，可这个礼物只能靠自己的力量才能找到。这个孩子，从童年到青年，用尽所有的办法四处找寻，越拼命去找，却越不快乐，而他生命中的礼物自始至终都没有出现。到后来，年轻人决定放弃，不再盲目地追寻，这时他赫然发现，那份礼物原来一直在他的身边，这个人生最好的礼物就是——“此刻”。

也许，不少人都在寻寻觅觅有形的“礼物”，却往往忽略了自己早已拥有的礼物——无形的“此时此刻”。在这个充满不安和焦虑的时代，这份“礼物”更能帮助我们重新发现工作和生活的幸福。天地万物自然循环，我们生活在这样的空间内，必然也遵守着生老病死的规律。过去不会为我们等候，生命的年轮也总随着日出日落而辉煌、消遁，生活就在今朝，就在此刻，而此刻又是多么的短暂，懂得把握此刻、享受此刻的人是一个真正幸福的人。

当我们劳累一天还要加班的时候，我们是否也能停下脚步审视自己，这样的忙碌是为了什么？生活的意义在何方？生命的价值在哪里？慢下脚步，也许我们会幡然醒悟，这一刻的阳光赐予我们的意义。

在风景游览区，挥舞着旗子的导游拿着小喇叭对大家喊：“请游客们抓紧时间游览，半个小时后到车上集合，去下一个景区。”

于是，游客们纷纷在门口和标志物前拍照留影，以示到此一游，然后走马观花般扫视一下风景，再然后，匆匆离开赶往下一个目的地。

游客游览的目的，似乎不是为了欣赏风景，而是为了到达某地，到达之后并没有完全融入和欣赏，又着急地再赶往下一个地方。在生活中，我们已经习惯了不在此刻，而期盼下一刻，不仅是工作、学习，连

感情也如此。

我们似乎永远都在做同一件事——期待下一刻！下一个景区、下一个假期、下一栋房子、下一份工作、下一个目标、下一个爱人……我们匆匆走过此时此地，因为坚信“下一刻”的美好。“下一刻”真的会更美好吗？下一刻是我们看不到的未来，也许，对未来期盼的美好心情可以理解，但只把眼光盯住下一刻，岂不错失了这一刻？

为什么要去想那些不存在的未来呢？错失了现在也就错失了未来，活在下一刻就是失去了此刻，关心未来就忽略了今天。

不要把我们的智慧都无谓的用来顾虑下一件事、下一个旅程、下一个暑假，趁现在活得快乐一点、活得充实一点，使每个当下都成为快乐的片刻才最重要。只有把握这一刻，我们才能从容、轻松地迎来下一刻；只有珍惜了眼前的人与事，我们才不会给将来留下遗憾。

真实的快乐就在当下，我们不必枉然再等待下一次，错过现在也就错过了未来！

3. 不要过早地为将来担忧

有一位小和尚每天早上负责清扫寺庙院子里的落叶。在秋末的清晨起床扫落叶实在是一件苦差事，尤其在秋冬之际，每一次起风时，树叶总随风飞舞落下，每天早上都需要花费许多时间才能清扫完树叶。这让小和尚头痛不已，他一直想要找个好办法让自己省些力气。后来有个师兄告诉他：“你在明天打扫之前先用力摇树，把落叶统统摇下来，后天就可以不用辛苦扫落叶了。”

小和尚觉得这是个好办法，于是隔天他起了个大早，使劲地猛摇

树，这样就可以把今天跟明天的落叶一次扫干净了。

第二天，小和尚到院子一看，他不禁傻眼了，昨天扫得很干净的院子里还是如往日一样落叶满地。

老和尚走了过来，意味深长地对小和尚说：“无论你今天怎么用力，明天的落叶还是会飘下来啊！”

在生活中，我们也常常和小和尚一样，企图把人生的烦恼都提前排除，以便将来过得更幸福。但是明天的烦恼真的能在今天解决吗？

实际上，很多事是无法提前完成的。过早地为将来担忧，是于事无补的，只会让自己活得更辛苦，为自己带来更多沮丧的情绪。“活在当下”就是指努力过好现在，明日的事情留给明日！

我们忐忑不安地担心着明天和未来，未来真的会像我们担心的那么糟糕吗？

因为战争的到来，众多的烦恼接二连三地向四十多岁的布莱克伍德袭来。因为战争，他所办的商业学校里大多数男生都应征入伍而出现了严重的生源危机；他的大儿子也在军中服役，生死难料；他的住房附近要修建机场，土地房产基本上属无偿征收，赔偿费只有市价的十分之一；女儿高中马上就要毕业，上大学需要一大笔学费，还没有着落。

布莱克伍德坐在办公室里为这些事情苦恼着，随手便一条条写下来，冥思苦想对策，但都没有最好的办法，只好把这张纸条放进了抽屉。

一年半过去了，有一天，他在整理资料时，无意中又看到了这张纸条，那些曾经折磨他很长时间的烦恼事，逐一对照，却没有一项烦恼真正发生过。

他担心商业学校无法办下去，但政府却拨款训练退役军人，他的学校很快便招满了学生；他的儿子毫发无损的回来了；住房附近因为发现了油田，他的房子也不再被征收；在女儿将入大学之前，他找了一份兼职稽查工作，帮助他筹足了学费。

布莱克伍德最后得出了这样的结论：“其实，99%的预期烦恼是不会发生的。”他深有感触地说：“为了不会发生的事饱受煎熬，真是人生的一大悲哀！”

其实，现实中的我们总是对未来可能发生的事情担忧，而事后来看，很多担心往往是多余的。

不预支明天的烦恼，也不为明天而烦恼，才能使自己生活得幸福。如果怀着忧愁度过每一天，设想自己可能遇到的麻烦，只会徒增烦恼。实际上，等烦恼来了，再去考虑也不迟，所谓“车到山前必有路，船到桥头自然直”。况且，明天的烦恼你又怎能提前解决得了？更重要的是，想象出来的烦恼比真正出现的不知多出多少倍。

不要想太多关于未来的事，它们会照顾它们自己，不要去顾虑那么多。只要活在当下，让自己好好地享受眼前的生活就足够了！

4. 忘掉过去，健忘者得大幸福

过去的都已经过去了，我们不应该往后看。既然过去无法改变，我们好好地活在现在。

“假如当初……”当事情发生时，我们总习惯这么说。我们常会叹息过去的某个时刻，为什么不做另一个选择。假如当初我早点送朋友到医院，也许他就不会死去；早知道我们分开后会变成这样，我当初就不该那样做；要知道结果会这样，当初就不该听你的话；当时我若听你的建议，就好了。

其实，“假如当初”这种想法一开始就是个错误，因为，凡事没有绝对的对或错。假如我们选择了一条路，就无法确定如果选另一条路的结果会如何。假如当初我们做的是另外一个决定，就一定会比现在好

吗？不，世界上没有什么是绝对的。

仔细想一想，当我们说“早知道”的时候，就表示之前并不知道。既然是不知道，又能怎么样选择？我们又怎么对一件根本不知道的事做出正确的判断？

有两个人，一个时常痛苦地对着照片在家喝闷酒。另一个则时常痛苦地对着朋友在酒吧喝闷酒。在家对着照片喝闷酒的，是因为那个他深爱的女人嫁给了别人，所以，他痛苦。在酒吧对着朋友喝闷酒的，是因为他娶了当初深爱的那个女人，为了爱情背叛了友情，弄得自己很痛苦。

他们都很悔恨，都说假如重新选择一回，就会怎样怎样。

可如果真的回到当初，就会如他们所说的那样吗？没有了痛苦，不会借酒浇愁？当然不是，不管做什么选择，不管与谁在一起，都难免会遇到这样或那样的大大小小碰撞、烦恼。也许，换成另外一种选择，现在这个困扰不在了，但又会有别的困扰产生，我们时常在不如意的时候，会懊悔当初的做法，可没有当初，就没有我们的现在。

不要浪费时间去后悔当初做的那些事，结果错过了现在该做的事，难道，我们又要在以后去后悔现在错过的这些事吗？

我们应该停止悔恨，把精力集中在“现在我能做什么”，而不是“过去我做了什么”，若能如此，那么，从失败中学到的，将会比从成功中学到的更多。

在电梯里，男的对女的说：“你今天应该感谢你原来的公司。”

女的回答：“每个人的今天都应该感谢昨天的沉淀。其实没有过去，也不会有现在。”说得多好！

曾经一个经历沧桑的男子对一个女孩说：“你要是知道了我的过去，可能就不会喜欢我。”女孩回答说：“过去的种种铸就了今天的你，即使过去曲折或者不幸。我喜欢的是现在的你，但是我感谢过去，因为它成就了现在的你。”多幸福的回答！

昨天已经过去了，时光无法倒回。我们能把握的只有现在。

5. 学会正确地审视过去

揭开伤心、痛苦的过去也并不是什么好事。有时是因为觉得太丢人，所以从来都没跟人讲过，真希望有个忘却药，吃一片后干干净净地忘记一切。有时害怕自己的怒火会殃及无辜的人，因此一直都在强忍着不去发作。为什么要我们刻意去面对那些不堪回首的往事呢？

从前，有一个洞里面会传出奇怪的呜咽声。一到晚上，人们就能看到又大又黑的物体在洞里晃动。因此，没有什么人敢进这个山洞。

人都有猎奇心，他们就请来了一位洞穴探险家，其他人都跟在他的后面，随着他的灯光小心翼翼地走进洞里。到处都是石头，有很多人被石头绊倒，这也给石洞平添了几分恐惧。但人们继续向黑洞深处前进。沿着洞走了一段时间以后，不知从哪里传来了咯嚓咯嚓的声音。洞穴探险家把灯光照向声音传来的地方，结果，发现是几只小老鼠正在那里啃水果。突然，洞里迸发出一阵笑声。

原来是那些小老鼠。老鼠啃水果的声音听起来特别大是因为风很大，而且从洞的反方向照射进来的月光把老鼠的影子照得如此巨大。

从那以后，人们就能安心地去取纯净的泉水了。

从心理学角度来看，黑洞就是我们的无意识，洞里的老鼠则是我们过去的记忆，洞里的泉水是我们心理的创造性。但是人们往往有种习惯，那就是容易用过去的可怕记忆为基础来看待现实，而无法摆脱过去的阴影。这里的洞穴探险家就好比精神分析师。对人的无意识具有指导和探险经验的分析师带着患者一起进入他的无意识中进行探险，从而让他看到自己曾经惧怕的实体。这时，小时候曾经让人担惊受怕的实体，

在成年后重新面对时，当事人就会发现这些实体早已成为完全能够解决的问题。就像故事中的人们误认为小老鼠是一个大怪物时，大家都怕得连看都不敢往洞里看一眼，而知道原来是小老鼠在作怪以后，大家都笑了。

探险黑洞的过程在精神分析中叫做自由联想。我们说出心里话的同时会隐约产生某种感觉，同时还要直面混乱而恐惧的自身情感。这样一来，你就会理解为什么那时候自己只能那么办。你还会明白，造成那种后果不是自身有什么不足或自己没出息，而是因为人处在那种境况下只能那么做。这样一来，我们也就可以跟过去和解了。

请看下面的这个故事：

尹诛有个弟弟叫垠诛，他一直都受酒鬼爸爸的虐待，最后终于失明了。爸爸喝农药自杀后，兄弟俩先后被送进了孤儿院和少年院，在那里他们亲身经历了世间的种种悲情。没过多久，垠诛因病死在了马路旁边，那时他连医院的门都没进过。从那以后，尹诛开始憎恨社会，跟犯罪团伙一起混，不停地出入监狱。终于有一天，尹诛出于某种原因进行抢劫，还强奸了一个女孩，并杀死了三位女性，犯下了极其恶劣的罪行。

俞静在15岁时遭到了表哥的强暴。面对因恐惧和羞耻颤抖着的俞静，她的母亲竟对她理都不理，为了隐瞒事实，她还把责任全部推给了女儿。事后，俞静因为愤恨世间的伪善和卑劣，把对社会和家族的愤怒全部撒向了自己，三次试图自杀。

这个故事写的是一对男女都有着伤痕累累的过去，他们因为无法控制自己的愤怒和悲伤，给自己和身边的人都造成了伤害。最终这对男女在监狱相遇相识，他们学会了宽恕与和解，开始爱上生活。

故事中的这两个人就像刺猬一样，把刺全部指向了社会，想让他们学会宽容与和解，并不是一件容易的事情，想让他们敞开冷却已久的心更不是一件容易的事情。此过程的第一阶段就是让双方互相信任。建立可信赖的关系并不是遥不可及的事情，不过，还需要从遵守约定和聆听

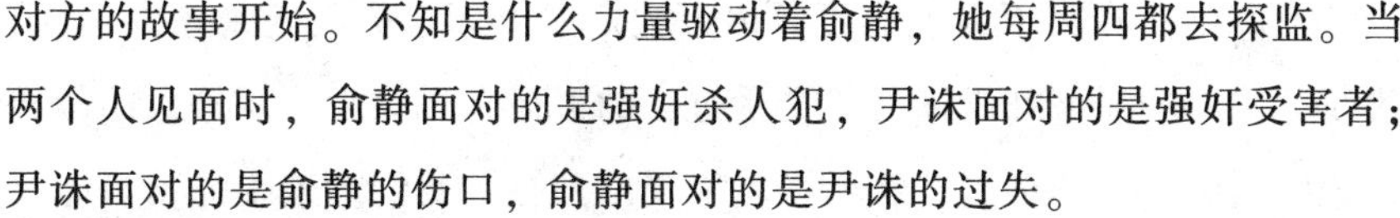

对方的故事开始。不知是什么力量驱动着俞静，她每周四都去探监。当两个人见面时，俞静面对的是强奸杀人犯，尹诛面对的是强奸受害者；尹诛面对的是俞静的伤口，俞静面对的是尹诛的过失。

不知从什么时候开始，两个人互相敞开心扉讲起了自己的故事。这一举动帮助他们与过去达成了和解，宽恕了自己，并终于解开了锁在自己脚腕上的镣铐。俞静被强暴时仅仅15岁，那时她还太小，如果是其他人处在跟她一样的处境，也没办法抵抗这种侵害。俞静抚摸着自己的伤口，渐渐想通了这一点。尹诛也有同感，他明白，要是别人在他那种情况下，也无法救自己的弟弟。

人们有一种想了解自己所经历的事实真相的欲望，也有不想了解真相、逃避真相的欲望。所以，人们会在追忆过去的同时对伤口保持沉默。

有些人批判说，追忆过去意味着日子一直要受过去的拘束。只有洗清了过去伤口的苦痛、怨恨，我们才能找回审视自己和批评自己的能力。只有勇于面对羞耻和无力的自己，我们才能够理解自己的实际。如果不能正确地审视过去，我们的内在生活也就无法得到幸福。

大部分人都会对自己的过去感到愤怒，并想否定过去或把过去合理化，或适当地进行覆盖和隐藏。压制过去的记忆并否定过去，把它当成梦一样进行非现实化，这样，内心最终就会陷入死亡般的沉寂。但是人们不明白，沉默无法掩盖过去，更无法治愈过去的创伤，反而会让过去的伤痛变得更加黑暗，伤口越来越痛。

为了洗清心理上的苦痛，我们首先要敞开自己的内心，向对方讲述自己伤心的过去。这个过程类似于精神分析。精神分析也需要向自己可以信赖的人敞开心怀，通过讲述过去来找到伤痛的原因，治愈自己的伤口。敞开心怀，把愤怒、绝望、孤独和悲伤全部倾泻出来，只有这样，我们才能够尽情地伤心和哭泣。也只有将过去的苦痛和怨恨清洗干净，勇敢面对事实真相，我们才能够宽恕曾经伤害过我们的人，并宽恕自己，进而将自己从痛苦的捆绑中释放出来，并学会和解的方法。

我们生活在当下，但当下是由过去而来，而且会决定未来的走向。所以，我们的当下和未来必然会受过去的束缚，如果无法从过去的精神冲击中摆脱出来的话，它将会影响和支配现在的我们。这个痛苦可能会一直延伸到我们未来的生活中。本来是自己该成为自己命运的主宰，但现在，不堪回首的往事却成为了我们人生的主宰。当时痛苦，现在痛苦，常常让我们觉得生不如死，可是我们到底要为这个往事痛苦到什么时候呢？

想要摆脱过去的痛苦，我们首先得要面对过去，跟过去达成和解。只有这样，我们才可能摆脱过去，找回幸福。

6.“心流”越多者越幸福

什么样的人更容易感到幸福呢？更容易感到幸福的是那些经历过“心流”的人。

心流又叫“沉浸”，是指一种心理状态。沉浸是一种积极的当下情绪体验，是能够让人全身心投入的、引起好奇的、激发个人兴趣的体验。这是一种包含愉快、兴趣等多种情绪成分的综合情绪，在沉浸状态下，人们的感觉和体验是合二为一的。

契克岑特米哈依曾经请一些人简单描述使他们感到最快乐的活动，发现人们一致地谈到当时自己对正在做的事情非常投入，没有任何事情可以打扰他们。“快乐的状态是专注地融入某件自己喜欢做的事，全力以赴、尽情发挥，完全忘记其他所有不相关事物的存在，这时内心会感到很自然，很轻松，这种体验就是‘心流’。”

真正的幸福意味着生活在一种“沉醉”状态中，即完全沉迷于一种

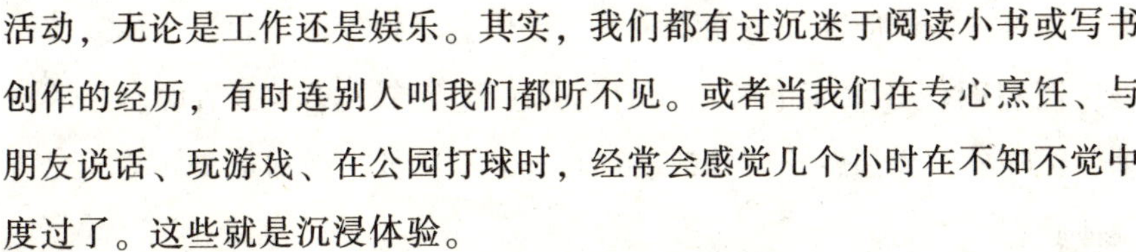

活动，无论是工作还是娱乐。其实，我们都有过沉迷于阅读小书或写书创作的经历，有时连别人叫我们都听不见。或者当我们在专心烹饪、与朋友说话、玩游戏、在公园打球时，经常会感觉几个小时在不知不觉中度过了。这些就是沉浸体验。

在沉浸状态中，人们能享受着巅峰体验，会感受到快乐，展现出最好的状态。无论人们在沉浸的境界里做什么，人们对待正在进行的事情都是用一种全神贯注的态度。在最佳状态下，人们将会更有效地去学习、成长、进步以及向未来的目标迈进。

当任务挑战性和个人技能都达到最高值时，沉浸体验是最佳体验，具有最丰富的心灵能量。设定明确的目标是沉浸体验的前提。我们在确定目标和方向后开始行进，遥远的目标是我们前进的动力，帮助我们去感受正在经历的这个体验过程。许多时候沉浸体验所带来的更高层次的这种幸福享受，就在于它能把“无痛无获”变成“现在的快乐即未来的成果”。

比如，一个喜欢打乒乓球的人，总是千方百计寻找机会去打乒乓球并反复获得沉浸体验。但当他打了一段时间后，他的球技会得到提高，这时他再与原来相当水平的对手打球时，就会感到厌倦而不会再有沉浸的体验，这时他只有再找到新的与他此刻的技术水平相当的对手后，才会产生沉浸体验。

成人在进行大多数游戏活动时都会感到厌倦，提不起兴致，儿童却常常能乐此不疲。因为儿童游戏对成人来说缺乏挑战度或挑战度不高，而游戏对儿童来说却具有较高的挑战性。同样学骑自行车时只能给人们短暂的沉浸体验，因为挑战度较小。但是下棋的挑战度就大，它能为人们带来较长的沉浸体验。

那些能够产生“心流”的任务不能太单调、太沉闷，不能让人产生挫败感；它还要具有充分的挑战性，要求一个人全神贯注。高挑战有时会带来一定的痛苦，这本身并不是巅峰表现的最高境界。只有在一个难易适度的范围内，人们才能既发挥最大的能力，又可以享受过程中的快

乐。如果任务难度高而技能不足时，人们会感到焦虑。相反，如果技能程度高超而任务太简单时，人们就会感到乏味。像体育活动、艺术活动、国际象棋和围棋比赛等活动都具有这一特征，因而也最容易产生沉浸体验。

为什么经历“心流”越多的人，越容易感觉幸福呢？

许多杰出的心理学家都将心理健康描述为活在当下。当我们完全投入当前正在做的事情时，就不可能再专注于过去和未来，不可能感觉到自我的存在；而过去、未来和自我意识，往往会破坏我们对生活的满足。沉浸体验能够激发人们的兴趣，使人们完全投入当前正在做的事情，从而忘记那些会破坏人们幸福感的东西。

那些经历着所谓“心流”的人更容易感到幸福。艺术家、科学家常常会沉迷于工作中，到了忘记一切的地步。艺术家、作家进入创作中，会进入奇思妙想，越写越舒畅，几乎欲罢不能，他们在创作中获得极大的快感和兴奋。人有多种欲望的满足，除物质欲望的满足外，还有一种纯精神性的满足，就是世界观的满足。科学家的最大快感和满足便是把某种现象发生的原因揭示出来，他们的满足是“世界观的满足”，比饥渴和“饱暖思淫欲”的满足更高一层。在“沉醉”状态下，人们会运用全部或大部分的技能。因为一个人的技能运用太少会对幸福产生威胁，以致诱发烦恼和焦虑。

“心流”体验能够激发我们的兴趣，使我们完全投入当前正在做的事情，从而忘记那些会破坏我们幸福感的东西。

当然，人们也可以通过后天的学习来改善自己注意的某些品质，使自己的注意力得到提高，从而使自己更容易获得沉浸的体验。如通过冥想、瑜伽、气功和太极拳等活动。特别是在冥想和瑜伽的训练中，心理的投入要远远重于身体的投入。我们可以用冥想和瑜伽的方法来对待自己日常单调的工作，因为冥想和瑜伽可以帮助我们从单调或不愉快的工作和生活中获得快乐。

7. 幸福就是“活在当下”

人的一生中只有放弃背负的各种各样欲望的包袱，才能回到当下，去享受当下的快乐。人的一生就像在爬一座大山，本来前往山顶的目的是为了看到更多的风景，可是许多人总是习惯在爬山的时候，身后背负着各种各样欲望的包袱，结果爬山的过程是越爬越累，别说登不上山峰，就连欣赏沿途景色的快乐心情也会荡然无存。

人生需要抛弃一些欲望的烦扰。快乐与金钱、权势、名声、地位都没有多少关系，真正能给我们带来快乐的是轻松的心境，只有放下多余的东西，才会拥有快乐幸福的人生。佛家常劝世人要“活在当下”。“当下”指的就是你现在正在做的事、你所在的地方、与你一起工作和生活的人。“活在当下”就是要你把关注的焦点集中在当下这些人、事、物上面，全心全意、认真地去体验和投入这一切。

曾经有人问一个禅师，什么是“活在当下”？禅师回答，吃饭就是吃饭，睡觉就是睡觉，这就叫活在当下。我们身边又有多少人能够真正活在当下，感悟当下，享受当下的人生呢？

不少人都是活在过去或未来之中。一些人沉陷在追忆的生活中，为失去的风光时代感慨，为未来而忧愁。还有些人为过去坎坷的际遇而愤愤不平，对某事、某人至今耿耿于怀。也有的人沉陷在对未来的想象中，担心如今还强壮的身体因年老而多病，担心年老失去工作能力，经济成问题。还有的人面对衰老的生理现象坐卧不安，甚至还有的人在欲望与现实的拼争中将自己折磨得郁郁寡欢、筋疲力尽。无论是活在过去还是担心未来，他们共有的心理疾病就是失去了当下。

第七章　幸福的密码在“当下”寻找

库里希坡斯曾说：过去与未来并不是“存在”的东西。唯一“存在”的是现在。

其实活在当下就是这么简单，简单的人生，没有拖累，放弃欲望的包袱，只有简单轻松，才能行走得更远、更久。

有的人为什么总是倒霉？原因很简单，就是没有活在当下。

20世纪90年代美国人克里斯托弗·瑞夫因在电影《超人》中扮演超人而一举成名，但没多久，一场大祸却降临在了他身上。1995年5月，瑞夫在弗吉尼亚一个马术比赛中发生了意外事故。他从马背上向前飞了出去，以致头部着地，第一及第二颈椎全部折断。

事后当瑞夫提及出事的原因时说道：“从马背上摔下来，其实是由于我半秒钟的分心，心思没有在当下。”因为瑞夫半秒钟的分心，不在当下，让他遗憾终生，坐在轮椅上，终生瘫痪。但是瑞夫又是一个敢于真正面对当下的人，在面对高位瘫痪时，瑞夫用微笑迎接生命的曙光，找回了生存的勇气和希望，可以说瑞夫是现实中的“超人”。

“我拒绝让瘫痪左右我的生活方式。这并不代表我鲁莽或者冲动，我只是设立了一个目标，然后朝着这个目标努力。我相信我最终能够康复。”尽管瑞夫的腰部以下还是没有知觉，但他克服了巨大的疼痛而顽强地活了下来。后来，他不仅亲自导演了一部影片，还出资建立了瑞夫基金，为医疗保险事业作出贡献。在自传里，他郑重地记下了儿子说的那句话：“爸爸还能笑呢。”是的，不管灾难有多严重，我们要记得，只要还有微笑，只要勇敢地迎接挑战，只要体验当下的力量，一切痛苦都会变得无足轻重。

每个人都有过去，都有经历。可是过去的已成过去，不管你现在怎样追忆、怎样伤感，时间永远都不会回头。在追忆过去的时候，遗失更多的是今天的好时光。人生每一段记忆和美好的时光，都应该为珍贵的当下积累经验。

我们在回忆中获得生活带来的启发，在追忆中感恩每一次际遇，在学习中体会经验教训、提升智慧，充实我们幸福的人生。

活在当下听起来很简单，但是却是人们最难做到的。有人说得好：活在当下，就要对自己的现状满意，要相信每一时刻发生在你身上的事情都是最好的，要相信自己的生命正以最好的方式展开。我们需要学会在每天给自己一个积极的自我暗示：“今天我正拥有着当下的幸福人生。”我们老得太快，却聪明得太迟。人生短暂，太多的东西不在我们掌握之中，过去已成过去，未来也不一定在我们想象之中，只有当下的这一秒钟才实实在在地掌握在我们手里。

8. 你是那只不停奔跑的老鼠吗

我们在宠物市场中经常会看到，笼中的小老鼠在不停跑步的情景，老鼠跑得越快就会变得越累。这场景就非常像我们现实生活中的很多人，他们也是在自己人生的轨道上拼命地奔跑。奋斗，挣扎，但是，老鼠在笼子里永远跑不出去，它们跑了半天就一直在笼子里。很多人在人生轨道上也是出于类似的一种情景，每天日子就像是老鼠赛跑。

在生活中有很多人习惯这样想问题：如果我获得了那个工作，如果我找到了那样的情感联系，我挣到那样多的钱，等等。当我达到了这个目标，当我到达了那个地方，我就会感到幸福，我就会感到满足了。但是，现实中根本没有“那个”地方这种事情。

外部因素肯定对幸福感有影响，但远非我们想象的那么大，内在因素决定着人们的幸福感。

“终身教授”的职务对美国的一个大学教授是非常关键的，也是非常重要的。如果一个教授能获得一个大学的终身教职，就意味着他后半辈子的经济状况和工作职业都得到了完全的保障。这是人生道路中非常

重要的一件事。

哈佛大学心理学教授吉尔伯特针对“终身教职的幸福感”向许多顶尖大学的教授们询问：“假如你获得终身教职，你将会有多么的幸福呢？你将为此幸福多久呢？”

这些教授回答说：“如果我获得了终身的教职，我将会在整个后半辈子都感到很幸福呀！”

吉尔伯特又问他们：“如果你未获得终身教职，你又会怎样？”

他们回答说：“我肯定会很难受，非常烦恼和郁闷。”

吉尔伯特又问：“你将会为此烦恼和郁闷多久呢？”

他们回答：“或者会很久，或者会是我在其他地方获得终身教职的时候。当然也不知道是否与我现在的教职同样好呀！反正是要郁闷和烦恼很久的。”

之前，吉尔伯特教授都对这些教授的幸福基线水平进行了测量。当某些人获得终身教职之后再去问他们。的确，这些人都非常兴奋、幸福、狂喜，而那些没有获得终身教职的人，的确，也跟原来预期的那样感到非常的烦恼、沮丧、情绪低落。但几个月后再去寻找这些人，结果发现获得和没有获得终身教职的人，他们的幸福都恢复到了原先的基线水平，没有太多的变化。

心理学家对彩票中奖者的调查发现，大多数的彩票中奖者在六个月之后，有些人甚至在一个月之后，就恢复到了原先的幸福基线水平。

泰勒教授曾描述过哈佛许多学生的经历：“在刚考取哈佛的时候，当接电话录取通知书的时候；当拿到了装满录取通知和资料的大信封的时候，当时有多么幸福呀，会激动得举双臂欢呼：改变我人生的时候到了，我考上哈佛了。”那举起双手欢呼的动作和激动会持续到新生入学的第一个礼拜，泰勒教授说他就是这样过来的。

“这个地方的人真是太棒了，太优秀了。我真是不敢相信自己怎么会来到这所大学。会不会搞错了？”

开学了，上课开始。许多学生这时才想起来，哈佛是有课要上的，

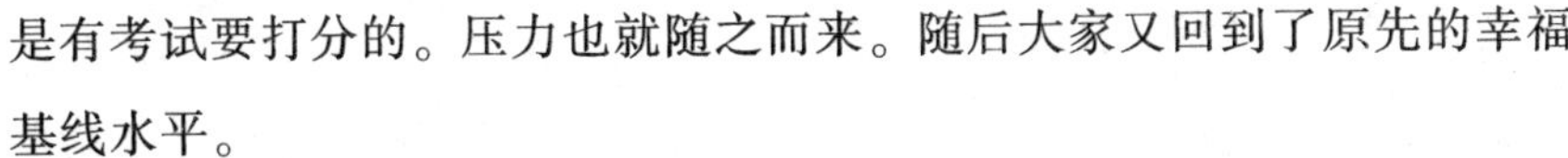

是有考试要打分的。压力也就随之而来。随后大家又回到了原先的幸福基线水平。

为什么许多非常成功的人经常感到抑郁、沮丧、情绪低落，而且这种时间还比较长？因为他们认为：一旦我到达那里，然后我就会幸福，于是他们到达了那个地方，可是在那里他们并没有发现幸福。

他们发现自己迷失了，因此而沮丧，所以，很多人就选择了代替的办法，想去重新感受这种快感，有的人会继续拼搏努力，但有部分人通过酗酒、赌博等重新寻找这种快感。

忙碌奔波型的人，错误地认为成功就是幸福，坚信目标实现后的放松和解脱就是幸福。因此，他们不停地从一个目标跑向另一个目标。

等我们到达那儿，就会幸福，可是现实的感受并不是这样。我们到达了某个点，然后很快又回到了原先的基线水平，我们的幸福感又恢复原样。

从前有一个很怕死的人，他总是觉得死亡永远从后面追赶着他。为了逃避死亡，他每天都匆匆忙忙，把生活的时间表填得满满当当。他以为这样就可以避免被死亡追上。但有一天他碰到死神，死神告诉他死亡并不是从后面追赶着他，而是在前面等候着他。无论他走得快或慢，最终也会和死亡相遇。

只要人活着，就无法避免死亡，要想活得好，并非不停地去跑。

今天我们面对的社会，已经进入了一种非同寻常的高速运转阶段，社会环境的压力，人们对财富的追求和渴望，使不少人拥有共同的感受：“不知道为什么，只是在疲于奔命。”我们的时代像一部拧紧了发条的机器，无休止地高速运行着。

我们的精力和体力都在透支，却很少有人能说清楚自己的目的地在哪里，究竟什么时候才是尽头。

有什么方法能让我们好好地活着呢？去享受生命旅途的过程，而不只是为了到达山顶那个目标，也不是没有目的地绕着山转。生命的快乐，要在朝向顶峰攀登的过程中去感受。

9. 不要扼杀自己的“现在”

过去的已经过去，未来的还未到来，我们所拥有的只有“现在”，“现在”才是我们所拥有的财富。我们不能生活在过去的阴影中，也不能生活在未来的幻想中。正确的生活方式是充分享受“现在”的这一刻。

如果你因为过去的行为而耗尽现在的感情一蹶不振，那你就是在无谓的牺牲；如果你仍沉湎于自己的过去，惋惜失去的机遇，或追忆美好的昔日，希望自己再度回到过去，那你就是在不停地扼杀自己的“现在”。如果你能毅然地抛弃过去，使自己真正地生活在现在，并有效地进行思考和行动，那你就真正地把握住了幸福。

当然，告别过去并不是意味着消除自己的记忆，忘却能使现在的生活更愉快、更高效。知识是无价之宝，其中的真理能够指明我们现在生活的方向。但是，我们应该立即与过去那些不愉快的事情说再见。比如，亲人可能刚刚辞世，自然我们会短暂地感到悲伤。这一损失给我们带来的痛苦可能是无法用语言来表达的，因为谁都明白，生与死是截然不同的。此时我们会感到失去亲人的痛苦，如果没有这种感觉，也就不成其为人，或者说我们的心理已遭毁灭！但是，如果我们无限期地陷入这一悲痛之中，不能摆脱这一悲痛回到“现在”中来，那就是使自己永远留在过去之中，这实际上是一种自焚。

另一方面，如果我们在过去伤害过别人，我们可以衷心地表示道歉，并为自己的过错表示内疚。但要是我们无休止地生活在悔恨当中，使自己隔绝于现在的生活，那我们的精神生活就永远得不到改善。

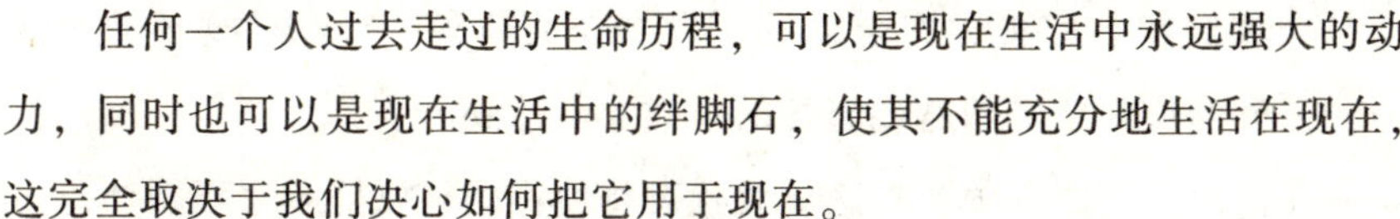

任何一个人过去走过的生命历程，可以是现在生活中永远强大的动力，同时也可以是现在生活中的绊脚石，使其不能充分地生活在现在，这完全取决于我们决心如何把它用于现在。

如果你希望自己成为一个成熟的人，那你在回首往事时，必须收集过去的一切真、善、美和灵感的源泉，这些才是一个人自己生活历程所留下的最大财富。一个人除了从自己生活的历程中汲取所积累的智慧之外，你又能从哪里获得激荡心灵的生活哲理呢？告别过去，首先应该承认过去的过去了，并且拆除那个使你陷入“往日”与“现在”隔绝的墙，收拾起觉得确实应该从过去带走的行装之后，就可以向过去告别，回到充满阳光的“现在”地带。

人从“现在”起步走，但往哪里走？所以首先要树立一个人生目标。而人生目标树立的正确与否，又取决于一个人的人生观。只要人生观正确，其人生目标也必然是正确的。人生观有问题，其人生目标必然是消极的、错误的。达到正确的目标是幸福的，达不到目标，其追求过程也是幸福的。而错误的人生目标，其追求的过程是痛苦的，达不到目标是沮丧的，达到目标更是危险的。譬如，如果你是以追求获得足够的财富使自己永远快乐为自己的人生目标，那你追求的过程必然是危险的，当你获得某一程度的财富时也不会感到幸福，你只会将这些财富作为你奢望的赌注，因为你觉得自己需要更多的财富，如果你把特权以及社会一刻也不停地向你兜售的各种外在的“奖赏”作为人生目标，你将陷入时刻追求“成功”的泥潭中，那你是世界上最累的人，是世界上最痛苦的人。

生活在“现在”，凡是从利己主义的目标出发追求个人幸福的人，其最终必然事与愿违，甚至走向人生深渊；生活在“现在”，凡是以追求他人幸福为目标的人，最终也必然得到真正幸福。

最大限度、最大价值地使用“现在”的方式，就是要全神贯注于为达到人生目标所从事的行动上。这种精神状态就是全心全意地投入到你现在的生活，不想任何事情，没有任何犹豫，也没有任何怀疑和抵制。

这是一种纯粹、完善、完全自发而没有任何障碍的行动。这种精神状态，只有当自我已被超越或忘怀的时候才能达到。

在任何人类活动中，到达忘我状态将使你获得以前从来不曾体验过的内在宁静和自我满足。如果你能够学会将此时此刻的心神完全贯注于自己的人生目标，你会发现自己正体验到无法形容的超越自己的欢乐。

忘我，就是完全沉浸在“现在”的生活，这不需要专门的训练，只要求放弃自我束缚的心态和行为就可以，因为这种心态和行为使你不能享受生活在“现在”，尽管这样的心态并不能每天都达到，但在学习生活在“现在”之初，首先要尽可能从生活进程中抛弃靠“过去”和“未来”。置身于现在，自己深入地投入于某件事情，对这件事情追求越有积极主动性，自己从事这件事情所运用的内在资源也就越多，自己成功的机会也就越大。

对大多数人来说，置身于你所从事的职业是生活在“现在”的关键，并使许多人超越了年龄的界限，创造出伟大的艺术作品，获得了巨大的科学发现。无限度的人则能够完全置身于自己所做的一切事情。

为说明置身的权威，我们常常说某人痴迷于某项事业已达到废寝忘食的程度。你还可以看到我们的水兵在战舰上遇到大风大浪而晕船呕吐的情形，但当战斗警报一拉响，大家都奔向战位，晕船全都马上停止，但当解除战斗的警报一拉响，战斗一结束，晕船和呕吐马上又卷土重来！

你是否也曾体验到，当你在做不乐意做的事情的时候精神是如何的疲倦，而当你精神百倍致力于令你振奋的工作时又是如何轻松？答案非常简单：当你积极主动地投身于“现在”的生活时，你就根本没有时间觉得劳累。同样，如果你劲头百倍地度过你“现在”的时光，时间就一闪而过。

生活在“现在”的能力是一种技能，在日常生活过程中，我们必须培养这种技能。

人生是一个过程：从“过去”走来，在“现在”生活着，同时又走

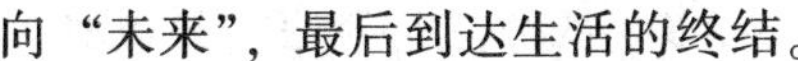

向“未来”，最后到达生活的终结。

在如何完成生活的整个流程中，始终都存在着如何处理好“过去”、“现在”和“未来”的关系问题。处理好了，生活就是幸福的；处理不好，生活是痛苦的。

过去的生活给你提供了知识、经验，成为你的无价资本，未来的憧憬和高尚的人生目标，给了你永不枯竭的动力。所有这些，都给你的“现在”生活提供了享用的条件。“现在”才是你实现人生目标、享用人生的真实舞台。

每个人都是从“过去”走来的。所以难免会受过去经验的影响和干扰。“过去”能给我们提供有益的帮助和指导，使我们轻而易举地完成某项带有规律性的事情。所以，人们不可能完全忘记“过去”，人生不可能一点儿也不靠经验。但是，如果你陷入“过去”的阴影而无法自拔，或迷信以往的经验，那就会深受“思维定式”的毒害，让自己犯下错误。

10. 寄希望于未来，不如活在当下

著名的冈波巴大师也持有这样的看法，他总结了人生的四大可悲之事，对于现代的年轻人有非常重要的启发意义。年轻人容易空耗大好的人生时光，做一些没有意义的事情，这一切都源自他们不懂得珍惜眼前美好的时光，不能活在当下。人生第一件可悲的事情就是做坏事。

贝利是一个珠宝大盗，他同时还是一个出色的艺术鉴赏家。他落网后，被判处有期徒刑 18 年，好不容易才熬到刑满释放。出狱那天，有记者问他：“你偷过很多人，其中蒙受损失最大的人是谁？”贝利说：

“是我自己。”记者大笑。贝利正色说：“以我的才能，我原本可以成为华尔街大亨，但我错选了小偷这门职业，在监狱里度过了生命中四分之一的时间。所以，在偷窃中损失最大的人是我自己。”

干坏事的人，不一定是无能之辈。他们往往心理素质比较好，也有一定技能，如果加上勤奋苦干的精神，完全可能干出堂堂正正的事业。而他们却将才能用于干毁灭自己的事，岂不是很愚蠢？所以说，有本事干坏事，不如凭本事干正事。年轻人容易误入歧途去做坏事，进而将本来无限美好的人生就这样耗费了。如果你是一个年轻人，请记住这句话吧！

人生第二件可悲的事情就是心无大志。冈波巴大师说：“在这个恶浊短暂的世界上，把自己的生命全部消耗在无意义的事情上，实在是十分可悲的事。”

心无大志的人，最大的愿望是享受，他们整天幻想工作更轻闲一点、生活更富裕一点、享乐更多一点。可是，工作轻闲跟生活富裕享乐多是相互矛盾的。所以，他们通常不能实现自己的愿望，只能生活在缺憾和不满足中。胸怀大志的人绝不会让自己淹没在感官享乐之中，他们努力创造，以实现人生最大的价值。能够成就辉煌事业者，通常都是这样的人。表面看，他们是世界上最辛苦的人，其实是世界上最快乐的人。因为他们能从自己的每一项创造性工作中感受到快乐。

人生第三件可悲的事情就是放弃义务。每个人都享受过他人带来的福利。比如，我们行走的道路，是别人修建的；我们乘坐的车辆，是别人制造的；我们吃的食物、穿的衣服，是别人生产的……从某种意义上来说，每个人都是我们的恩人，我们应知恩图报，为社会尽义务，贡献自己的价值。可是，有的人却毫无感恩之心。他们总是觉得自己不够成功、不够富裕，而这一切都是社会不公造成的，都是别人的错。他们愤世嫉俗、怨天尤人，一心经营私利，从不考虑如何回报社会。这种人是私欲的囚徒，无论他们成功与否，都是很可悲的人。心怀感恩的人以开放的心态看待社会、看待人生，无论遭际如何，他们都乐意为社会、为

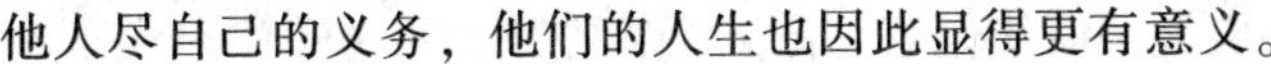

他人尽自己的义务，他们的人生也因此显得更有意义。

人生第四件可悲的事情就是荒废岁月。人在年轻时，身体、精力、思维都是最健全的时候，非常适于学习、进修和创造，应该加以珍惜，不让时光白白流失。寄希望于未来，不如活在当下，珍惜自己的美好青春，年轻人一定要趁年轻勤努力，不要等到自己老了给自己留下任何遗憾。

11. 人生原本没有“草稿纸”

有一天，乔治和朋友在院子里散步，他们每经过一扇门，乔治总是随手把门关上。“你有必要把这些门关上吗？”朋友问。乔治微笑着对朋友说：“当然有这个必要。我这一生都在关我身后的门。你知道，这是必须做的事。当你关门时，也将过去的一切留在后面，不管是美好的成就，还是让人懊恼的失误，然后，你才可以重新开始。”

事实上，更多的时候，我们在生活的路上走得不好，不是路太狭窄了，而是我们的眼光太狭窄了，所以最后堵死我们的不是路，而是我们自己。我们要振作精神，不要使过去的错误成为现在的包袱。

“我这一生都在关我身后的门！”多么经典的一句话！从昨天的风雨里走过来，身上难免沾染一些尘土和霉气，心中多少留下一些酸楚的记忆，这是不能完全抹掉的。我们需要总结昨天的失误，但我们不能对过去了的失误和不愉快耿耿于怀，因为伤感也罢，悔恨也罢，都不能改变过去，不能使你更聪明、更完美。如果总是背着沉重的怀旧包袱，为逝去的流年伤感不已，那只会白白空耗费眼前的时光，那也就等于放弃了当下。追悔过去，只能失掉现在；失掉现在，哪有未来！正如俗话所

说：“为误了头一班火车而懊悔不已的人，肯定还会错过下一班火车。”

要想成为一个幸福的人，最重要的一点就是记得随手关上身后的门，不要沉湎于懊恼、后悔之中。时光一去不复返，我们每天都应尽力做完当天该做的事。

当代大提琴演奏大师帕波罗·卡萨尔斯在他93岁生日那天说过一句话：“我在每一天里重新诞生，每一天都是我新生命的开始。”

我们总把希望放在明天，对未来有若干计划，而不是今天就开始。如果是这样，我们都是不懂人生真谛的人。要知道我们的生命是何等脆弱！早上醒来时，原本预期过的一个或快乐充实或平静安宁的日子，可能就被没想到的意外事件破灭，如交通事故、地震灾害、脑溢血、心脏病等等，刹那间颠覆了生命的巨轮，我们突然闯进一片黑暗之中，再也看不到未来。我们还会让自己妄想，担心一些没有到来的事，如我老了、病了怎么办等这类杞人忧天的问题；或挂念还没完成的工作，而当下又无法去做的这类没有意义的事情。

如果是这样的话，我们就把现在最美好的时光给耽误了。因为，对于未来的所有担心、挂念、空想根本没有意义，就像一辆陷在烂泥里面空转的车，只能在那个地方空转，浪费了油而没有意义。回想一下我们曾担心过的事，担心考试会不会通过，担心生病什么时候能好，担心天气会不会下雨，担心没钱缴贷款……最后的结果曾因我们的担心而有改变吗？事实上这是不可能的。因为，担心紧张怎么会带来好成绩？忧愁烦恼怎么能让病情转好？焦虑不安怎么就能变出钱来缴贷款？天气也怎么会因我们的担心而有所改变？担心永远是多余的。

李女士的丈夫因为车祸丧生，李女士觉得非常悲痛，为了谋生，她写信给她以前的老板，请他允许她回去工作。李女士这样想，再回去做事或许可以帮自己解脱悲伤。但李女士什么都怕：怕自己付不起房租，怕没有足够的东西吃，怕自己的身体变坏而没有钱看病。有一天，李女士读到了一篇文章，使她从消沉中振作起来，让她有勇气继续活下去。李女士永远感激那篇文章里那一句很令人振奋的话：“对一个聪明人来

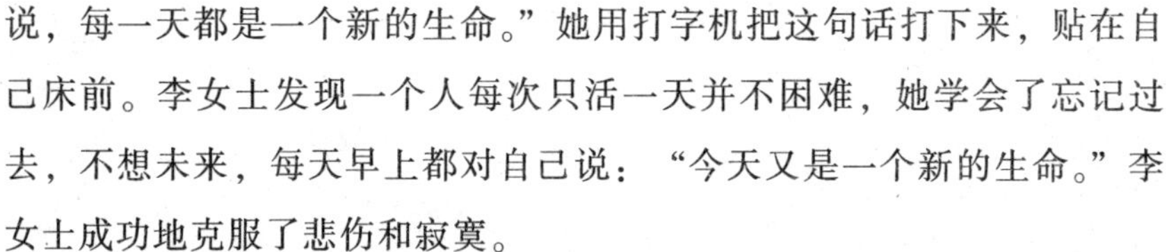

说，每一天都是一个新的生命。”她用打字机把这句话打下来，贴在自己床前。李女士发现一个人每次只活一天并不困难，她学会了忘记过去，不想未来，每天早上都对自己说：“今天又是一个新的生命。”李女士成功地克服了悲伤和寂寞。

现在李女士整个人都非常快乐，事业也取得了成功，对生活充满了热情。无论在生活中再遇到什么变故，她都不会再忧心忡忡了，现在她明白每个人都不用为明天担心，只要认真面对近在眼前的今天，一切自然都会海阔天空。因为对一个懂得生活的人来说，每一天都是崭新的。

的确，我们要学会珍惜现在！因为昨天不过是一场梦，而明天只是一个幻影，但是活在很好的今天，却能使每一个昨天都是一个快乐的梦，每一个明天都充满希望。好好把握这一天吧，这就是我们对黎明的敬礼！所以，如果你不希望忧虑侵入生活，就要把“身后的门关上”，生活在当下。

人生没有草稿纸，人生的答卷无法更改，也无法重做。所以，我们只有把握好现在，认真地对待现在，才能时刻拥有幸福。

第八章

今日的执着会造成明天的痛苦

1. 沉淀自我，让生命之水更清澈

在希腊神话传说中，有一个关于仇恨袋的故事。原来这个仇恨袋有一个特性，如果它挡住了你的去路，你想把它踩扁，然后从它身上跨过去，那么，你就犯了一个错误，因为，这个仇恨袋会越踩越大，最后，会变得像一座山一样高，你永远也别想通过了。有没有通过仇恨袋的方法呢？唯一的办法就是，别去碰它，这样，仇恨袋就会自动慢慢地变小，直到变得扁扁的，像一张纸片，你轻易地就可以跨过去。

其实，烦恼和痛苦就像仇恨袋一样，你越是在意它，它就变得越大，当你试着把它放下来，就当这些事没有发生过，过段时间，它们就慢慢地淡化了，心情自然就会好了。沉淀自己是一个扬弃的过程，是在取舍中不断超越和不断觉悟的过程。当一人放弃恩怨、放弃前仇，获取的可能会是一条更加宽广的生命大道。

麦克失业后心情糟透了。为了排解心中的苦闷，他找到了镇上的牧师。牧师听完了麦克的诉说，把他带进一个古旧的小屋，屋子里唯一的一张桌上放着一杯水。牧师微笑着说："你看这只杯子，它已经放在这儿很久了，几乎每天都有灰尘落在里面，但它依然澄清透明。你知道是为什么吗？"

麦克认真思索，像是要看穿这杯子。他忽然说："我懂了，所有的灰尘都沉淀到杯子底了。"

牧师赞同地点点头："生活中烦心的事很多，有些你越想忘掉越不易忘掉，那就记住它好了。就像这杯水，如果你厌恶地振荡自己，会使整杯水都不得安宁，混浊一片，这是愚蠢的行为。而如果你愿意慢慢

地、静静地让它们沉淀下来，用宽广的胸怀去容纳它们，这样，心灵并未因此受到污染，反而更加纯净了。”

许多事情就像一杯浑水，不去摇动或用其他东西搅动，要不了多久，这杯水中的灰尘自己就会沉淀下来，变得清澈。沉淀是生命的一种姿态，也是人生的一门必修课程。

许多时候我们需要让自己放慢生命的脚步，给自己一个暂停的口令。人生匆匆，我们无法带走道路两旁美丽的风景，但我们可以拾起路边的几颗鹅卵石，将它放进我们的兜里。在喧闹的世界中，让自己能在静思中，发现自己的浮躁，在聆听中查找自己的不足，在静心放松的瞬间，学会去觉察和观看自己的内心。人生的时钟永远往前走，每进一格，埋葬的都是后悔、伤感、仇恨和痛苦，迎接的都是乐观、激情和欢笑。如果总是对过去的事情耿耿于怀，用伤感和悔恨拖着时钟的脚步，只会是无济于事。

有一个富翁背着许多金银财宝，到远处去寻找快乐。可是走过了千山万水，也未能寻找到快乐，于是他沮丧地坐在山道旁。一农夫背着一大捆柴草从山上走下来，富翁说：“我是个令人羡慕的富翁。请问，为何没有快乐呢？”农夫放下沉甸甸的柴草，舒心地揩着汗水：“快乐也很简单，放下就是快乐呀！”富翁顿时开悟：自己背负那么重的珠宝，老怕别人抢，总怕别人暗害，整日忧心忡忡，快乐从何而来？于是富翁将珠宝、钱财接济穷人，专做善事，慈悲为怀，终于他尝到了快乐的味道。人们活得累的原因就是解不开心结。

人为什么放不下，因为在人的潜意识中认为放下所失去的好处，会大于放下所得到的好处，因为放下要舍去很多东西，而这些东西又恰恰是人们所最不愿意舍去的，所以人们总是放不下。有一位大师说：“人生是一次飞行，飞行前需要卸下身上不需要的负重。不用的就把它放下，应放下的时候，却不放下，就像压在身上的负荷行李，让人无法自在。”

功名利禄、房子、车子、票子，欲望和需求将我们缠绕捆绑得难以

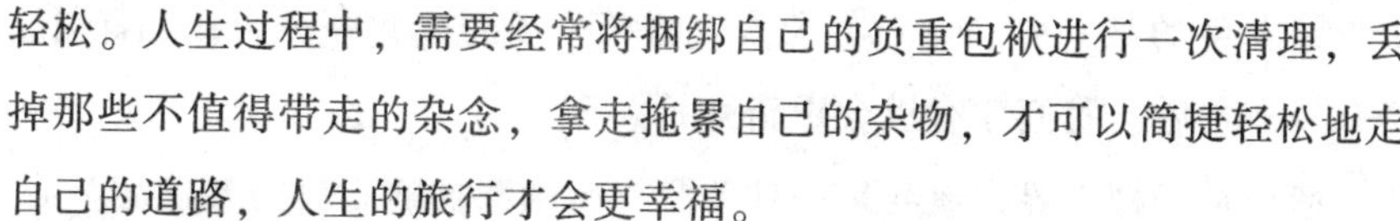

轻松。人生过程中，需要经常将捆绑自己的负重包袱进行一次清理，丢掉那些不值得带走的杂念，拿走拖累自己的杂物，才可以简捷轻松地走自己的道路，人生的旅行才会更幸福。

学会放下并不是不求上进，恰恰在于懂得放下的人才最终会赢得幸福。学会放下，可以使身负重荷的人生得到暂时的休息，摆脱烦恼和纠缠，会使整个身心沉浸在一种轻松悠闲的宁静之中。这样可以做最想做、最该做、最需要做的事。

许多人的一生并不缺乏才华，也不缺少能力和成功的机会，可是为什么许多人总是与财富和成功擦肩而过呢？就是因为他们还没有学会沉淀自我。

2. 遗忘之后才有机会重新开始

有一对双胞胎姐妹，在同年结婚，但10年后两人的婚姻都亮起了“红灯”。姐姐从发现丈夫背叛自己的那一天起，就发誓不会再让丈夫碰自己，并与丈夫争吵，还让丈夫写保证书、起誓。许多女人使用的方法，姐姐全用上了。3年过去了，婚姻毫无改观，夫妻身心都受到严重伤害。姐姐经常说的一句话是：“我无法原谅他对我的伤害，无法遗忘那一场噩梦。”

妹妹一样无法原谅丈夫的越轨。妹妹说：“我想到与他一起去死，想离婚永远离开他。”但是面对孩子，回忆起婚姻中曾经的快乐时光时，妹妹认为丈夫的错误中肯定也有自己的问题，就给了丈夫一个机会，给自己一个学会原谅丈夫的机会。后来妹妹的婚姻一直幸福美满。

遗忘就是让我们放弃那些不需要再去背负的痛苦。学着去放弃生活

中曾经发生的某些事、遗忘某个人，将某一段历史封存在记忆的深处。只有放弃之后，我们才有机会重新开始。

遗忘是一种境界，放弃是一种智慧，因为我们的心灵需要遗忘。心里存在“毒素”的人永远不会感到生活的美好，而排除“毒素”的最好方法就是学会遗忘。

面对生活中遇到的挫折、经受的伤害以及打击等不顺心的事情，我们根本无须耿耿于怀、藏于心底。这些负面情绪和痛苦的感受就是我们心灵滋长的心理“毒素”，它会毒害我们的心灵和生活，会使我们丧失对自我的信心。

孩子的心灵没有烦恼的乌云，只有阳光灿烂的笑容。小孩子前一分钟还在哭泣，只要你给他们说些安慰的话或给予一个小小奖励，下一秒他们就会露出开心的笑容，因为孩子善于忘记。

有人会说孩子没有压力也就缺少烦恼，可是我们要面对那么多的压力和问题，怎么能没有烦恼？

如果一份记忆不能给我们带来快乐，甚至还在剥夺我们的快乐和幸福，我们必须将它彻底舍弃。

健忘者永远会觉得生活新鲜有趣，心情自然就能舒畅快乐。只有那些愚笨的人，才会把过去的劣迹翻掘出来，并去反复地自我复制烦恼，扮演着“喋喋不休”的祥林嫂的角色。

智慧的人能让青草在“过去”的坟墓上生长，让新生的希望开出灿烂的花朵。

近10年，每次体检的时候，医生都会提醒小张：口腔中有一颗龋齿槽牙需要拔去。小张因为顾虑拔牙的疼痛，就一直没理会此事。一个晚上，槽牙突然剧疼，小张辗转反侧一整夜也难以入睡。第二天一早起来他就预约牙医，到了牙科诊所，打麻药之后几分钟内，很顺利的就拔去了龋齿的槽牙。

天使之所以会飞翔，是因他们有着轻盈的人生态度。龋齿如此，生命中的许多东西也是如此。对于一颗已经龋齿的烂牙，拔掉它就是最好

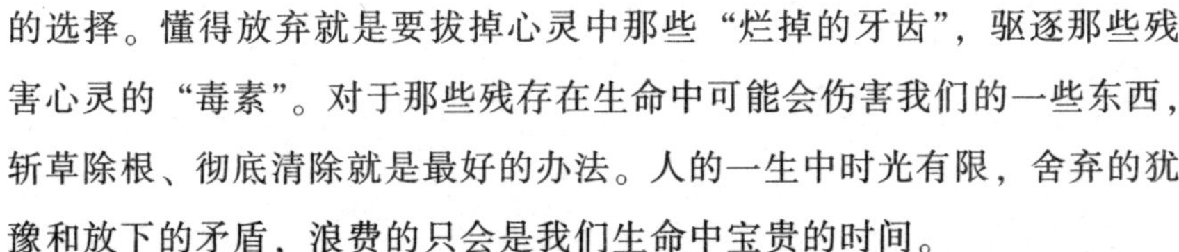

的选择。懂得放弃就是要拔掉心灵中那些“烂掉的牙齿”，驱逐那些残害心灵的“毒素”。对于那些残存在生命中可能会伤害我们的一些东西，斩草除根、彻底清除就是最好的办法。人的一生中时光有限，舍弃的犹豫和放下的矛盾，浪费的只会是我们生命中宝贵的时间。

人生犹如一次旅行，在旅行的行囊里，我们应该装什么或不应该装什么，一定要清楚。旅途中背负的包袱太多，就会变成累赘。那些无助于我们旅行的负重物，应该统统抛弃，把更多的空间留出来，让自己轻松起来。只有脚步变得轻松，眼睛才能浏览旅途中美丽的风景。如果背负太多，最终有可能会累死在路上。

许多时候，该放下时就要放下，只有学会放弃，才能保留对我们最重要的东西。

在非洲大草原上，斑马这身显眼的打扮却成为它生存的优势法宝。原来，在非洲大陆上，有一种可怕的昆虫：舌蝇。动物一旦被舌蝇叮咬，就可能会染上昏睡病，出现发烧、疼痛等症状，直至死亡。科学家经研究发现，舌蝇的视觉很特别，一般只会被颜色一致的大块面积所吸引。对于有着一身黑白相间条纹的斑马，舌蝇往往是视而不见的。斑马在生命进化的过程中，放弃了皮毛的一色，而选择了黑白相间的条纹，反而成为斑马生存的最有利优势，使斑马成功地躲掉昏睡病的困扰。

那么斑马不是很容易成为大草原中的狮子或土狼之类的攻击目标吗？在单个的斑马遭受到狮子、土狼的追捕时，一旦被追捕的斑马跑进斑马群时，狮子和土狼就会被满眼黑白条纹蹿动的一群斑马弄得眼花缭乱。斑马在生命进化中的优势，使斑马在优胜劣汰的非洲大草原上成为数量最多的动物。

以人类的审美眼光来看，斑马选择黑白相间条纹的奇特打扮是很明智的，甚至是完美的。其实这个世界上，没有完美无缺的选择，人生也是这样，一个人很难占尽所有的好处。有时学会放弃一些东西，遗忘一些不重要的东西，只关注前进中最重要的那部分，也许会帮助我们得到更多的幸福。

3.“放下”难就难在不肯放下

在佛家眼里，世人因有妄执，无不痴愚。如何治愚？就是两个字：放下。这两个字虽然简单，但做起来很难。因为人都觉得自己很聪明，并无痴愚，又何必放下？

为什么很多人实愚而不自知呢？这是同化的力量。入芝兰之室，久而不闻其香，大家处在一个痴愚的环境，已经对痴愚没有感觉了。

我们初到一个新环境，觉得这也看不惯，那也看不惯，觉得别人都俗，独有自己高雅。久之，这也看得惯，那也看得惯，大家都是一般的人，这就同化了。

因此，放下的最大难度在于不肯放下。好比每个人都糊涂，可是为了证明自己不糊涂，宁可喋喋不休地争论一整天，来证明自己多么聪明；甚至不惜打上一仗，以显示自己多么有智慧。既然不承认糊涂，又怎么会放下糊涂呢？

我们要幸福，只要学到“放下”二字就可以了。那么，我们该如何放下呢？

1. 不要强求结果。人生在世，总要做事，一方面，劳动是人的本质需求之一；另一方面，劳动是养生的最重要手段。既然想做事并且需要做事，那就好好做，用不着把做事当成吃苦，用不着把偷懒当成聪明。至于做到什么结果，则要随缘，不要刻意强求。

人只要睡得香甜，睡硬板铺和睡席梦思有什么差别？只要吃得香甜，吃粗茶淡饭跟吃山珍海味有什么不同？我们追求的是睡得香甜和吃得香甜，能达到目的就行了，何必在意形式呢？

佛经中有一个故事：

黑氏婆罗门修行非常刻苦，数十年坚持不懈，终于修成正果，上天入地无所不能。然而，他自己明白，这并不是真正的解脱，心中总有一缕无名烦恼。于是，他想去向佛祖请教。

为了向佛祖表达敬意，黑氏婆罗门使用神力，两手分别举起一棵鲜花盛开的合欢树和梧桐树，想供奉在佛祖面前。佛祖早已洞悉了他内心的想法，亲切地叫了他一声，然后说："放下吧！"

黑氏将左手的合欢树放了下来。"放下吧！"佛祖又说。黑氏放下了右手的梧桐树。然而，佛祖仍旧说："放下吧！"黑氏大惑不解："世尊，我两手空空，还放个什么？"佛祖微微一笑："我并不是让你放下手中的花树，你应该放下的，是心中的执著。也就是放下外六尘、内六根、中六识。"

黑氏说："我明白了，六根对六尘，从而产生六识。人若是舍弃这些，就到了无可舍弃的地步了。"

佛祖说："到了无可舍弃的境地，就是你超脱生死的时候！"

黑氏婆罗门心中有如电光一闪，豁然大悟了。黑氏婆罗门悟到了什么呢？他修行多年，已修到很高的境界，却无论如何放不下那个追求解脱的念头，或者说，放不下那个追求出人头地、超越同修者的念头，所以他始终不得解脱。当他将这个念头一放下，反而解脱了。

人生的道理也是如此，越是追求出人头地，做人的境界越低，做事也越荒唐，于是永远出不了头。一旦放下这个念头，好好地做事，好好地做人，好好地生活，人生境界反而提高了。所以说，与其苦心求之，不如无心得之。

2. 放不下，担着走。放下就是快乐。难道什么都放下就真的快乐吗？不一定。放弃自己一只手，能快乐吗？放弃自己的生命，能快乐吗？

有一天，赵州从谂禅师对严阳说："放下来！"严阳奇怪地问："我什么也没有，放下个什么？"严阳并没有意识到自己那无意识的执

著。“放不下，担着走！”赵州大喝一声。严阳恍然大悟。

一个人觉得生活很沉重，便去见哲人，寻求解脱之法。哲人给他一个空篓子背在肩上，指着一条沙砾路说：“你每走一步就捡一块石头放进去，看看有什么感觉。”那人照做了。哲人问他有什么感觉。那人说：“觉得越来越沉重。”哲人说：“这也就是你为什么感觉生活越来越沉重的道理。当我们来到这个世界上时，每个人都背着一个空篓子，然而我们每走一步都要从这世界上捡一样东西放进去，所以才有了越来越累的感觉。”

那人问：“有什么办法可以减轻这沉重吗?”哲人反问：“那么你愿意把工作、爱情、家庭、友谊哪一样拿出来呢?”那人不语。哲人说：“我们每个人的篓子里装的不仅仅是寻找来的东西，还有责任。当你感到沉重时，也许你应该庆幸自己不是总统，因为他的篓子比你的大多了。”

人生有一些与生俱来的东西，除了四肢五官、相貌天赋之外，还有义务和责任，以及对爱情、友谊等美好事物的追求。这些都是自己放不下也不想放下的。

我们带着四肢五官、相貌天赋走路时，并不觉得辛苦。因为它们是与生俱来又不可或缺的需要，已经习惯了，根本没有舍弃它们的念头。带着工作、爱情、家庭、友谊走路时，有时就觉得辛苦，因为我们意识不到它们是与生俱来又不可或缺的需要，似乎可以舍弃，偶尔还会产生舍弃的念头。又因为放不下、舍不掉，于是产生无穷的压力。所以，真正的压力也许不是我们想舍弃的东西，而是这个舍弃的念头。减压之法，就是舍弃这个舍弃的念头。

所以，对所有放不下的东西，强求放下，都是妄执。不妨告诉自己：放不下，担着走！

4. 痛苦是因为不懂得放弃

从来没有命中注定的不幸，只有死不放手的执著。若你不肯放手，即便是微不足道的伤口，也会被你撕开。放手，再深的伤口，也能痊愈。

“不幸”最常见的模式就是，当事人穿着“受害者”的外衣，充满无助地讲述自己的“不幸”。不久，我们就会被带入当时的环境和语言所营造的“悲伤场”，发出“真可怜”的感叹。

也许有些不幸，的确让人为之扼腕叹息。但是，大多时候，当我们脱离了当事人营造的“悲伤场”，就会发现，那些所谓“不幸”的背后，完全是一种夸张，是他们为自己挖下的陷阱。

一个女孩儿失恋了，她想起他的种种海誓山盟，他说要爱自己一辈子，陪自己一辈子，她想起他对自己说的甜言蜜语。可这一切，不过才经历了4年的时间，怎么一夜间就消逝了呢？她每天以泪洗面，她求他不要离开自己，她发疯似的四处找他，结果她才知道男朋友搬了家，早已不知去向。

她不甘心就这样失去他，干脆辞了职，放任自己在漫无边际的痛苦里游荡。终于有一天，她偶遇男友，原来男友早已移情别恋。她的泪汹涌而出，好久才恨恨地说：“我要报复他。”她陷入了愈来愈深的痛苦之中。

这个女孩儿因为不懂放手，所以将自己推入了痛苦的深渊。爱无对错，别苦苦纠缠你的得失，若强迫一个不再爱你的人留在身边，比失去他更为悲哀！

如果你不爱一个人，请放手，好让别人有机会爱他；如果你爱的人放弃了你，请放开自己，好让自己有机会去爱别人。

与恋人分开的时候，你要认真地反问自己：是否还爱他？若已不爱，不要为可怜的自尊而不肯离开；如果还是那样深爱，爱不是占有，爱他就给他幸福，放爱一条生路。

当恋人选择转身离去，请你也学着转身，把悲伤留到背后，让时间慢慢分解悲伤，直到你能开始新的生活。

痛苦源自执著，因为执著与画地为牢只有一步之隔。其实，不仅仅是爱情，很多人生的不幸，并不是源自不幸本身，而是因为我们过于执著。

一个小男孩儿不小心把手放在茶几上的花瓶里。花瓶是上窄下宽的一款，所以，他的手伸了进去，但抽不出来。母亲用了很多方法都拉不出他的手来，后来母亲没办法就狠心地把这个很名贵的花瓶给打碎了，打碎了才发现，原来孩子的手之所以抽不出来，并不是因为瓶口太窄，而是因为他的手里握着一枚硬币不肯松开。

在生活中有很多时候，我们就像小男孩儿一样，过于执著于自己想要的东西，结果给自己造成更大的伤害。其实有很多时候，只要我们舍得放手，很多问题就可以迎刃而解。

执著是苦，有时候放手反倒成全了美丽。

来自美洲的格林夫妇带着两个儿子在意大利旅游，不幸遭劫匪袭击。7岁的长子尼古拉死于劫匪的枪下，当医生宣布孩子死亡的半小时内，格林先生决定将儿子的器官捐出。尼古拉的脏器分别移植给了亟须救治的6个意大利人：一个患先天性心脏畸形的14岁孩子，拥有了他的心脏；一个19岁的生命垂危少女，获得了尼古拉的肝；一对肾分别使两个患先天性肾功能不全的孩子有了活下去的希望；两个意大利人借助尼古拉的眼角膜得以重见光明。就连尼古拉的胰腺，也被提取出来，用于治疗糖尿病……

格林先生说："我不恨这个国家，不恨意大利人。我只是希望凶手

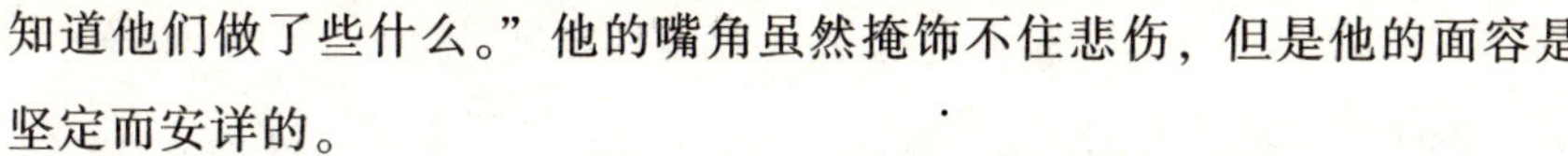

知道他们做了些什么。”他的嘴角虽然掩饰不住悲伤，但是他的面容是坚定而安详的。

当不幸降临，你抓住它不放，它将把你摧残得支离破碎，但你也可以放手，任它摔落在地，而你却完好无损。

5. 忘记是治疗痛苦的良药

爱情虽然甜蜜，但是爱的航程并非永远一帆风顺，有时会遭遇暴风暗礁，使人陷入失恋的痛苦之中。

正是由于对爱情寄予了太多的美好想象和希冀，所以失恋的人常常会无止境地缅怀逝去的爱，但在这缅怀的过程中，反复出现在自己记忆里的并不是一个真实的异性，而是自己杜撰的。失恋者在无形之中会将对方美化，赋予对方一些神奇的特质，于是失恋者更加舍不得放弃这段感情，更加舍不得离开那个人，这样一来只会让人痛苦不堪。

人非草木，孰能无情。怀着满腔热情去追求至善至美的爱情，换来的却是一盆冷水，这种痛苦当然可以理解。可是，痛苦、悔恨、轻生等做法都无法改变失恋的现实，与其长期沉浸在悲伤的记忆中，不如学会忘记，让身心得到解脱。其实，你迷恋的那个人，并不一定有那么好。无法挽回的事情要勇于忘记，千万不可以藕断丝连。

雨果20岁那年与年轻貌美的阿黛结了婚。可是婚后的第十年，阿黛突然另结新欢，追随一位作家而去。这使雨果十分痛苦。第二年雨果结识了女演员朱丽叶·德鲁埃，两人坠入爱河，这才使他那颗伤痛的心得到抚慰。

阿黛离开雨果后，生活并不幸福，经济一度很拮据，几乎到了举步

维艰的地步。一次，她精心制作了一只镶有雨果、拉马丁、小仲马和乔治·桑四位作家姓名的木盒，到街头出售，可是因为要价太高，结果无人问津。有一天，雨果从那里经过看见了，就托人过去悄悄地买下那只木盒。

经过了一段忧伤的岁月之后，雨果忘记了怨恨，换来了内心的安宁，这种安宁也就变成了一种高层次的美。

爱情是一种缘分，不一定需要追究谁对谁错。爱与不爱又有谁可以说得清？当爱着的时候，只管尽情地去爱；当爱失去的时候，就潇洒地挥一挥手吧！

一个人如果能把诅咒与怨恨都忘记，就会懂得真正的爱。

卢梭年轻时，被大他11岁的德·菲尔松小姐深深地吸引住了。他们很快恋爱起来。但不久卢梭就发现，她与自己交往的目的，只是为了激起另一个男人的醋意，卢梭心里充满了气愤与怨恨。

卢梭发誓永不再见这个负心的女子。可是，20年后，已享有极高声誉的卢梭回故里看望父亲。在途中，他偶遇了德·菲尔松小姐，她衣着简朴，面容憔悴。卢梭想了想，还是让人悄悄地把船划开了。后来他写道："虽然这是一个相当好的复仇机会，但我还是觉得不该和一个40多岁的女人算20年前的旧账。"

卢梭在遭到别人利用后，他的悲愤与怨恨可想而知，但是重逢之际，当初那种火山般喷涌的愤怒与报复的欲望未曾复燃，他选择了悄悄走开，这恰好说明，世上千般情唯有爱最难说得清。

对失恋者来说，要学会忘记，学会放下，毕竟一段过去不能代表永远，一次爱情不能代表永恒。一个人只有经过感情的波折仍能振作起来，并笑对生活，才能获得幸福。

6. 报复会让人更痛苦

爱之深，恨之切。当山盟海誓言犹在耳时，看着那个人无情地对待自己，产生报复心理是一种最直接反应。但是，如果任由这种冲动主宰自己，那就太过愚蠢了。

爱情之所以宝贵，就在于爱情能让人感受到一种幸福和快乐。他离开了，但爱情带来的幸福和快乐却不会消失，可是选择报复的话，就会把曾经的美好都击得粉碎。未来，活在报复中的你，还有幸福可言吗？报复的心理会让你失去过去、现在以及未来的幸福。而打开心结，以宽容之心去看背叛你的人，你只会在一时觉得痛苦，却可以享受到人生大部分的幸福。

所以，当你曾经爱的那个人决然转身离开，你千万不要为了他放弃整个世界，更别把以后的日子都用在报复上，那只会让你的生活乱成一团。正确的做法是你比从前活得更幸福，更快乐。一个人的生活是对自己负责，他不爱你没关系，至少你还爱自己。因此，对那个伤害过你的人，不妨将其忘记。

报复是通过伤害自己来达到伤害别人的目的。特别是女人，因为女性特有的善感气质，更会使女人在伤害别人的同时伤害自己。

阿兰无意中发现那个口口声声说爱自己的男友早已娶妻生子，摊牌后男人还是选择了别人。两年来的相爱记忆，留给阿兰的只有伤害。于是，仇恨中的阿兰活着只有一个目的，那就是报复！揭开那个男人虚伪的面具，阿兰要让他的妻子知道一切，然后折磨他，让他不快乐，这就是他伤害自己的代价，她甚至想到了和那个男人同归于尽。可是阿兰发

现自己无论怎么做都没有用，自己并没有变得更开心。

她把自己的经历写在网上，看到很多人对自己的劝慰和对那个男人的谴责。有个网友对她说："在你报复别人的时候，是在伤害爱你的家人；在报复的时候，你也在重温过去的伤痛。"她开始试着冷静下来思考自己这样做值不值得，然后发现自己已经没有以前那么痛苦了。受伤后，试着把郁积在心里的痛苦讲出来，时间会让过去的一切慢慢褪色，爱情过去了，在爱中受到的伤也将渐渐愈合。而报复则是再一次把伤口撕开。

报复心强的人一般性格比较倔强，沉默寡言，或者在生活上、精神上受过重大打击。另外，这与平时不爱学习、家庭不幸福、缺少父母关爱、长期处于失"爱"状态有关。争强好胜、嫉妒心强，也是引发报复心理的一个关键因素。报复心理的主要表现是，当个人利益受到侵害时，就心怀不平，产生极端念头，采取对立态度，运用极端的方式去攻击对方，以解心头之恨。这是一种阴暗的心态。

一个聪明的人，应当懂得自重与自爱。如果你踢我一脚，我还你一拳，岂不是把自己降到和对方同等水平吗？为了避免产生报复心理，我们应该做到以下几点：

1. 遇到不公、委屈时可以找知心朋友谈谈心，把自己不能排解的苦闷和压抑说出来。这样，一则可以得到别人的帮助，二则，诉说本身也能舒肝理气改善情绪以消除伤害造成的恶果。

2. 转移自己的注意力。可以一个人散散步，或做些剧烈的体育运动；或一个人在静静的小河边画几张画，唱几支自己喜欢的歌，读几首使自己开心的小诗等。另外，你还可以到大自然中去走走看看。绿色的环境能使人放松、安静、平和、沉着；这对于化解激烈情绪、消除报复心理也有效果。

3. 当自己产生报复心理时，要提醒自己：因为一时遇到的伤害，就走极端去冒险，实在是不值得的。人生的路还很长，这点坎坷实在微不足道，纵然山穷水尽还会柳暗花明，何况那点伤害呢？将因为伤害而

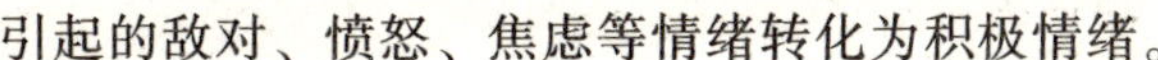

引起的敌对、愤怒、焦虑等情绪转化为积极情绪。

4. 当萌生不良动机时，你强制自己不要发作，不要放纵自己的过激行为，要让自己这样去思考——在任何情况下都不能放纵自己，要以坚强的意志控制自己的不良情绪。同时认识到一旦因冲动触犯法律，后果不堪设想，甚至会铸成终生的悔恨。同时，要告诫自己在任何情况下都要保持冷静的头脑，让理智战胜自我的情感。

爱情不能用对错来判断，不能用多少来衡量，爱情也不是一个人活着的全部。失去了这一个爱人，还会有下一次的爱情，就算没有了爱情，人生也有其他值得珍爱的，比如亲情，比如事业。与其把手握紧，不如伸开双手，去拥抱整个世界。

7. 幸福“心”境界在于平常心

抛弃了人生中的大悲大喜，幸福就将如同一股涓涓细流流进我们的心田。有了一颗平常心，人就可以领悟那种“等世事化云烟，待沧海变桑田”的境界。

那么，什么是平常心呢？平常心是我们在日常生活中经常会出现的对于周围所发生的事情的一种心态，是“无为、无争、不贪”等观念的汇合，是一种处世态度，也可以解释为淡泊之心、忍辱之心或仁爱之心。

也许我们需要用尽一生的时间才可能真正地领悟平常心所蕴含的道理。保持一颗平常心，它可以让你体会到这变化多端的每个季节所特有的美丽，感受到幸福。因此，我们说平常心是一种幸福的心理境界。

一个乡下人到城里去打工，每个月的收入是300元，但是他丝毫不沮丧，他对同伴说：“总有一天，我也会在城市里买一套房子，让我的

儿子也成为城市人。”

同伴们都笑他异想天开，但是幸运之神却眷顾了他。有一天，这个乡下人抱着开玩笑的心理买了一张两元钱的彩票，结果中了10万元的大奖。这个幸运的乡下人立即用这10万元钱在一个漂亮的小区里买了一套房子，但是没有想到这竟是一个豆腐渣工程，还没等他住进去这房子就倒塌了，房地产老板也跑得无影无踪，这10万元转眼间就如煮熟的鸭子飞走了。

很多同伴都担心他会想不开，纷纷跑来安慰他，但是乡下人仍然笑呵呵地出现在众人面前。同伴们十分疑惑地询问他为什么不伤心。他哈哈大笑道：“我为什么要伤心呢？难道你们丢了两块钱会伤心吗？”众人回答说当然不会。乡下人接着说道：“那就对了，我也只是丢了两块钱啊，难道你们忘了我的房子本来就是两块钱换来的。”

保持一颗平常心是维持心理平衡最好的方法。有人说，这个世界上95%以上的人都属于普通人的范畴，我们都是普通人，普通人就应该保持一颗平常心。世界上的人们如果除去各种名分、社会荣誉等光环，其实每个人都是一个有血有肉的平凡人、平常人。平常人要有平常心，平常心能够让人心里平静如水，能够减缓心理压力，聚集能量，激发勇气，促进心理成长，形成良性循环效应。

人都会犯错误，因此犯了错误也很平常，不要为自己的错误而惩罚自己。有些人不容许自己犯错误，有了错误或失误时，常常郁郁寡欢，很长时间难以释怀。人非圣贤，孰能无过？生活中出现一些小错误并无大碍，而且换个角度想想反而会增加你的人生乐趣，丰富你的人生体验。

一个人不管多么优秀，能力多强，都仅仅是在他所在的特定团体范围内，当他离开了这个团体，总会遇到比自己更强的竞争对手，即所谓“人外有人，天外有天”。恰当地评价自己，为自己确定合理的目标和要求是保持平常心的基础。对自身的正确认识有助于获得自己和别人的认可，有助于维持自身的幸福感。

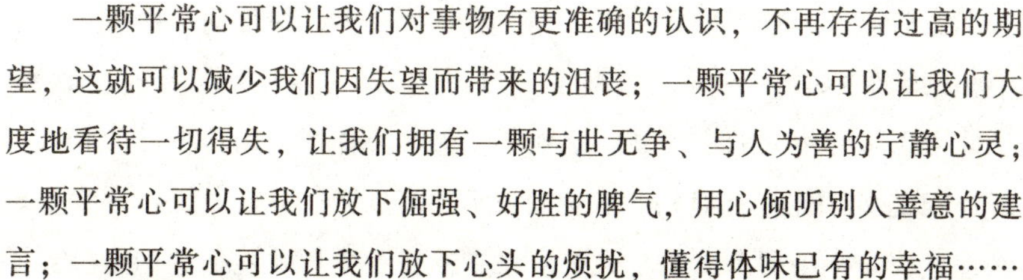

一颗平常心可以让我们对事物有更准确的认识，不再存有过高的期望，这就可以减少我们因失望而带来的沮丧；一颗平常心可以让我们大度地看待一切得失，让我们拥有一颗与世无争、与人为善的宁静心灵；一颗平常心可以让我们放下倔强、好胜的脾气，用心倾听别人善意的建言；一颗平常心可以让我们放下心头的烦扰，懂得体味已有的幸福……

真正领悟平常心的意义，并以此为人生准则，再加上崇高的精神境界和睿智的理性思考，我们就可以从中获取无限的欢乐与满足，做一个永远幸福的人。

那么，我们要保持一颗平常心，该怎么做呢？

1. 对生活、对别人、对事业不要期望过高。

2. 为自己确立一个适合自我能力水平、特点的目标。

3. 结交知己和知音，高兴时适当宣泄，苦闷时倾诉苦闷。

4. 保持平和心态，避免与人争斗。

5. 面临人际矛盾和心理痛苦时，暂离困境，做你自己喜欢做的事情。

6. 在不违背原则的前提下，做出适当让步。

7. 善待他人，善待自己，不求全责备。

8. 助人为乐，帮助别人做事情。

9. 适当增加娱乐活动，多进行身体锻炼。

10. 培养知足心、满足感，体会平凡人的快乐。

8. 让你的幸福指数稳定上升

有一个农夫很勤奋，几十年日出而作日没而息，从不懒怠。一家人

对平静的小日子感到很满足很幸福。忽然有一天，他挖地时挖出了一个不小的金罗汉。“这下发大财了！”这位农夫和家人欣喜若狂。他想，从此可以过有钱人的生活了。但他竟整天忧心忡忡，痛苦不已。有人不解，问他：“你现在有钱了，为什么还不高兴呢？”农夫说：“我一直在想，我未拣到的那十七个大金罗汉在哪里？怎样才能把它们全拣到手呢？”

显然，这位农夫的痛苦是因为拣到了一个金罗汉！这个金罗汉，让他眼睛发亮的同时，也点燃了他的贪欲之火！既然一个金罗汉能如此容易地拣到，那其余的十七个金罗汉不也能如此容易地拣到吗？

一个在黄土里刨食吃的庄稼汉竟也凭空做起了富甲天下的美梦，他能不痛苦吗？

让我们按照萨缪尔森的幸福理论具体来分析一下这位农夫的痛苦根源。

指数原本是反映某种经济数值，但如果用在欲望的满足程度量化上，那就会使原本抽象的欲望更具体化。

农夫的幸福指数急剧下降是因为他的欲望，也就是分母急剧增大，而效用远远不能满足欲望的需求，即分子太小，所以，幸福指数为负数，已经远离了幸福。列一个简单的算式来看就更清楚了：假如这个农夫所拣拾到的那个金罗汉有6公斤重，即相当于6000克的黄金，按时下的市值每克300元人民币来计算，那就是1800000元。也就是说，他的实际效用突然增大到了180万。但他的欲望仍不满足于此，而是1800000元乘以18这么多。那么，按萨缪尔森的公式来计算，欲望大于效用18倍之多，他能不痛苦吗？

而拣到金罗汉以前，他的幸福指数虽然不算高但却近于1，自然有幸福了。假若他一年辛劳所获为10000元，即效用为10000元，欲望等于或少于10000元，那幸福指数与上面事例比较如下：

（幸福指数）1=（效用）1万/（欲望）/1万。

（幸福指数）0.055=（效用）1800000/（欲望）180000×18。

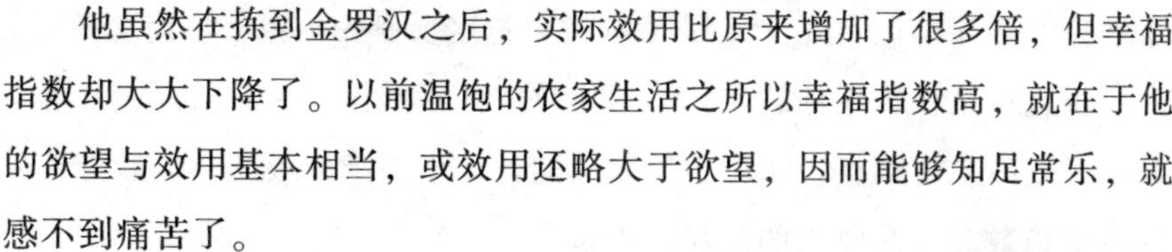

他虽然在拣到金罗汉之后，实际效用比原来增加了很多倍，但幸福指数却大大下降了。以前温饱的农家生活之所以幸福指数高，就在于他的欲望与效用基本相当，或效用还略大于欲望，因而能够知足常乐，就感不到痛苦了。

从农夫拣拾金罗汉前后幸福指数的剧变可以看出：若欲望大于效用，即分母大于分子，那幸福指数就变为负数了，必然产生痛苦；相反，就会有幸福伴随。

而衡量幸福的标准究竟是什么呢？去除法律的钢性制约，个人自律，可从三方面来衡量：

是否“吃得下”应是第一标准。民以食为天。能吃就是一大幸福。胃口好，说明身体健康，还有什么比这更幸福呢？一个健康的身体是满足任何欲望的前提和保证。否则，一旦病魔缠身，或身有残疾，或生命垂危，那一切都无从谈起了。因此，有健康就有口福，有口福即是幸福。

同时，还要“睡得香”。只有心中坦然，才会安睡。不然，心中若有愧，躺在床上就会扪心自问，被唤醒的良心会不安，睡觉怎会安心？而心中若有鬼，那就更睡不着了。总怕半夜鬼叫门，灵魂尚在地狱中受刑，怎么会“睡得香”呢？

如果能“吃得下”、“睡得香”，那自然应该算是幸福了，但幸福指数不会高，因为那满足的尚只是生理方面的欲望；如果再能够“笑得出”，那就满足了更高层次的精神方面的欲望，幸福指数才会有很大的提高。而“笑得出”凭什么？

凭对欲望适宜的掌控，凭对效用的不断提升！

究竟人挣多少钱才会幸福？这是很多人都想知道答案的一个问题。

如果一年挣 1 万，会幸福吗？挣 10 万、100 万、1000 万呢？为什么挣钱少的往往幸福指数反而高于挣钱多的呢？

如果一年只挣 1 万，即效用为 1 万，那欲望呢？若少于 1 万，那幸福指数就会提升；若一年挣 10 万，即效用为 10 万，那欲望呢？欲望如

果已狂升到50万、100万，那幸福指数肯定会变为负数，肯定会痛苦。

由此可见，收入低的人，幸福指数未必就低；收入高的人，幸福指数未必就高。有调查表明：中等收入的人，幸福指数最高。一般老百姓的幸福指数高于高收入的成功人士。

老百姓的欲望与效用基本持平，所以能知足常乐。但如果效用大于欲望，就会造成一定的浪费；如果欲望大于效用，必然导致痛苦的产生和延续。

中国历史上的帝王，吃遍了山珍海味，竟想服用长生不老药，结果被江湖术士所骗，连性命也丢掉了。他们一个个嗜色成性，占有三宫六院还不够，还不断选美嫖妓，恨不能占尽天下所有的女人。在帝王时代，皇帝的欲望是最大化了，却使老百姓的幸福指数降到了最低点。这样的社会完全被唾弃应该是历史的必然。

欲望、效用、幸福指数若不能同步增长，那必然是痛苦。

比如一个人挣钱，若欲望太大，非成为亿万富翁不可，结果效用达不到，连百万富翁都够不上，那么，痛苦是难以用语言来表达的。

比如一家企业，刚刚起步，做大的欲望就膨胀起来了，非在三五年内成为国际知名的企业不可。结果倾全力负巨债“大跃进”一年多，最终资不抵债，连生存都难以为继，还奢谈什么发展呢？由此可见，幸福指数与效用成正比。满足幸福需求，无非有三种途径：

1. 欲望不变，注重提升效用，就像脱贫致富一样。欲望人人都有，谁能做到呢？就看谁能真正提升效用。如果挣10万能脱贫，那挣5万就未做到，也就谈不上什么幸福了。

2. 效用提不高，就降低欲望，以达到与幸福指数的平衡。这是“存天理，灭人欲”的传统，佛教所追求的不生不死、无知无觉的涅槃境界，就是把欲望降到最低的典型。这样一来，幸福指数就不会上升，只能降到最低，甚至长期负增长。

除此之外，还有第三种途径，那就是欲望与效用同时增长，这样幸福指数就会稳定地提升。从根本上避免了二者偏颇所造成的痛苦和浪

费。

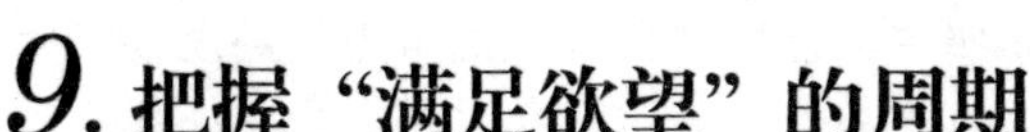

9. 把握“满足欲望”的周期

有经验的农夫赶车从来不用鞭子，而用竿子。用一根细长的竹竿或木竿，挑上一串青草，在拉车的毛驴眼前来回晃，但不让毛驴轻易吃到。这样，毛驴吃草的欲望被挑逗起来了，便不自觉地伸嘴去吃眼前的草，不得不顺势跑起来，车也相应就被拉动了。

这样，毛驴总想吃草的欲望被车夫巧妙地用来拉车。毛驴因注意力都在吃眼前的美食上，所以，一路跑着拉车也不知劳累。车夫呢？心思都在分享这种游戏的快乐上，因而边逗毛驴边哼民间小曲，不时还拿出酒壶喝上两口，赶车犹如神仙一般。

不只如此，车夫的聪明之处还在于能够准确地把握火候。满足欲望不能一步到位。当挑逗起毛驴吃草的欲望后，不是让它马上就能吃到，而是跑一段路让它吃一口，再跑一段路再让它吃一口，这样，把满足吃草吃饱的欲望的过程拉长了，毛驴才肯卖力地不用扬鞭自奋蹄，一路跑到目的地。若能不时变换竿子所挑的草，那对毛驴的吸引和诱惑则更大，毛驴会更加心甘情愿地用力拉车。

但满足欲望也不能总不到位。如果那挑在竿子上的草总吃不到嘴里，毛驴又急又躁，它就会狂怒，对吃草失去耐性和信心。可能会自动罢工，不愿再拉车了。

把握满足欲望的方式往往比满足欲望本身更重要。

对于管理者，如何使用好自己手中的“葡萄”，让下属心甘情愿做“拉车的毛驴”，其中大有学问。

在这方面，精明的日本企业老板就做得非常成功。抓住员工都想升迁的欲望，拉长升迁的周期，让员工在企业这栋大厦内一阶一阶爬楼梯，而不是乘电梯直达楼顶，是日本企业管理的一大特点。在日本一个员工要升迁为科长，那是很不容易的。有的人可能毕生都达不到。这期间，设置了很多级差，需要付出很大的努力，甚至很多年才会如愿。

一个员工初进公司，先要当清洁工，从打扫厕所开始。干一段时间后，再去打扫楼道、楼梯、院子；再干一段时间，再去打扫办公室、会议室，等到公司的所有地方都打扫遍了，才由主管卫生的科长写出鉴定意见，转交人事主管和老板。接下来，才能进办公室打杂，做一些辅助性工作。但不是直接定岗位，而是分别去公司各个科室做实习生，由各科室安排具体工作，并加以考核写出鉴定意见。这样，转一圈下来，需要多长时间和多大精力就可想而知了。当各个科室的鉴定意见在人事科长手中汇总时，做实习生阶段才算结束了。等到各科室和人事科长的意见摆在老板的桌上时，这个员工才算正式定岗了。但这仅仅只是做科员的开始，还要从最低一级科员做起。而从最低一级科员到副科长、科长之间的级差，比获得科员资格还多。一个员工不付出多年的努力是不能升迁的。这大概就是日本企业普遍提倡员工终身服务一家企业的原因吧！让员工慢慢升迁，升迁得很不容易，他才懂得珍惜，才不敢轻言辞职。

与日本企业相比，中国企业则不懂得把握满足欲望周期的要点，他们自以为“大封官”就能满足员工的升迁欲望。结果随口封的科长、处长、总经理成群结队，员工却毫无满足感和荣誉感，反而视这些“官”为笑料，根本不能达到老板所希望的与企业共命运的目的。当一个刚走出校园没几天的学生被封为科长时，他是不在乎这个来得太容易的职位的，干不了几天就可能辞职。员工频繁“跳槽”，企业留不住人，这也是其中的原因之一。

这是满足欲望最常犯的一种错误，即一次满足，很容易到位。来得太容易，失去了就不足惜。另一种常犯的错误刚好与此相反，即总不到

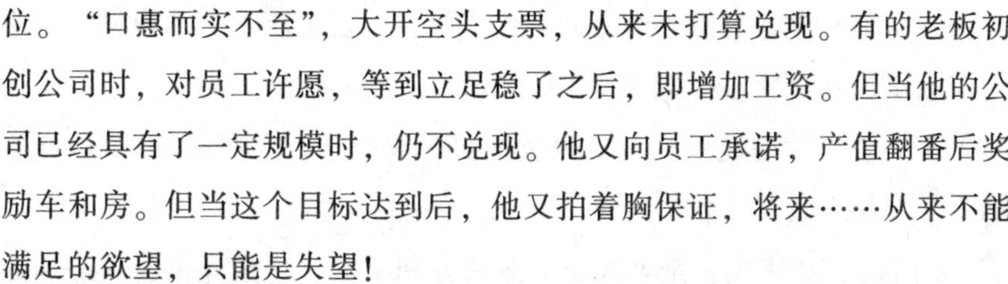

位。“口惠而实不至”，大开空头支票，从来未打算兑现。有的老板初创公司时，对员工许愿，等到立足稳了之后，即增加工资。但当他的公司已经具有了一定规模时，仍不兑现。他又向员工承诺，产值翻番后奖励车和房。但当这个目标达到后，他又拍着胸保证，将来……从来不能满足的欲望，只能是失望！

男女情感也一样。若一方追求的欲望总是不能满足时，他还会继续追求吗？有一对青年男女，交往已经有好几年了，关系仍未确定。女方始终未正式答应男方的追求，她声称还要“考验考验”，但她的用心白费了。随着男方对她的追求热情的降低，另一位女生乘虚而入，宣布成了男生的女朋友。俩人一见钟情，已开始谈婚论嫁了。这让她很失望，本来她是真心爱着对方的，只是未能及时满足对方追求的欲望，导致他失去了信心，只好中途放弃了。

满足欲望要适时，不能太早，也不能太晚。太早则无趣，太晚则无果。这从人们对谈恋爱的询问中就可以听得出来：你俩现在进展到什么程度了？一起吃过饭吗？握过几次手了？拥抱的感觉如何？见过对方的父母了吧？由每一步进展就可判断出关系密切的程度，并预测发展前景。但如果第一步亲密的欲望不能满足，就不会发展到第二步了。

10. 不要为了身外之物丢掉幸福

我们在世上奔波忙碌，都是为了拥有一个幸福的家，为了内心的成就、愿望和赢得人的尊重，而如果财富的获得是以失去内心的安宁和平静、洒脱为代价，就变得没有意义了。

人生就像用铁击石所发出的火光一闪即逝，在这种短暂的生命时光

中去争夺名利究竟有多少的时间呢？人类在宇宙中所占的空间就像蜗牛角那么小，在这狭小的地方去争强斗胜究竟有多大世界呢？

有人说："前途前途，有钱就图，理想理想，有利便抢。"这样想的人只能是自食其果：

20世纪60年代，张某大学毕业后分到了东北一家规模很大的钢铁厂工作，那个时候，一走向社会就进入大企业，无疑是家乡父老们的骄傲。此时，张某就坚信："没有目标，就做不成任何事；目标渺小，就做不成任何大事。"他的目标就是20年后能当上厂长。在这一目标的驱动下，他几乎以高于平常人百倍的干劲努力拼搏。20世纪90年代初，49岁的张某如愿以偿地当上了钢铁厂副厂长，享受副厅级待遇。这时，如果在利益面前，能保持人的自然本性，保持内心坦荡荡，摈弃过分的私欲，那么本来可以过着十分幸福美满的生活，因为此时他车房全备，生活不愁，家庭美满。

然而，对比那些暴富起来的昔日伙伴们，对比那些腰缠万贯的大款们，他一次次发出感叹："不读书有钱、不守法有钱，怕这怕那哪有钱，依本分却落得囊中羞涩。"耳濡目染，他的心理失衡了。这些想法在头脑中占了上风，捞钱之心油然而生。于是，张某开始大把地捞钱。在钢铁厂基建的建设项目中，仅两次虚列预算，他就贪污公款37万多元。同时，由于他手中握有一个个在建项目的拍板权利，跑承包工程项目的人很多，他看谁送的钱多，就把工程包给谁。几年下来，发包工程时，他先后收受贿赂20余次，共计人民币200余万元，还有40多万元巨额财产来路不明。

最后，张某因贪污犯罪、收受贿赂和巨额财产来源不明罪被判处有期徒刑25年，并处没收个人财产人民币20万元，违法所得共计人民币220万元上缴国库。这个曾经为建设钢铁厂洒下了辛勤汗水、被工人们称为建厂元勋的人，最终落入了法网。

一个人只要心中出现一丝杂念，那么正直的人会变得昏庸，慈悲的人会变得残酷。做人不贪，这样才能战胜物欲，幸福一生。

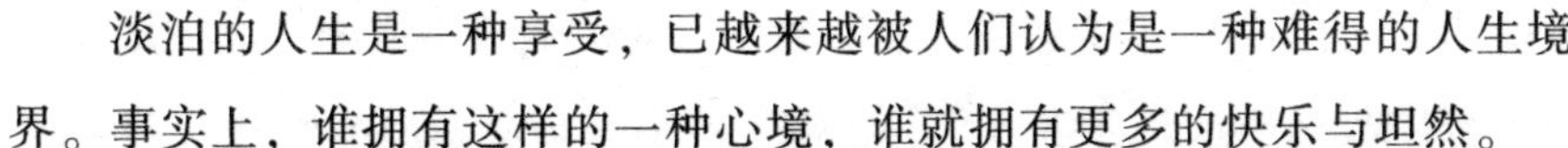

淡泊的人生是一种享受，已越来越被人们认为是一种难得的人生境界。事实上，谁拥有这样的一种心境，谁就拥有更多的快乐与坦然。

江苏华西村掌门人吴仁宝是一位传奇式的人物。自从他接管华西村之后，华西村在全国率先成为“电话村”、“彩电村”、“冰箱村”、“管道煤气村”，“空调村”、“别墅村”、“轿车村”。当地村民给他的评价是“身体过硬、作风过硬、华西人离不开他”。

多年来，吴仁宝恪守“不领全村最高工资、不住全村最好房子、不争全村高额奖金”的“三不”原则，就连华西镇人民政府每年批准他拿的80万至100万元奖金，他也分文不取。当人们问他为什么这么做时，吴仁宝意味深长地说：“家有黄金数吨，一天也只吃三顿，豪华房子独占鳌头，一人也只占一个床位。”

许多人活着就是为争一口气，是为了一种体面或是在别人面前可以炫耀。事实上，自己人生价值的实现，成功与否，并不是靠与别人比较或通过其他人的肯定来获得满足和回报的。

最后，让我们不妨回忆一下，你是怎样从过去走到现在的，是什么东西在影响你现在的行为？如果你因过去的生活而感到满足的话，就照过去的样子继续生活吧！不义富贵，于我浮云，不要为了“身外之物”而丢掉了你的幸福。

11. 罪恶源于对金钱的贪婪

一个人要是想获得财富，首先要善于克制自己的花钱欲望。一般而言，人们觉得节俭这两个字的真正含义应该是省钱的方法。其实不对，节俭应该解释为学会用钱的方法。也就是说，我们应该学会怎样去采购

必要的生活用品，怎样把钱花在刀刃上；怎样合理安排自己的衣、食、住、行的花费。总而言之，我们应该把钱用在最应该用的地方，而且一定要产生良好的效果，这才是真正的节俭。

成功者大都有储蓄和积累的好习惯。任何好朋友对他的帮助，都比不上一张薄薄的小存折。只有储蓄才是一个人成功的基础，才具有使人站稳脚跟的力量。储蓄能够使一个人挺立在事业和生活的风雨中，能使他鼓起巨大的勇气，振作精神去战胜困难，拿出力量成就人生。

有很多年轻人由于挥霍无度的恶习，竟然把自己的前途都抵押出去了。他们全身的服饰都要装成贵族绅士的模样，而且要紧跟服装的时尚。他们整天考虑的事情就是怎样去花钱，随后，他们就有了这样的念头：怎样用非法手段去尽快地弄些钱来。结果，他们不但债台高筑，而且常常会自毁前程。因此，原本幸福的生活就悄悄逝去。那些不愿意量入为出的年轻人经常还要掩掩饰饰，自欺欺人。他们不了解，这样的习惯会使他们成功的基础毁灭殆尽，而且将来也决对无法挽回。

你不考虑眼前的问题，难道将来可以从头做起吗?你认为今年将田地荒废不顾，明年仍然可以重新耕种吗?你认为过了今天还有明天吗?时间是毫不留情的，你一旦造成了错误，时间决不会再给你一个从头开始的机会。

当然，节俭不等同于吝啬。假如是一个挥金如土、毫不珍惜金钱的人，他的一生可能将因此而断送。不少人尽管以前也曾经刻苦努力地做过很多事情，但至今依然是一穷二白，主要原因就在于他们没有储蓄的好习惯。

如果每个人都有储蓄和积累的习惯，世界上就不知要少多少个伤天害理、坑蒙拐骗的人。

很多人只因为用钱没有计划性，所以就在不知不觉中花完了身上所有的钱。如果一个人养成了花钱入账的好习惯，能把每次的花费都清楚地记在账本上，能够仔细核对计算，细心筹划，这对于他的幸福生活，有不可估量的帮助。这样不但能使他学会记账，还可以使他熟悉金钱往

来的各种手续和流动的规律，从而获得宝贵的个人生活经验。

这种账本最好能够随身携带，以便你能随时随地地把自己的每一笔花费记在本子上。这样坚持下去，对改正挥霍无度的坏习惯一定有很大的帮助。账本能够明确无误地告诉你，过去的钱都花在哪些地方，什么地方是完全可以节省的，什么地方是非要用不可的。

一般来讲，农村的孩子比城市里的孩子要懂得节俭。最重要的原因是城里充斥着各种各样专门引诱小孩去消费的商品。但乡下的孩子就不同了，他们更看重金钱，也没有受到这么多东西的诱惑，他们往往不会像城里的小孩那样花起钱来毫不考虑。他们会非常珍惜自己口袋里的钱，不时地从口袋里拿出来数弄着，决不舍得花钱去买那些流行的玩意，以博得自己一时的欢喜。等到他们积累到100块时，就非常兴奋，甚至欢呼叫喊。这些乡下小孩的父母们时常细心地教导他们，使他们明白储蓄和积累的好处，还鼓励他们把钱存到银行里，不要放在身上。而城里的孩子们往往不大把钱当作一回事，他们一有了钱就要把它们立刻花掉，否则很不舒服。

就像很多城里的孩子宁愿把钱放在口袋里，方便使用，也不愿存在银行里一样，有很多人也习惯把所有的钱都带在身上，这样往往就使他们养成了随随便便花钱、胡乱挥霍、毫无节制的坏习惯。虽然把钱存到银行里以后，用起来就没有在身上的口袋里那样方便，但是习惯把钱放在身上的人基本上都会失去节制，动不动就花钱买东西。

所以，节俭最重要的办法就是把所有的钱全部放到银行里，而且最好存到一家离你住的地方远一点的银行。这样一来，等你心急火燎要用钱时就必须到那家很远的银行去取，这时你就会考虑要花的钱是否值得?能否省下来?

如果你不想因有人讨债而心虚气短，想避免饥饿和寒冷的痛楚，那么你最好和：“忠”、“信”、“勤”、“苦”四个字交朋友。并且，不要让你辛苦赚来的任何一分钱从你的指缝间轻易地溜走。

有一个小伙子到印刷厂里去学习基本的技术。其实，他的家庭经济

状况挺好，但父亲却要求他每晚必须在家里睡，不许乱跑，而且他每月要付给家里一笔住宿费。

一开始，那个年轻人觉得父亲这样太苛刻了，因为他每月的收入，基本只能够支付这笔住宿费，他没有任何其他的零花钱了。但是，几年以后当这个年轻人想创办一个印刷厂的时候，他的爸爸把他叫到面前说："好孩子，现在你可以把你这几年付给家里的住宿费拿回去了。我之所以这样做，是为了能够让你把这笔钱保存起来，并非真的向你索要住宿费。现在你可以拿这笔钱去发展你的事业了。"那年轻人这才明白父亲的良苦用心。如今，那青年人已经当上了美国的著名印刷厂的总裁，而他当年的小伙伴却因毫无节制地花钱，如今仍然挣扎在贫困线上。

以上所述是一个富有教育意义的真实故事。它给我们的启示是：只有养成储蓄和积累的习惯，将来才有希望享受到成功与幸福。

在我们的社会中，"浪费"两个字不知使人们失去了多少快乐和幸福。浪费的原因不外乎三种：一、对于任何物品都想讲究时髦，比如服饰、日用品、饮食都要最好的、最流行的。总之，生活的一切方面都越阔气越好。二、不善于自我克制，无论有用没用，想到什么就去买什么。三、有了各种各样的嗜好，又缺乏戒除这些嗜好的意志。总结起来就是一个问题，他们从来没有考虑过要修养自己的性格，克制自己的欲望。造成社会浮华虚荣的最大原因就是我们习惯于随心所欲、任性为之。

很多人往往把他们本来应该用于发展他们事业的必备资本，用到雪茄烟、香槟酒、舞厅、戏院等等无聊的方面。假如他们能把这些不必要的花费节省下来，时间一久一定大为可观，能够为将来发展事业奠定一个资金上的基础。

很多人一踏入社会就花钱如流水一般，胡乱挥霍，这些人似乎从不明白金钱对于他们将来事业的价值。他们胡乱花钱的目的仿佛是想让别人说他们一声"阔气"，或是让别人感到他们很有钱。

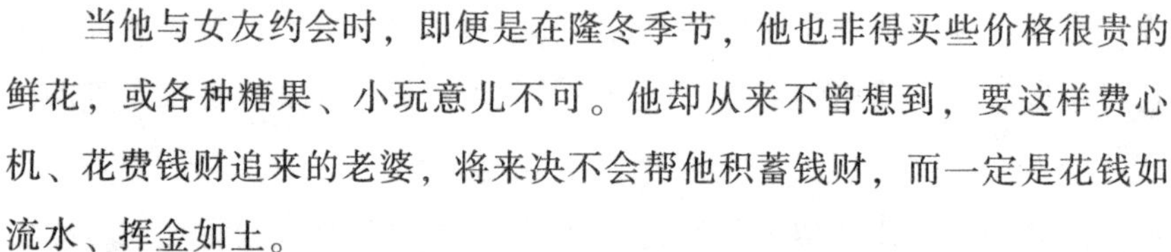

当他与女友约会时，即便是在隆冬季节，他也非得买些价格很贵的鲜花，或各种糖果、小玩意儿不可。他却从来不曾想到，要这样费心机、花费钱财追来的老婆，将来决不会帮他积蓄钱财，而一定是花钱如流水、挥金如土。

这样的人一旦用钱把场面撑起来后，一切烦恼苦闷的事情就会接踵而至。为了顾全面子，他们就再也不能过节俭日子了。他们也不会认识到自己已经沦落到怎样的地步了。有些人入不敷出以后，就开始动歪脑筋，挪用公款来弥补自己的财政缺口。久而久之，耗费越大，亏空也就越多，渐渐地就陷入了罪恶的深渊，难以自拔。到了这时，他才想到自己不该胡乱花费，不该为此干那违背天理良心的事情，不该挪用公款，可是为时已晚！为了满足这种喜欢花架子、空排场的恶习，不知有多少人到头来要挨饿，有许多人因此丢了幸福，甚至有人还因此丢了性命。

金钱本身不是罪恶，对金钱的贪婪才是最大的罪恶。

12. 痛苦源于追求错误的东西

在一条河的两岸，此岸住着凡夫，彼岸住着僧人。凡夫们看到僧人们每天诵经撞钟，无烦无恼，十分羡慕；僧人们看到凡夫每天日出而作、日落而息，无忧无虑，也十分向往。

日子久了，他们都各自在心中渴望着对方的生活，都想过河到对岸去。终于有一天，凡夫和僧人们达成了协议。于是，凡夫们过起了僧人的生活，僧人过上了凡夫的日子。没过多久，成了僧人的凡夫们发现，原来僧人并不好当，悠闲自在的日子只会让他们感到无聊、无趣、无味，又怀念起以前当凡夫的生活。成了凡夫的僧人也体会到，他们根本

无法忍受世间的种种烦恼、辛劳、困惑，也想起做和尚的种种好处。又过了一段日子，他们各自心中又开始渴望着回到对岸去过自己原来的生活。

僧人和凡夫之所以见异思迁，是因为没有搞清自己真正想要什么，所以他们老是对目前的生活感到不满意。当他们找到看似很好的生活时，得到的却是更大的不满意。简而言之，就是这些人没有舍弃心中的贪欲。有贪欲就会心生羡慕，心有羡慕，难免焦躁不安，于是他们就会折腾来折腾去。

在古代圣贤中，庄子是一个非常自由的人，他的自由来自心灵的自由。庄子曾把宰相的职位形容为一只腐臭的老鼠。那时候，庄子去看望担任魏国宰相的惠施，惠施担心他是来争夺相位的。庄子就嘲笑他说："南方有一种鸟叫凤凰，非梧桐树不落，非竹实不食，非甘泉不饮，它怕不干净的东西污染了自己的身体。有一天，一只鸱鸟叼了一只发臭的死耗子，看见凤凰从天上飞过，以为要来抢夺自己的死耗子，便惊慌失措，张牙舞爪地吓唬凤凰，口里还发出'哧！哧！'的声音，你说可笑不可笑？"庄子以此喻说明：惠施珍惜的相位却是他所厌恶的。

可见，庄子具有那种把大千世界放在眼前用显微镜审视的空阔心境。在这个世界上，每个人都有权选择和追求自己喜欢的生活方式。很多人喜欢权势财富，也有人淡泊名利……正因为人们的追求呈现多样化，世界才变得如此丰富多彩。那么，是否像僧人一样看破红尘而求精神解脱才是最好、最正确的选择呢？当然不是。对整个社会而言，没有什么最好、最正确的生活方式；对个人而言，只要遵从自己内心的真正渴求，勿使身心背离，就是最正确的选择。

在生活中，身心背离的现象屡见不鲜。比如，有的人明明喜欢功名富贵，却故作清高，以显示自己的超凡出众；有的人明明厌恶功名富贵，却要浸染其中，以证明自己并非无能之辈；有的人明明讨厌做学问，却要去考博士学位；有的人明明喜欢做学问，却要去开店做生意，凡此种种，不一而足。为什么身心背离呢？有人认为是"人在江湖，身不由己”。实际情况并非如此。其主要原因是他们没有认清自己内心的真正渴求。也就是说，他们不知道自己到底想过怎样的生活。于是，他们只能漫无目的地追求别人认为好的东西。追求不得，自然苦恼缠身；追求到手了，也未必感到幸福，因为这并不是自己真正想要的东西。

刘英是一家外资企业的白领，收入颇丰。她曾跟一位年轻英俊、善解人意的男士相处两年多，人人都说他们是天生的一对。让大家意想不到的是，刘英后来爱上了一个比她大 10 岁、离异、带着小孩的中年男人，并且决定嫁给他。她的前男友既痛苦又不可思议，向刘英询问原因：“难道我不够爱你吗？难道我做过对不起你的事吗？难道我比不上那个人吗？”刘英没有直接回答，而是给他讲了一个寓言故事：一只公鸡在原野上寻找食物。它找到了一颗珍珠，却很生气地说：“我要这个圆溜溜、硬邦邦的东西有什么用呀，我宁愿要一粒玉米！”男孩明白了，不是自己不够好，而是自己不符合心上人的需要。

故事中的女孩无疑是一个聪明人，她很清楚自己真正想要什么，并且能够果断地舍弃、勇敢地追求，她的人生也因此步入了身心合一之境。

即便我们现代达不到庄子那样的境界，至少我们还可以尝试着用淡泊的心过日子，抛弃心中的贪婪，选择自己真正需要的生活方式。

第九章

坏情绪致病，好情绪治病

1. 好的荷尔蒙利于情绪平衡

每一个人要想保持身体健康，就必须使自己的情绪健康，努力使自己的心情舒畅。只有当情绪处于最佳状态的时候才是荷尔蒙最平衡的时候，要想让我们的荷尔蒙保持平衡，就要保持良好的情绪。

好情绪产生的影响大多都是正面的，而不良情绪带给人的生理影响肯定是负面的。

有一位年轻的母亲，孩子还都未成年，她的丈夫既没有工作又好吃懒做，还经常去酗酒。后来这位女性得了严重的风湿病，每天都躺在床上不能动弹，她在床上苦苦煎熬了三年。医生给她的结论是：病情极其严重，可能活不过一年时间。

后来，不管哪个医生给她看病，都感觉她连一点求生的欲望都没有，好像在病床上等着死神的到来。不过后来发生的一件事彻底改变了这位年轻的母亲。原来他的丈夫离家出走了，还带走了家里仅有的一点生活费，狠心地丢下了这位可怜的母亲和两个孩子，这个打击并没有摧垮她，相反她却变得异常坚强起来。

当医生又一次去她家探望时，这位母亲勇敢地说："医生，我觉得我还能支撑下来，因为我还要照顾我的孩子呢，所以我一定要健康。"医生非常钦佩她坚强的态度，可对她的健康还是很担忧。

医生的担心并非多余，他对这位年轻母亲的病情了如指掌，也知道她的身体已经虚弱到了什么程度，他觉得这位女士已经再也遭受不了一丝打击了，而丈夫的出走对她来说无疑是天大的打击，或许她根本就无法接受这个残酷的现实。人们都知道，只要是这位医生看过的病人一般

都不会出错。但这次医生还是低估了荷尔蒙的作用，具体说就是 ACTH 这种荷尔蒙产生的生理作用。不过在那个时候，对 ACTH 了解的人甚少，知道 ACTH 能产生什么作用的人更少。

医生给这位母亲的建议是让她卧床休息，千万不要随意走动。但是为了不让自己的孩子感到无依无靠，她鼓起勇气，坚持从床上起来照顾两个孩子，日复一日，从不间断。就这样，她靠着信心和毅力又坚持抚养孩子八年，直到后来离开这个世界。

一般医生都有这个经验：经过了几年的医生生涯，任何一位细心的医生手头都会有几个和上面那位母亲相似的病例。几年前的一天，这位外科医生给一个病情恶化的病人实施了一次难度极大的手术，最终把那位患者的性命从死神手里夺了过来，但是手术后病人非常虚弱，看样子他的命可能保不长。

从他的病例上来看，确实病得不轻，也是在跟死亡拔河的人。有时候医生会走到这位病人的床前，看他的样子虚弱无力，医生问他感觉怎么样，他会微笑着说："感觉好多了，我想不久我就能出院啦！"医生看得出来，这是个坚强的病人，他根本没有意识到自己的病情有多严重，弄不明白是什么样的精神力量让他那么乐观。

让人欣慰的是，乐观的心理真的产生了奇迹，那位病人康复了，他平安地回到了家，一直都开心地和家人生活在一起。要是当初他没有这么积极乐观的心理，就绝对不会有现在这么健康。

一位女士由于大出血无法控制而被紧急送到医院，送到医院时她的病情十分严重，好像不久就要离开人世。令人欣慰的是，不管医生什么时候去她的病房探望，尽管她看起来身体已经很虚弱了，还总是带着惯有的乐观和喜悦的表情对医生说："我一直没把自己当成病人，我很有信心，我相信不久我就能出院啦，我还想早点回家和家人团聚呢！"事实证明，精神疗法确实胜于药物疗法好多倍，最后这位伟大的女性康复了。

良好的情绪确实能产生奇迹，自信可以让人类战胜病魔。人一旦有了好情绪，会刺激垂体通过适当的方法达到荷尔蒙的平衡。但是不要忘

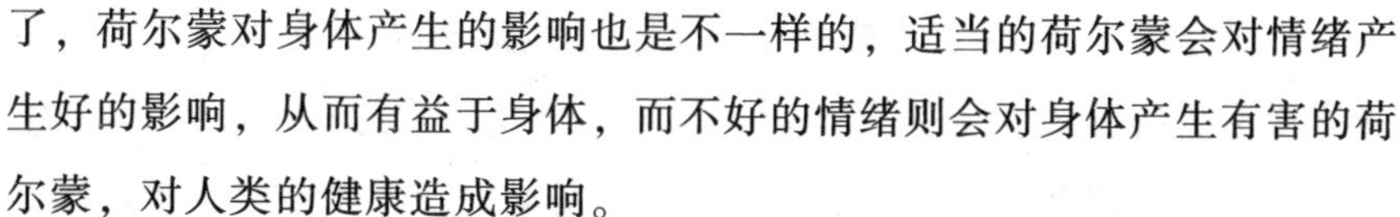

了，荷尔蒙对身体产生的影响也是不一样的，适当的荷尔蒙会对情绪产生好的影响，从而有益于身体，而不好的情绪则会对身体产生有害的荷尔蒙，对人类的健康造成影响。

2. 著名的“沙赫特理论”

有这样一个实验：

如果让母鼠在怀孕期间处在一种会引起不安的环境里，通过蜂鸣器的干扰，让母鼠不断受到电击，母鼠便产生强烈的焦虑，而焦虑会使母鼠体内的内分泌发生变化，分泌出某些激素，这些激素会通过血液传给胎鼠，这样一来焦虑情绪又遗传给下一代，从而产生“情绪性”的后代。

现在的准妈妈们都很关注“胎教”，其实胎教带来的最大益处就是让孕妇拥有安静的情绪，在平和的心态中孕育胎儿。

有人对豚鼠的胚胎进行实验，给一部分豚鼠的身上注射雄性基因，另一部分身上则只注射雌性基因，通过研究得出结论：母亲的基因对孩子智力的发展起着决定性作用，而父亲的基因则主要影响孩子的情感和情绪。

由此可以得出结论：一个人天性部分的40%是遗传了父母的性格。

人的情绪有天性遗传的因素，那么孩子会从父母的身上接受多少情绪方面的遗传基因呢？

我们会从孩子身上看到与父母一方相同的眼球颜色、酷似的五官部位以及其他身体上相似的地方。父母的遗传还会影响到孩子的心理特征，如激动、胆怯等。

这种遗传的天性绝不是决定因素，甚至远远达不到40%或一半的影响力。另外60%性格的形成则是与生活环境、家庭教育及信仰有关。可以说家庭环境及成长环境对孩子的一生影响重大。特别是家庭中父母所能提供的教育与爱，是一个人性格的决定因素。

还有一个试验：

两只同窝出生的羊羔，放在两个不同的地方，给两只羊羔相同的养料、水分和阳光，但是有一个条件不同，就是将其中一只羊羔的旁边拴了一只狼。结果呢，没有在旁边拴狼的羊羔健康成长，在旁边拴了一只狼的羊羔，总是处在惊恐万分的状态，最后死掉了。

羊羔的死因是身旁有一只令它惊恐万分的狼。现实生活中这样的故事会经常发生在一些家长身上。许多做家长的，在自觉不自觉中扮演了孩子身边那个狼的角色。

女儿在妈妈的强迫下，学习绘画、二胡和舞蹈，可爱的小姑娘在疲劳之余忍不住啼哭，妈妈生气地说："你怎么这样不懂事，妈妈花钱辛苦地培养你，你不懂得去感谢妈妈，还哭哭啼啼的。"

这到底是谁的错呢？家长希望在孩子的身上能实现个人的愿望，强迫着孩子去学这学那的，强迫着孩子去做一些他们既不情愿做又不出效果的事情。甚至有的家长还在说："棒打出孝子，严师出高徒。"让孩子在这样的环境中生活，不仅使孩子缺失了快乐的童年，还会影响孩子情绪的健康发育。家长应该为孩子营造一个良好的环境，让孩子自觉自愿地去学习，才能让孩子拥有一个健康成长的情绪状态。

那么，什么因素会影响我们情绪的好坏呢？

著名的"沙赫特理论"中提出了影响一个人情绪的三个重要因素：第一个是环境，第二是生理状态，第三个是认知评价。

如果一个人处于良好的环境，他的情绪就处于良好状态，如果周围的人都很平静，他的心情也会很平静。假如这时周围的环境很浮躁或者很紧张，他也会跟着浮躁和紧张。如果这个人的婚姻又出现了问题，情绪就会变得烦闷、痛苦甚至抑郁，这时他的情绪肯定是不好的。

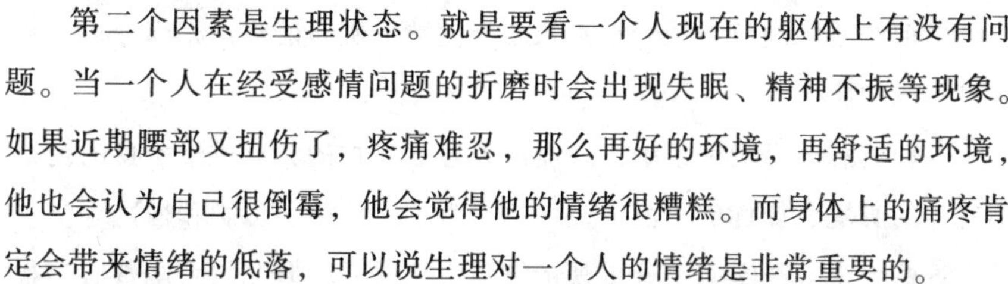

第二个因素是生理状态。就是要看一个人现在的躯体上有没有问题。当一个人在经受感情问题的折磨时会出现失眠、精神不振等现象。如果近期腰部又扭伤了，疼痛难忍，那么再好的环境，再舒适的环境，他也会认为自己很倒霉，他会觉得他的情绪很糟糕。而身体上的痛疼肯定会带来情绪的低落，可以说生理对一个人的情绪是非常重要的。

一位女士刚经历与丈夫离婚，又从医院获悉父亲被查出晚期胃癌。得知不幸的消息之后，她一直在哭，哭得非常悲哀，甚至不能与人说话。与丈夫离婚这个事实是客观存在的，她悲恸欲绝的生理状况也是客观存在的。在心理辅导室里，心理咨询师协助她来调整了她对于失去丈夫和即将失去父亲的认知，帮助她客观面对现实状况，她的情绪在治疗中也慢慢恢复到正常。

认知评价在人的情绪中是最为重要的。许多时候是我们的情绪控制并影响着我们的情感。人的一生中，最能够帮助我们的，是我们的情绪，但是，有些时候毁灭我们的，也许恰恰就是我们的情绪。

当我们遇见已经出现的问题时，我们不可能让时光倒流，恢复到一切没有发生的状态。发生的事情、存在的事实都是无法改变的，我们需要去做的就是稳定情绪，认知并适应我们如今要面对的现状。

总之，一个人要想拥有好的情绪，只能学会去调整自己，改变自己的认知，而不是指望着去改变他人。只有调整好自己的情绪，我们才能有力量处理好出现在眼前的所有问题。

3. 情绪也需要经常锻炼

如果一个人心情舒畅，精神愉快，那么这个人的内脏及内分泌活动

在中枢神经系统调节下处于平衡状态，使整个机体谐调，充满活力，身体自然也健康。

一切不利的影响因素中，最能使人短命夭亡的，莫过于不良的情绪和恶劣的心境，如忧虑、沮丧、惧怕、贪求、怯懦、忌妒和憎恨等。

近些年来，医学家十分重视情绪与疾病关系的研究。美国曾有一批医生经过多年的研究发现，在他们所诊断、治疗的病人中，患胃疼、恶心的病人中有88%的人是由不良情绪所引起的，他们认为，情绪不良会增加胃中盐酸的含量，容易导致溃疡病。所以，为了健康，不论是愉快的或不愉快的情绪都应控制在适度的范围内，而这情绪的控制就要靠锻炼。

控制情绪往往会应用到正思维或加法思维，比如说今天你被老板大骂了一通，那么你应该这么想，老板是信任我的忍耐力和精神修养的；老板是重视我的行为的。与加法思维相反的是负思维，同样是挨骂，有的人被骂了一通之后马上精神萎靡，忧心忡忡。他会这样想：老板是左右看我不顺眼，老板要我卷铺盖要砸我的饭碗，我要和老板干一番。

在日常生活中经常进行上述正思维或加法思维，便是进行有益的情绪锻炼，而经常进行负思维或减法思维，便是在进行自我心理摧残。前者会让脑内分泌有利于身心的荷尔蒙——脑内吗啡，帮你迅速解脱痛苦，使你心情舒畅，处于最佳的精神状态。而后者会让你的大脑分泌有害身心的毒性荷尔蒙，破坏你的身心健康。那么，我们在现代生活中怎样注意情绪锻炼呢？

1. 我们在生活变化面前，应经常保持开朗明快的心境和愉快的情绪，遇事冷静，客观地作出分析和判断。

2. 我们要有自知之明，遇事要尽力而为，适可而止，不要好胜逞能而去做力不从心的事。

3. 我们不要过于计较个人的得失，不要常为一些鸡毛蒜皮的事而破坏自己的情绪。记住：愤懑要化解，怨恨要消除。

4. 家庭和睦，保持友好的人际关系、邻里关系，这样可使人心理

上得到满足，感到家庭和社会的温暖。

5. 我们要多方面培养自己的兴趣与爱好，如书法、绘画、集邮、养花、下棋、听音乐等，从事这些活动可以修身养性，陶冶情操；经常跳跳舞、打打球，既能锻炼筋骨，增强体质，又能使人心情舒畅，精神愉快。

总之，我们应该把握时机，充分认识到情绪锻炼的重要性，像每天吃饭和锻炼一样坚持下去，就能愉悦身心，促进心理健康。

4. 如何控制你的愤怒情绪

愤怒是一种常见的消极情绪，它是当人对客观现实的某些方面不满，或者个人的意愿一再受到阻碍时产生的一种身心紧张状态。在人的需要得不到满足、遭到失败、待遇不公、个人自由受限制、言论遭人反对、无端受人侮辱、隐私被人揭穿、上当受骗等多种情形下人都会产生愤怒情绪。愤怒的程度会因诱发原因和个人气质不同而有不满、生气、愤怒、恼怒、大怒、暴怒等不同层次。愤怒是一种短暂的情绪紧张状态，往往像暴风骤雨一样来得猛，去得快，但在短时间里会有较强的紧张情绪和行为反应。

易怒的人主要与其个性特点有关，大都属于气质类型中的胆汁质。胆汁质的人直率热情，容易冲动，情绪变化快，脾气急躁，容易发怒。易怒还与年龄有关，青年人年轻气盛，情绪冲动而不稳定，自我控制力差，比成年人更易发怒。

愤怒的情绪对人的身心健康是不利的。人在愤怒时，由于交感神经兴奋，心跳加快，血压上升，呼吸急促，所以经常发怒的人易患高血

压、冠心病等疾病。愤怒还会使人缺乏食欲，消化不良，导致消化系统疾病；而对一些已有疾病的患者，愤怒会使病情加重，甚至导致死亡。

一般而言，发怒的情况可归类为下列几种：

第一，当你因某种因素感到受挫、受胁迫或被他人轻蔑时；当你朝着既定目标前进，却可能由于某人的行为而受到阻碍时。

第二，当着实受到严重伤害，但为了掩饰自己的脆弱，于是代之以愤怒，以求自卫。

第三，当某种情境或某人的行为勾起昔日某种不堪的回忆时。

第四，当觉得自己的权利受到剥夺，或遭到某人误解时。

第五，当受到惊吓或处事不当时，自己生自己的气。

我们的确有时免不了会发怒，但却鲜有人知道该如何来处理这种情绪。为了了解其中的原因，也为了探究愤怒产生的缘由，现在就让我们概要地来看一看一些可能伴随愤怒而来的负面情绪。

1. 自以为是。当我们对某件事感到愤怒时，容易坚信自己是站在正义的一方，而别人则是错得离谱。在此种情况下，你不妨先问一问自己，事实真是如此吗?如果我们仍旧深信不疑，并选择了表示自己的愤怒，如此一来，你表现的，极可能就是一副得理不饶人，气焰高涨的样子。你不妨扪心自问一下，你真的想给对方一点颜色瞧瞧吗?如果你有一丝一毫这种感觉，那么原因可能是你太看重自己了，抑或将他人的所作所为都看成和自己有利害关系，而非仅是他人的因素。

如果有个朋友答应你，要在星期一之前打电话给你，让你知道她是否能够帮你处理宴会事宜，但现在已经星期三了，而她依然没打电话过来，假使如此让你感到生气且义愤填膺，不要认为她一点都不尊重你，也许她只是临时有其他事耽搁了，所以无法打电话给你。纵使这样并不能让愤怒消失无踪，但起码可以将它导向正轨。

2. 自尊受损。事实上，如果我们觉得自尊心受损，我们可能就会把事情看得过于个人化，认为他人的行为均是针对你的攻击或侮辱，即使他们并未存心如此。

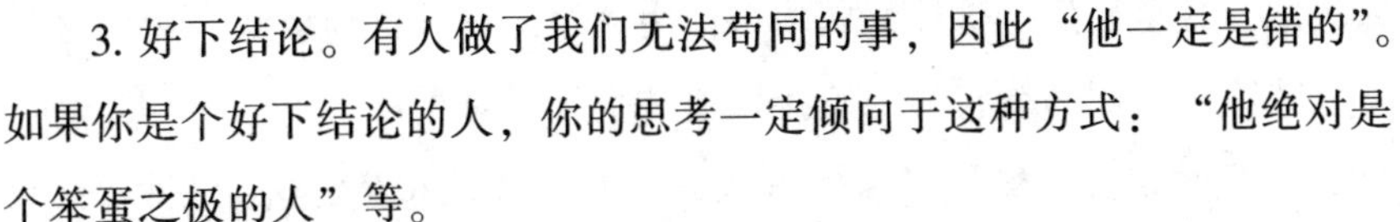

3. 好下结论。有人做了我们无法苟同的事，因此“他一定是错的”。如果你是个好下结论的人，你的思考一定倾向于这种方式：“他绝对是个笨蛋之极的人”等。

如果我们存有这种想法与感觉，往往就会在我们和相关者谈话时，于不知不觉中显露无遗。毕竟，很少人会真的直接明白地表达出自己愤怒的原因。

愤怒是一种极具毁灭力量的情绪，它不仅能够摧毁你的健康，而且可以扰乱你的思考，给你的工作和事业带来不良的影响。既然愤怒对我们的生活毫无用处，那我们应该怎么来克制自己的愤怒情绪呢?

首先易怒者可以通过意志力控制愤怒，使愤怒情绪少产生，或愤怒不发作。当愤怒时要多想想盛怒之下失去理智可能引起的种种不良后果，心中不断提醒自己“不要发怒”，努力控制自己的情绪表现，这样可以起到控制愤怒的作用。

其次，易怒者可以主动释放愤怒情绪，将心中的愤懑、不平向人倾诉，从亲朋好友处得到规劝和安慰，可以缓解怒气。还可以在工作、学习中向使自己愤怒的人说明自己的不满，说出自己的意见，使矛盾得以调和，不满得以消除。

另外，易怒的人还可以尽量避免接触使自己发怒的环境，减少愤怒情绪，或者在即将发怒时通过转移注意力而减轻愤怒，尽快离开当时的环境，避免进一步的刺激，使愤怒情绪消退。发怒时可以看电影、逛公园、听音乐、散步，使注意力转向其他与愤怒无关的活动中，新的活动内容激发新的情绪，可使愤怒的程度降低。

具体而言，我们可以采取以下方法来控制自己的愤怒：

1. 正面行动。不满是一件极富正面意义的事，少了它，我们就只会接受现状，而不会为了迈向自己的目标，采取任何行动。举例来说，如果 20 世纪初的女性未曾因自己被掠夺公权而感到愤怒，那么她们也就不会为了投票权而抗争了。

2. 舒缓压力。表达愤怒可以舒缓压力，否则压抑的情绪可能会导

致焦虑，甚至疾病，这些症状均可借由愤怒的宣泄得到缓解。然而这并不意味着，我们必须将愤怒直接发泄在生气的对象身上。

3. 开诚布公。愤怒可以使得双方关系更开诚布公，进而互相信赖。如果你知道某人愿意和你谈谈最为棘手的核心问题，而非只是将其含糊带过，假装好像不存在似的，那么一股崇敬之情便会油然而生。

4. 情感疏通。如果我们在情绪产生时，能够确实触及自己真正的感受 (包括愤怒在内)，并加以适当处理，那么我们则不太可能将那些未表达或封闭的情绪囤积起来，以避免巨大的内在压力或严重的沟通不良。

5. 实现目标。存在于愤怒情绪中的能量，同样是一股实现目标的动力。如果运用得当，它将能够帮助我们成为一个有自信、坚定的人，能够恰当地表达自己的内在感受，并且得到自己生命中梦寐以求的事物。但请务必谨慎处理。

5. 战胜恐惧才能获得幸福

一天，几个学生向教授请教："恐惧的心态对一个人会产生什么样的影响？"教授微微一笑，什么也不说，就把学生们带到一间黑暗的房子里。在他的引导下，学生们很快就穿过了这间伸手不见五指的神秘房间。接着，弗洛姆打开房间里的一盏灯，在这昏黄如烛的灯光下，学生们才看清楚房间的布置，不禁吓出了一身冷汗。原来，这间房子的地面就是一个很深很大的水池，池子里蠕动着各种毒蛇，包括一条大蟒蛇和三条眼镜蛇，有好几只毒蛇正高高地昂着头，朝他们"滋滋"地吐着信子。就在这蛇池的上方，搭着一座很窄的木桥，他们刚才就是从这座木

桥上走过来的。

教授看着学生，问：“现在，你们还愿意再次走过这座桥吗？”学生们彼此对视，都不做声。

过了片刻，终于有3个学生犹犹豫豫地站了出来。其中一个学生一上去，就异常小心地挪动着双脚，速度比第一次慢了好多倍；另一个学生战战兢兢地踩在小木桥上，身子不由自主地颤抖着，才走到一半，就挺不住了；第三个学生干脆弯下身来，慢慢地趴在小桥上爬了过去。

随后，教授又打开了房内另外几盏灯，强烈的灯光一下子把整个房间照耀得如同白昼。学生们揉揉眼睛再仔细看，才发现在小木桥的下方装着一道安全网，只是因为网线的颜色极暗淡，他们刚才都没有看出来。教授大声地问：“你们当中还有谁愿意现在就通过这座小桥？”

学生们没有做声，“你们为什么不愿意呢？”教授问道。“这张安全网的质量可靠吗？”学生心有余悸地反问。

教授笑了：“我可以解答你们的疑问了，这座桥本来不难走，可是桥下的毒蛇对你们造成了心理威慑，于是，你们就失去了平静的心态，乱了方寸，慌了手脚，表现出各种程度的胆怯和恐惧，所以说恐惧心态对行为当然是有影响的啊。”

以上就是关于恐惧心理的著名实验。

那么，什么是恐惧呢？从心理学的角度来讲，恐惧就是一种有机体企图摆脱、逃避某种情景而又无能为力的情绪体验。

恐惧远比害怕深刻。害怕是现在的，恐惧可以针对未来和未知的事而发生。害怕大多是对一个现象，当你的肉体遭受攻击，比如一只野兽扑来时你会感到害怕。而恐惧则是你不知道什么时候会碰到野兽，或是会不会碰到野兽。

在生命的旅程中，我们每个人都会面对各种挑战，要应对不同的困难，其实有些人的失败，并不是因为这些人的智力不够或能力不强，更多的时候是这些人习惯把现实的困难看得太清楚，背负着太多的顾虑和担忧，恐惧的心理影响了他们的情绪和心态。如果我们能忘记困难的背

景，忽略险恶的状态，只是专注当下正在做的事情，生活也许会更简单、更幸福一些。

其实，克服恐惧就是要放下怀疑、相信世界，就是要正视现实、找到正确的方法。心理学家认为人生的恐惧是由三大痛苦所引起的。

1. 源于未知的痛苦。人因为看不清世界，不了解自己，所以丧失自信，丧失对生活的勇气。而这种对未知的恐惧就像是对黑暗的恐惧，让人失去信念和生活的力量。

2. 惧怕贫穷的痛苦。当一个人的基本生存需求得不到满足时，当一个人的尊严、平等和自由丧失的时候，这会让人感觉到贫穷比死亡更可怕。贫穷会使人们在屈辱中慢慢地死去。

3. 惧怕衰老的痛苦。对衰老的恐惧会使人的生命步调变慢，并容易产生自卑感。可以说惧怕死亡是人的一种本能，面对死亡时的未知，会让人对死亡产生极度恐惧。

在人类的进化过程，对未知的事物保持恐惧，并不是一个缺点，而是一种保护自己的手段。最初人们还不了解火的特性，当遇见森林起火时，人类本能全惧怕火，对火的恐惧却有助于人们逃离森林火灾。后来人们发现被火烧烤后动物肉味更香，于是人类开始采集火种，利用火源为人类的生存服务。

恐惧所带来的痛苦都是源于人们内心那些不能实现的愿望。人们无法用自身的能力去改变环境，不能去摆脱贫穷和困苦，不能让生命长生不老，这些愿望折磨着人们的心智，让人们在困惑中找不到出路。当恐惧与痛苦搅拌在一起之后就引起了焦虑。人失去了勇敢就失去了一切。人只有战胜恐惧才能获得勇敢。

未知能够在学习中改变，贫穷也能在创造中得以改变。战胜恐惧的唯一方式，就是面对它、接触它，并去了解它。

6. 持续的焦虑可内化为性格

大多数人都体验过这样的心理：相恋中的情人，好长一段时间收不到对方的音信，于是开始作多种假设，接着是胡思乱想，情绪低落，什么都不想做；对即将到来的求职面试或升学考试，你心里没底，害怕失败，因而显得焦躁不安，怎么也安不下心来；从未出过远门的孩子，一下子考到了外地上学生活，妈妈担心他是否适应和顺利，开始是叨念，不久变得烦躁，坐立不安，甚至出现了失眠。这些都是我们人类常见的一种情绪状态——焦虑。

按照心理学家的观点，焦虑意指某种实际的类似担忧的反应，或者是对当前或估计到的对自我的自尊心、生存处境、未来发展有潜在威胁的情境具有一种担忧的反应。焦虑以恐惧为主要的情绪特点，还有其他多种情绪成分，如愤怒、痛苦、内疚、羞愧等。

大学生找工作，白领没完没了地加班，农民工过年回家的火车票——这些人都会有焦虑情绪。据一项调查显示，焦虑已经成为现代人的一种生活常态。34.0%的人经常产生焦虑情绪，62.9%的人偶尔焦虑。相比 5 年前，有 47.8%的人“更焦虑了”，而高学历者、城里人被认为是更易产生焦虑情绪的人群。

短时的焦虑，时过境迁，不留痕迹；持续的焦虑，可能内化为性格。如果一个人久陷焦虑的情绪而不能自拔，内心便常常会被不安、惧怕、烦恼等体验所累，行为上就会出现退避、消沉、冷漠等情况，而且由于愿望的受阻，常常会懊悔、自我谴责，久而久之，就会形成心理疾病，这就是焦虑症。

在现代生活中，社会矛盾、人际冲突、失业威胁、疾病困扰，以及人类生活中不能避免的无数疑虑、气恼和担忧，都能导致焦虑的产生。

春芳原来是个慢性子，整天一副慢悠悠的样子。然而随着社会的变迁，她感受到的工作紧张和节奏加快的压力越来越大，性子也越来越急。常常是半夜三更想起第二天要办的一件事，立刻会烦躁不安，再也无法入睡。而一点点的小事，也会使她心跳加快，吃睡不香，总有一种大祸临头的感觉，惶惶不可终日。甚至在电视里看到交通事故之类的消息，她都会头晕眼花，唉声叹气。

长期严重的焦虑对人的身心是有害的，如果个体不能适当地应付焦虑，那么这种焦虑就会变成一种创伤，使这个人退回到婴儿时期那种不能自立的状况。

然而，心理学家又认为焦虑是引起一个人行为中紧张状态的动力。也就是说焦虑是由紧张带来的，而我们每一个人在工作和学习中都要处在一定程度的紧张状态，否则将一事无成。试想在一场激烈的比赛之前，一个松松垮垮、毫不在乎的运动员，会有勇猛的拼搏精神和上佳的表现吗？运动员比赛成绩的好坏与焦虑程度的高低有直接关系，焦虑程度过高或过低都不好。所以，有心理学家特为运动员制订了一套焦虑量表，到比赛前把焦虑程度调整到最佳状态，这样比赛时就能取得好的成绩。

另外，焦虑的反应虽有种种不舒服的症状，但短暂的焦虑反应本身并不会引起身体的危害性后果。一旦焦虑反应消除，立即会恢复正常的功能，它不会引起心脏病之类的永久性身体病变。

所以短暂的焦虑是一种适应性的情绪。只有一个人对焦虑本身感到焦虑时，焦虑才具有破坏性。比如，你为将要进行的演讲比赛担忧，这种担忧实际上是一种自我调整。只要你最终还是演讲了，你也就恢复了情绪的正常，也许下一次演讲时你就不会担忧了。可是你如果没有演讲，担忧就成了一个症状了。你将会对这种感觉感到一种恐惧和敌意。

7. 如何摆脱“成功焦虑”的纠缠

现代人都渴望用成绩来证明自己的成功。由于现代人对成功抱有很高的期待，一旦不能如意或落魄失意，他们就可能陷入一种欲罢不能的焦虑之中，这就是所谓的“成功焦虑”，严重的还可称为“成功焦虑症”。

焦虑原本不是坏事，它可以视同为一种忧患意识，能使人警醒、催人奋进，具有进化的意义。但焦虑如果发展到极端，就成了一种心理障碍，使人充满了过度的、长久的、模糊的忧愁和担心。一般的焦虑都有一定的诱因，“成功焦虑”的诱因，则在于流行的社会意识对所谓“成功”的片面认定与过度强化。人们耳目所及，能挣钱、挣大钱、香车豪宅、出人头地、富贵还乡、赢者通吃、名利双收，通通都是“成功”的代名词。当今社会崇尚奋斗成功，在一般人眼中，人的价值就已经简单到只用金钱来衡量的地步。现代人要成功、要出人头地、要出类拔萃的愿望十分强烈，很难做到保持一颗平常心。长此以往，就逐渐让人失去了体味生命乐趣的能力，使思维迟钝，精神萎靡，内心紧张不安，这已成为现代人产生过度焦虑的重要根源。

毫无疑问，“成功焦虑”不但无助于成功，反而让成功成为遥不可及的梦。那么如何摆脱“成功焦虑”的陷阱呢？

为了避免“成功焦虑”对自己的心灵侵扰，必须改变那种把所谓“成功人士”渲染成时髦的价值导向。我们要培养实事求是的成功观念，一定要做有远见、有耐心、从容大气的人。成功虽然有一些外在的评价指标，但更多地取决于当事者的内在感受；一个人对自己的成功认可

度，与他在事业上已经取得成就的大小，特别是所拥有物质财富的多寡之间，并无必然的联系。我们应该建立起新的评价体系，只要在自己的领域和地域，在不同层次和程度上做出成绩，就应有自己的尊严和成就感。只要踏实而负责任地走好生活的每一步，每个人都应被视为成功者。

这个时代让人焦虑不安的原因很多，其中社会习俗要求我们做什么事要有成就，比如我们出去一天，总要收回一定的利益。比如干事业，就要干得出人头地。时代越来越要求人们不能失误，否则人就要自责，就要懊悔，就觉得自己错了。这种时代的紧迫感与自我要求的对应，常常使人忘记了自己是一个具有情感与缺陷的自然人。人不可能是万能的。人就是人，切不可以把自己当做一个为成就而活着的人，那是非常可笑而虚伪的。不克服这一点，我们会永远处在焦躁不安中，严重的还会得过劳死。

为此，人应该学会享受生活，忙里偷闲，闹中取静。追求事业成功无疑应成为生活的中心之一，但它不应是生活的全部内容。在我们的时间安排表中，不该遗忘亲情、友情和爱情，也不能排斥健康的文娱、体育活动。事实证明，健康的娱乐和适度的体育锻炼以及适量的体力劳动，都能有效地缓释焦虑反应，有助于人们消除疲劳。只有不时抛开名利的枷锁，融入亲情，走向自然，拥有健康，做生活的主人而不为生活所奴役，才能使我们远离焦虑享受生活。

刘心武在《心灵华体》中说："我们常有焦虑，仔细检验便会发现，所焦虑的几乎全是可以量化的东西，而且焦虑的具体思维模式，也是十分数字化的。也不能说以数字化手段焦虑可量化事物就不好，就做事的社会效益与自身合法权益而言，重视可量化因素不仅必要而且务需认真。但必须消除焦虑中的不良成分，关键在于要把那些多余的数字剔除。

王先生一度曾为自己住宅里只有一个卫生间，而昔日有的同窗家里却享有两个甚至两个以上的卫生间而陷入自惭形秽的焦虑中。但一次他

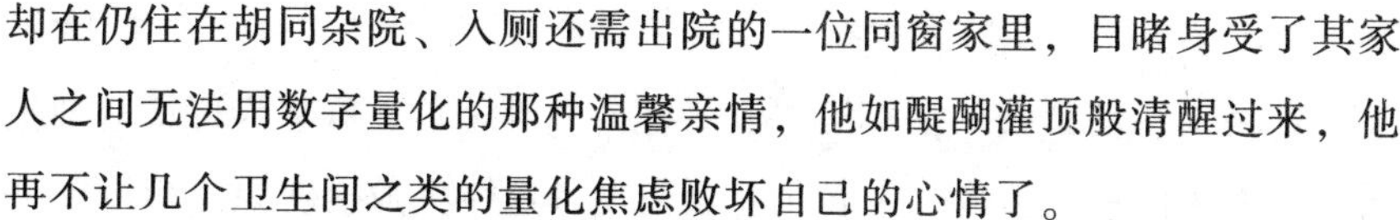

却在仍住在胡同杂院、入厕还需出院的一位同窗家里，目睹身受了其家人之间无法用数字量化的那种温馨亲情，他如醍醐灌顶般清醒过来，他再不让几个卫生间之类的量化焦虑败坏自己的心情了。

8. 消除焦虑的三部曲

老刘最近总是一种焦躁不安的状态，吃饭不香，睡觉不实，一天到晚老想着心事，对做什么事情都没有兴趣。一会儿想着单位要搞优化组合，自己会不会下岗，一会儿又想着儿子今年要中考，担心着他的前途。

老刘体验到的情绪状态实际是一种焦虑。不单是老刘这样的普通百姓，即使大人物也难免患焦虑之病。曾任四任英国首相的格兰斯顿每次讲演，都要失眠两晚。他说，一方面担忧，该说些什么话，一方面又要担忧什么话不该说。他是一个很虔诚的教徒，可是即使如此，仍不免在这方面浪费时间和精力。

卡利尔在工作中犯了错误，结果可能会给公司造成了巨大的损失。这一挫折犹如当头一棒，把他给打懵了。他痛苦万分，好长时间睡不着觉。

后来健康的理智提醒卡利尔，这种忧虑是多余的，他开始平静下来考虑解决问题的方法。这种强迫自己平静下来的心理非常神奇。30 多年来卡利尔一直遵循着这种方法，遇事都命令自己“不要激动”。这种方法非常简单，任何人都可以学会。它总共分为三个步骤：

1. 我们要平心静气地分析情况，设想已出现的困难可能造成的最坏结果。面对当时的情况，卡利尔想再坏也不至于坐牢，顶多丢掉饭碗

罢了。

2. 在对可能出现的最坏后果有了充分估计之后，则应作好勇敢地把它承担下来的思想准备。卡利尔对自己说，这一失败会在我一生中留下不光彩的一页，从而影响自己的晋升，甚至丢掉工作。可是即使自己在这里把工作丢掉了，还可以在其他地方找到事干，这算不得什么了不起的大事。当卡利尔仔细分析了可能造成的最坏结果，并准备心甘情愿地把它承担下来之后，他的心理状态立即发生了神奇的变化！他感到轻松了，心理出现了好多天从未有过的平静。

3. 待心情平静之后，即应把全部时间和精力用到工作上，以尽量设法排除最坏的后果。卡利尔首先设法减少可能的损失，做了不少试验，后来公司非但没有损失，反而净赚 1.5 万美元。

想想看，当初卡利尔如果继续苦恼下去的话，后来绝对不会取得这样好的结果，因为苦恼只会破坏人集中思维的能力，人的思想会因为苦恼而不能专心致志，人也会因此而丧失当机立断的能力。但如果人强迫自己正视现实，准备承担最坏的后果，那么就可以打消一切模糊不清的念头，使人有可能集中思想考虑问题。

焦虑本身常常是一种模糊不清、莫名其妙的担心。因此有焦虑感的人，最好能把自己的担心向亲朋好友倾诉出来。如果没有合适的倾诉对象，也可用笔写在一张纸上，这样做的功效有：第一，心里混淆不清、令你心乱如麻的问题理出了头绪；第二，原以为是重要无比的事情，却可能让你忽然觉得“不过如此”；第三，原以为是不大的事情，竟是关键所在；第四，由以上倾吐为开端，寻出解决问题的对策。

9. 事情不可改变，自己可以改变

在一次香港小姐的竞选中，评委向选手提出了这样一个问题：“如果在希特勒和肖邦之间，必须选择一人和你结婚，那么你会选择谁?”

选手回答：“希特勒。我相信如果和希特勒结婚，那么第二次世界大战就不会发生了，因为我会用我的爱去感化他和影响他。”

这位选手的绝妙对答，经常被用来印证女人的机智。其实，这个对答当中潜有两条正确面对现实、维护心理健康的重要法则。

接受不能改变的现实。这位小姐的回答之所以获得广泛好评，首要原因在于她接受“必须选择一位”这种不可改变的现实，而不是选择“我会坚决找寻我的真爱”或“我会终身不嫁”。

生命在一刻不停地运动，时间在永不回头地流逝。生命中的每一天，都在发生着或大或小、或喜或悲的事情。这些事情，因其性质不同，会给我们带来不同的心情。听到好消息，我们会心情舒畅；遭遇到打击，我们会难过万分。但是，不同的人，面对相同的事情会有不同的反应。如同样遭到心爱的人拒绝，有的人会悲痛欲绝；而有的人则会继续努力或安静地走开，寻找自己喜欢同时又喜欢自己的伴侣。所以，已经发生的事实无法改变，但我们可以改变处理事情的态度。

王明的性情并不是那种很开朗奔放的类型，但他对待事情几乎从不见有焦躁紧张的时候。这并不是他好运亨通。细细观察体会，他有一些与众不同的反应方式：比如，他被小偷扒走了钱包，发现后叹息一声，转身便会问起刚丢失的身份证、工作证、月票的补办手续。

有一次，老板让王明做一件重要的工作，做好后既有丰厚的奖金，

又能获得提职的机会。正当他准备着手进行时，不料，老板又改变了主意，换了他人。王明发了几句牢骚后，中午照旧兴致勃勃和同事打起牌来。这些，反映出他的一种很豁达的思维方式，那就是承认事实。

事实一旦来临，不管它多么有悖于心愿，但这毕竟是事实。大部分人的心理，会在此时产生波荡抗拒，但心理素质优秀者，他的兴奋点会迅速地绕过这种无益的心理冲突区域，马上转到下边该做什么的思路上去。事后，的确会发现，发生的不可再避免，不如做些弥补的事情后立刻转向，而不让这些事在情绪的波纹中扩大它的阴影。这是一种最大的心理力量。

有一次，一个记者问作家史铁生："你对你的病是什么态度？"

没有想到在轮椅上呆了二十多年的史铁生这样回答道："是敬重。"史铁生为什么这样说呢？为什么是"敬重"而不是"恐惧"和"厌恶"呢？面对困惑不解的记者，史铁生解释说："这绝不是说多喜欢它，但是你说什么呢？讨厌它吗？恨它吗？求求它快滚蛋？一点用也没有，除了自讨没趣，就是自寻烦恼。但你要是敬重它，把它看作一个强大的对手，把它当成命运对你的锤炼，就像是个九段高手点名要跟你下一盘棋，这虽然有点无可奈何的味道，但却能从中获益，你很可能就从中增添了智慧，比如说逼着你把生命中的意义都看得明白。一边是自寻烦恼，一边是增添智慧，选择什么不是明摆着吗？"

史铁生补充说："对困境先要对它说'是'，接纳它，然后试着跟它周旋，输了也是赢。"

接受不可改变的现实是幸福人生的重要基础，它可以使人正确认识自我，量力行事，避免心理冲突和情绪焦虑，获得心理健康，创造自我。

10. 平衡自己的“不平衡”

幸福是一种心理平和、宁静、和谐的心理状态，而不幸福则往往是由于心理失衡导致的混乱、不安、躁动等心理状态。心理平衡是一种幸福境界，需要进行练习才能够维持。

只要我们细心观察，就会发现：所有身心出问题的人都有一共通特质——心理不平衡。

有的人抱怨太太不做家事，不照顾小孩；有的人怨恨父母一天到晚吵架，家中气氛永远不得安宁；有的人怪罪丈夫赚不到钱，而且脾气还很暴躁；有的人觉得自己能力强，学历也不差，偏偏工作不顺利；有的人觉得自己卖力工作、负责尽职，却经常被同事排挤、上司责骂。这些都会造成心理失衡。

然而，每个人面对不平衡的方式也全然不同，有的人受不得一点小委屈，一有不平衡马上大吵大闹，把所有的过错推给对方，不断地指责及谩骂；有的人则默默忍耐，压抑自己所有不平衡的情绪，内心充满了悲哀及沮丧，直到有一天生了重病才后悔不已；有的人则一下子想通了，想原谅对方，然后一下子却又因为心中的不平衡而爆发出来，每天都在痛苦、矛盾、冲突及挣扎中度过；有些人则永远期待对方的回头、改变、认错、弥补，软硬兼施，指责对方，自责自己，希望由对方来平衡自己的不平衡，这是不可能的。

你不可能由外界或别人的改变来平衡你的不平衡，你的不平衡是“你的”，而你必须在当下承担，开始学习让自己平衡的能力，这才是在寻求真正的解脱。

首先你必须面对及接纳自己的不平衡，对自己负责任，对自己的快乐或不快乐负责任。如果你心中不平衡，你不能假装它不存在，假装一切都没有发生，然后若无其事地继续过日子。这样子的话，最后你将累积巨大的不平衡，要不陷入绝望的深渊，要不爆发重大的疾病，要不如行尸走肉般地麻木生活。你不能用表面的假象或理性的思考来自己骗自己，或不断地找理由合理化下去，你一定要面对且看到自己的真实感受，看到你的不平衡及委屈，这样才有解决之道。

当你心中不平衡的时候，一定要彻底的明白，让你自己由不平衡变成平衡，绝对是你身为人类责无旁贷的工作。如果你让自己持续不平衡而坐视不理，便是对不起全人类。因为你没有负起你应负的责任，而拖累了整体人类的生命品质。你一定要记住，你不可能要任何人为你的不平衡负责。如果是那样的话，那你生下来要干什么？你的灵魂来到地球上的目的，身为人类整体的一部分，就是要来学习成长，就是要学习到让自己平衡的能力及智慧，一旦你能了解自己的痛苦，才有能力去协助别人增强平衡自己的能力，才能为整体人类做出你的贡献。

但是，很多人误会了这一点。比如说，丈夫有外遇让妻子很不平衡：自己一辈子为丈夫辛苦、照顾家人、养育小孩、坚守妇道，可是丈夫却到外面玩女人。于是，妻子产生了心理上的不平衡，报复丈夫，也到外面随便交男朋友，结果反而使自己更痛苦。请注意，这里说的让自己平衡并不是出于报复对方的心态。

报复对方，也许会让你拥有短暂报复的快感，暂时因对方痛苦而让自己平衡了一下，爽快了一下，但基本上这是一种互相折磨、共同沉沦的做法，并没为你的不平衡及痛苦带来任何正面的帮助，你依旧沉沦在痛苦的不平衡中。

而你绝对有责任及义务让对方明白你的不平衡，你必须很真诚地说出你的受伤、你的痛苦、你的委屈，是用“说出你真实感受”的方式，而非用指责批判的态度，怪罪一切都是对方的错，要对方必须为你所有的不快乐及不平衡负责。你知道，当人被指责的时候是很难认错的，只

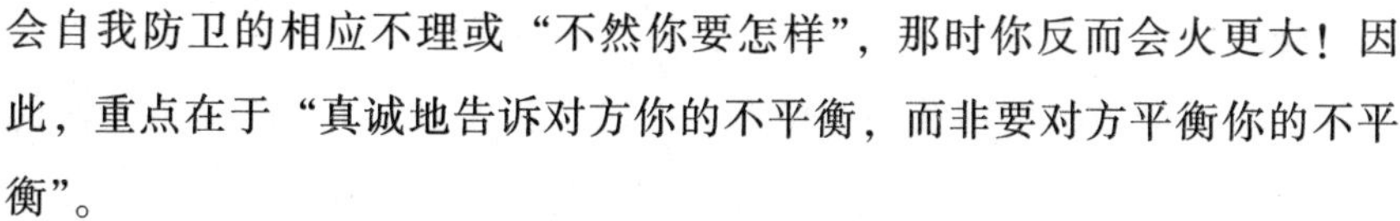

会自我防卫的相应不理或“不然你要怎样”，那时你反而会火更大！因此，重点在于“真诚地告诉对方你的不平衡，而非要对方平衡你的不平衡”。

其次，你必须要用智慧思考及理性判断“让自己平衡”，如果你只是和朋友谈一谈，看一些心灵成长的书籍，自己好好思索一下，就想开了，放下了，平衡过来了，那倒没问题。如果你心中仍有巨大的不平衡，那么就必须寻求改变，否则只会不断地深陷在痛苦当中。

你可以和对方讨论，对方要如何改变你才会平衡，对方如果不愿意改变或不能改变的时候，你必须和对方讨论其他让自己平衡的方法。你一定要记住，不论你的不平衡是否是对方造成的，你的不平衡永远是“你的”，而解决你的不平衡是你的终极任务，对方只不过是协助者及配合者的角色。当对方完全不理会或爱莫能助时，你必须自力更生，开始自谋生路，向上提升，自己带给自己快乐。

当你采取行动让自己平衡，也许你周遭的既得利益者会开始不平衡。但是，你要记得你的出发点是要让自己平衡，而非让别人不平衡，而让你自己平衡的方法是既考虑你个人的利益，亦不损及共同的利益，如此做时，在一种宇宙巧妙的平衡中，反而会带来整体的成长。因此当别人表达他的不平衡时，因为你已经平衡了，自由自在了，反而能以一种接纳的态度来协助他人平衡自己的失衡心理。

11. 用心理补偿恢复内心的平衡

纵观古今中外的强者，其成功之秘诀就包括善于调节心理的失衡状态，通过心理补偿恢复内心的平衡，甚至增加建设性的心理能量。

有人打了一个颇为形象的比方：人好似一架天平，左边是心理补偿功能，右边是消极情绪和心理压力。你能在多大程度上加重补偿功能的砝码而达到心理平衡，你就在多大程度上拥有了时间和精力去从事那些重要的任务，并有充分的乐趣去享受人生。

那么，我们应该如何去加重心理补偿的砝码呢？

首先，我们要对自己有正确的评价。情绪是伴随着人的自我评价与需求满足状态而变化的。所以，我们要学会随时正确评价自己。

有的人就是由于自我评价得不到肯定，某些需求得不到满足，此时未能进行必要的反思，调整自我与客观之间的距离，因而心境始终处于郁闷或怨恨状态，甚至悲观厌世，最后走上绝路。

由此可见，我们一定要正确估量自己，对事情的期望值不能过分高于现实值。当某些期望不能得到满足时，要善于劝慰和说服自己。不要害怕，没有遗憾的生活是平淡而缺少活力的生活。遗憾是生活中的“添加剂”，它为生活增添了改变与追求的动力，使人不安于现状，永远有进步的余地。处处有遗憾，然而处处又有希望，希望安慰着遗憾，而遗憾又充实了希望。正如法国作家大仲马所说：“人生是一串由无数小烦恼组成的念珠，达观的人是笑着数完这串念珠的。”没有遗憾的生活是最大的遗憾。

为了能有自知之明，我们常常需要正确地对待他人的评价。因此，不妨经常与别人交流思想，依靠友人的帮助，来求得心理的补偿。

其实，我们必须意识到自己所遇到的烦恼是生活中难免的。心理补偿是建立在理智基础之上的。人都有感情，遇到不痛快的事自然不会麻木不仁。没有理智的人喜欢抱怨、发牢骚，到处辩解、去诉苦，好像这样就能摆脱痛苦。其实这是徒劳，现实还是现实。明智的人承认现实，既不幻想挫折和苦恼突然消失，也不追悔当初该如何如何，而是认为不顺心的事别人也常遇到，并非是老天跟自己过不去。这样她就会减少心理压力，尽快平静下来，对那件事做出分析，总结经验教训，积极寻求解决的办法。

另外，我们在挫折面前要适当用点“精神胜利法”，即所谓的“阿Q精神”，这有助于我们在逆境中进行心理补偿。例如，实验失败了，要想到失败乃是成功之母；被人误解或诽谤，要想到“在骂声中成长”的道理。

但是，在作心理补偿时也要注意，自我宽慰不等于放任自流和为错误辩解。一个真正的理智者，往往是对自己的缺点和错误最无情的批判者，是最严格要求自己的进取者，是乐于向自我挑战的人。